# 中国垃圾分类发展报告

## （第一卷）

杜欢政　等 著

中国环境出版集团・北京

图书在版编目（CIP）数据

中国垃圾分类发展报告. 第一卷/杜欢政等著. —北京：中国环境出版集团，2021.12
ISBN 978-7-5111-4989-3

Ⅰ. ①中… Ⅱ. ①杜… Ⅲ. ①垃圾处理—研究报告—中国 Ⅳ. ①X705

中国版本图书馆 CIP 数据核字（2021）第 261483 号

出 版 人 武德凯
责任编辑 曹 玮
责任校对 任 丽
封面设计 岳 帅

出版发行 中国环境出版集团
（100062 北京市东城区广渠门内大街 16 号）
网 址：http://www.cesp.com.cn
电子邮箱：bjgl@cesp.com.cn
联系电话：010-67112765（编辑管理部）
发行热线：010-67125803，010-67113405（传真）
印 刷 北京中科印刷有限公司
经 销 各地新华书店
版 次 2021 年 12 月第 1 版
印 次 2021 年 12 月第 1 次印刷
开 本 787×1092 1/16
印 张 18.5
字 数 405 千字
定 价 78.00 元

# 《中国垃圾分类发展报告》编委会

# 《中国垃圾分类发展报告（第一卷）》编委会


**主　　　著：** 杜欢政

**副　主　著：** 文　婧　沈　欣　陆　莎　王　韬　吕　铮　刘付春　郭巍巍

**其他撰写人员：** 刘香玲　汪　东　高　帅　宋淑苇　黎焱鑫　田　宁　陈思屹　刘建成



本书的出版得到了同济大学马克思主义学院的支持，特此感谢！

# 序

我不是垃圾分类的专家，但作为与这项工作有关的中华环保联合会副主席，我一直在关注中国垃圾分类的进程和发展，包括对不同人群、不同地方、不同发展阶段关于垃圾分类的不同认识。

党的十八大以来，党和国家将生态文明列入“五位一体”总体布局，党的十九大报告首次提出“建设生态文明是中华民族永续发展的千年大计”。垃圾分类是生态文明建设和循环经济发展的一个重要领域，不仅得到了国家领导人的高度重视，也纳入了我国推动循环经济高质量发展的日程。从国际国内经验看，垃圾分类势在必行，随着我国垃圾分类工作的推动，这一结论在越来越多的人们当中取得了共识。

进入“十四五”时期以来，垃圾分类这件习近平总书记十分关心的“小事”，已经成为一种社会新时尚，并潜移默化地变成广大城乡居民的生活新习惯。垃圾分类不仅关系到生活环境改善与生态社会建设，而且是国民素质、社会文明提升和飞跃的表现，更是顺应了美丽中国建设的时代呼唤。中国垃圾分类历经多年发展，已经逐步走上了一条具有中国特色的道路。

站在新时代的节点上，垃圾分类仍然具有以下几方面的重要意义。首先，垃圾分类是废弃物资源化的重要步骤。我们常说“只有放错位置的资源，没有完全意义上的垃圾”。通常所说的垃圾处理三大目标，一是无害化，二是减量化，三是资源化。实现这三个目标，都必须要做好垃圾分类。其次，垃圾分类是减污降碳的重要举措。据权威机构研究结果，消费领域的碳排放约占碳排放总量的50%以上。生活垃圾分类制度作为提高资源利用效率、推动绿色变革的重要措施之一，推动了生活源可回收物应收尽收，达到了生活垃圾减量的目的，助力国家减碳行动。再次，垃圾分类有利于促进企业生产向绿色低碳转型。开展垃圾分类有利于企业提高资源的回收利用率，节约资源，减少污染，降低成本。最后，公众参与垃圾分类有助于全社会环境意识的不断提高。无论是碳达峰碳中和目标的实现，还是美丽中国建设目标的实现，都离不开公众的参与。通过垃圾分类，可以把循环经济、环境保护、资源节约等理念广为传播，对于提高全民环境素养意义重大。

我国新一轮的垃圾分类实施以来，很多城市积极参与，积累了丰富的经验，创造了很多精彩的案例。在广泛实证研究的基础上，由同济大学杜欢政教授牵头和推动的《中国垃圾分类发展报告（第一卷）》（以下简称《报告》）出版面世，《报告》系统回顾了中国垃圾分类发展历史，梳理了中国垃圾分类发展概况和制度建设，分析了中国垃圾分类产业发展与创新，收集了不少精彩案例，是了解中国垃圾分类发展过程、讲好中国垃圾分类故事不可多得的生动教材。《报告》还总结了典型城市经验成果和代表企业商业模式，并探索提出“过程”与“结果”相结合的中国城市垃圾分类考核评价指标体系，充分展示了垃圾分类的中国特色。

在推动中国垃圾分类工作方面，《报告》致力于推动国家和地方层面垃圾分类问题的解决，并为进一步构建城市废弃物系统解决方案提出了提纲挈领的意见，有助于中国垃圾分类长效体系的建立和健全。《报告》着重介绍了上海、广州、厦门、宁波、杭州等五个城市开展垃圾分类的做法，对在全国范围内推动垃圾分类有着重要的示范意义。《报告》在完成过程中得到了国家发改委环资司、住建部有关司局等垃圾分类工作主要负责部门，以及上海、广州、厦门、宁波、杭州等垃圾分类工作重点城市的大力支持。当然，垃圾分类在全国范围内的实施，各地都创造了很多好的做法，一本书难免挂一漏万，需要有更多案例的支撑。垃圾分类在实施过程中也还有很多问题需要解决，未来对不同做法的研究，可以不断完善垃圾分类工作。

垃圾分类工作的每一点进步，背后都是全国亿万人民的共同努力。46 个生活垃圾分类重点城市覆盖了 7 700 多万个家庭、近两亿的人口数。此外，还有 200 余个地级市相继启动垃圾分类工作，这是全国人民参与的重大实践，也是涉及社会生产消费方式和人们思想生活习惯的深刻变革。不同城市垃圾分类的经验、做法可以各不相同，但垃圾分类这件利国利民的好事，一是要做，二是要坚持做，三是要在做中不断总结提高。一本书不应是一种认识的终结，而应该是提升的新开始。垃圾分类实施中很多具体问题还需要研究、探讨、解决，比如，分类是粗点儿好还是细点儿好，从资源化的角度看，似乎应分得更细一点儿，成果可以直接为下一个循环所利用；但如果考虑简便易行，让公众更容易参与其中，特别是在开始阶段，又应该粗一点儿。从效果看，有的城市垃圾分类很细，效果明显。但有的城市分得就相对粗一些，也取得了积极的进展。比如我生活的城市北京，垃圾只分厨余垃圾、有害垃圾、可回收物、其他垃圾四类，分出厨余垃圾解决了干湿分离，分出有害垃圾减少了潜在风险，这两个问题应该是抓住了当前垃圾处理的主要矛盾，分四类又比较好操作。另外，垃圾分类还应该考虑不同地方、不同城市垃圾的不同成分，公众参与的垃圾分类与回收渠道、工业化分拣的衔接等问题，毕竟城市管理是一个系统，每一个环节都是这个系统的组成部分，垃圾分类要处理好部分与系统的关系。总之，希望随着这本书的出版传播，能够引发大家更多的思考和讨论，推动垃圾分类工作的开展，为实现我国碳达峰碳中和目标作出应有的贡献！

中华环保联合会副主席

杜少中

# 前言

2019 年，上海强制垃圾分类政策的实施让垃圾分类迅速演变成一个全民话题。尽管来自公众舆情的声音中也含有一些因不适应而出现的“吐槽”，但是面对严峻的环境形势，垃圾分类这场“战争”在我国已经到了不得不打响的地步。

党的十九大报告提出，我国社会主要矛盾已经转化为人民日益增长的美好生活需要和不平衡不充分的发展之间的矛盾。良好的生态环境是最普惠的民生福祉，也是美好生活的重要保障，而垃圾问题是生态环境治理的重中之重，在中国特色社会主义进入新时代的今天，垃圾问题无疑已经成为横在我国经济社会发展面前的一个绕不过的“坎儿”。

20 世纪 50 年代，垃圾分类被首次提出，但直到 2019 年以前，诸多城市垃圾分类的试点在刚开始的时候都是轰轰烈烈，不久就偃旗息鼓。上海市为避免重蹈覆辙，将垃圾分类上升到政治工作高度，设立了市、区联席会议制度，各级书记亲手抓，各行各业齐抓共管，通过“激励+约束”的双重举措，动员全社会共同参与，使得垃圾分类工作突飞猛进。与此同时，广州、厦门、杭州、宁波也都从顶层设计的角度推行统筹试点工作。本书将首次系统展示上述 5 个试点城市推行垃圾分类的案例，详解从制度到政策、从产业到模式、从企业到民众，这些生活垃圾分类试点城市都是怎样做的。

本书还在以下 4 个方面进行了创新：

1. 首次引入垃圾分类舆情大数据分析。本书提出上海市强制垃圾分类宣传教育“主战场”是微信、微博等自媒体平台，传播量最高的是公众自发创作的“话题”。恰恰是这些“灰色幽默”，使得垃圾分类在几个月的时间就达到了覆盖全国的公众影响力和认知度。在这个过程中，“公众‘吐槽’—政府部门回应—主流媒体报道—自媒体广泛传播”的垃圾分类宣传通路基本形成。对比日本20多年来垃圾分类的国民教育之路，我国现阶段更应抓住新时代的机遇，主动采取传统手段和新媒体相结合的方式进行垃圾分类的宣传教育。

2. 首次开展垃圾分类产业大数据分析。垃圾分类与利用产业的进入门槛较高、初试资金投入量大，属于政策推动型产业，因此整个产业的投资和创新主体主要为国企、央企和上市公司。因此，本书通过对工商企业数据库、上市公司数据库和全国专利数据库3个数据库的大数据的挖掘与分析，关联了400多家上市公司及其子公司在垃圾分类与利用产业链的投资与科技动向，并进行了量化对比分析。在此基础上，收录了部分典型企业的垃圾分类全产业链案例。

3. 首次进行垃圾分类全产业链案例展示。近年来，在住房和城乡建设部、国家发展改革委等相关部委的大力推动下，很多城市，特别是全国46个重点城市都在轰轰烈烈地开展垃圾分类工作，但无论是政策的出台还是公众的教育，最终都要为垃圾分类产业的发展服务，即引入市场化手段，让整个产业链盈利，这样中国的垃圾分类才能具有长效性和可持续性。

4. 首次推出“过程”与“结果”相结合的中国城市垃圾分类考核评价指标体系。许多城市在介绍垃圾分类的成果时，都说自己城市垃圾分类做得好，好的标准是什么？是用过程衡量还是用结果衡量？通过垃圾分类，源头减少了多少垃圾的产生，分出来了多少垃圾，或者花多少钱分出1 t垃圾？考核制度是指挥棒、风向标，是垃圾分类制度体系中最为重要的一个指标。因为，有什么样的考核标准，就会有什么样的结果出现。为避免再次出现“原地踏步”的局面，各城市应该出台相应的、可量化的标准。

2020 年年初，新冠肺炎疫情突如其来，成为中华人民共和国成立以来传播速度最快、感染范围最广、防控难度最大的重大突发公共卫生事件。疫情期间，社区垃圾分类问题、农贸市场垃圾处理问题、包括废弃口罩在内的医疗废物处置问题、拾荒翻拣导致的病毒传播问题等被一再讨论。可以预见，在“后疫情时代”，我国必然要对公共卫生环境进行彻底排查整治，补齐公共卫生短板，与环境卫生密不可分的垃圾分类也将迎来新的发展契机。垃圾分类看似小事，实则关乎中国生态文明建设全局。本书将在总结我国过去垃圾分类经验教训的基础上，为我国推行垃圾分类工作，乃至推动形成绿色发展的生产和生活方式、建设可持续发展的生态中国，提供建设性的思路和创新性的分析。

“不积跬步，无以至千里。”垃圾分类既是一次国家发展观的深刻变革，也是我们每一个人正在践行的新文明、新风尚。从 2021 年开始，本书编委会将根据我国垃圾分类工作的发展进程，陆续推出《中国垃圾分类发展报告》，总结进展、提炼经验，讲好垃圾分类的中国故事，持续推动中国乃至全球的垃圾分类工作，推动构建人类命运共同体，迈向人类生态文明建设的新时代。

本书是中国垃圾分类研究课题的成果。课题得到了国家发展和改革委员会、中国石油化工集团有限公司、万科公益基金会、启迪环境科技发展股份有限公司、上海城投环境有限公司、天津华杰环境工程有限公司等单位的支持，特此感谢！

2021 年 5 月

# 目 录

第 1 章 中国垃圾分类发展概况 ........ 1
1.1 中国垃圾分类历史沿革 ........ 1
1.2 中国垃圾分类发展现状 ........ 3
1.3 中国垃圾分类存在的问题 ........ 4

第 2 章 中国垃圾分类制度建设 ........ 7
2.1 中国垃圾分类制度概况 ........ 7
2.2 中国垃圾分类制度演进 ........ 9
2.3 中国垃圾分类制度分析 ........ 13
2.4 中国垃圾分类制度的顶层设计 ........ 16
2.5 中国垃圾分类制度建设的问题及解决方案 ........ 28

第 3 章 中国垃圾分类舆情分析 ........ 31
3.1 垃圾分类舆情概述 ........ 31
3.2 垃圾分类媒体宣传背景 ........ 32
3.3 自媒体在垃圾分类中的推进作用 ........ 34
3.4 上海垃圾分类自媒体舆情大数据分析 ........ 35

第 4 章 中国垃圾分类产业的发展与创新 ........ 54
4.1 中国垃圾分类产业发展概述 ........ 54
4.2 中国垃圾分类产业萌芽 ........ 54
4.3 中国垃圾分类产业的现状 ........ 55
4.4 中国垃圾分类产业创新与投资 ........ 63
4.5 中国垃圾分类产业发展的路径选择 ........ 71
4.6 中国垃圾分类全产业链案例分析 ........ 74

**第 5 章　中国城市垃圾分类评价** ........ 93
5.1　中国城市垃圾分类评价概述 ........ 93
5.2　现有垃圾分类指标评价体系 ........ 95
5.3　与垃圾分类相关的城市治理评价指标体系 ........ 102
5.4　中国垃圾分类新评价体系 ........ 115

**第 6 章　中国垃圾分类商业模式创新** ........ 122
6.1　中国垃圾分类运作模式 ........ 122
6.2　中国垃圾分类商业模式企业案例 ........ 123
6.3　中国垃圾分类商业模式创新路径 ........ 134

**第 7 章　中国垃圾分类城市案例** ........ 136
7.1　上海市垃圾分类案例 ........ 136
7.2　广州市垃圾分类案例 ........ 177
7.3　厦门市垃圾分类案例 ........ 200
7.4　宁波市垃圾分类案例 ........ 223
7.5　杭州市垃圾分类案例 ........ 248

**第 8 章　中国垃圾分类总结与展望** ........ 273
8.1　中国垃圾分类的现实意义 ........ 273
8.2　中国垃圾分类的特征总结 ........ 274
8.3　中国垃圾分类的发展趋势 ........ 276

# 第 1 章　中国垃圾分类发展概况

## 1.1　中国垃圾分类历史沿革

### 1.1.1　萌芽

1957 年 7 月 12 日，《北京日报》头版头条刊登了一篇题为《垃圾要分类收集》的报道，呼吁北京居民对垃圾进行分类，“垃圾分类”由此问世。但是 20 世纪五六十年代，我国废旧重点物资回收系统才初见雏形，其作用主要表现在对生活垃圾中的可回收资源进行统一收购、加工和二次销售，如 1965 年北京建立的 2 000 多家国营废品收购厂，就在一定程度上完成了对生活垃圾进行简单分类回收的任务。20 世纪 80 年代，我国开始研究生活垃圾管理与技术应用，但当时只关注垃圾的末端处置。20 世纪 90 年代，我国的研究视线从末端处置拓展到对垃圾全过程管理的关注，但此时垃圾分类理念的种子才刚刚萌芽，并没有明确提出垃圾分类的要求。直到 1992 年，在巴西里约热内卢召开的联合国环境与发展大会上，中国政府作出了履行《21 世纪议程》等文件的庄严承诺。根据《21 世纪议程》制定的《中国 21 世纪议程》首次提出我国城市生活垃圾应逐步做到分类收集。1996 年施行的《中华人民共和国固体废物污染环境防治法》再次指出，城市生活垃圾应当逐步分类收集、分类运输。当时国内的城市垃圾处理企业不多，垃圾回收处理效率不高，加上环境保护并未真正深入人心，人们未能自觉参与其中，垃圾分类并未真正实施。

### 1.1.2　试点探索

随着中国经济的快速发展和人民生活水平的日益提高，生活垃圾产量剧增，“垃圾围城”及其引发的土地侵占、水源污染、土壤污染等环境问题凸显。2000 年 4 月，建设部城市建设司在北京召开了城市生活垃圾分类收集试点工作座谈会，会议指出，在当前经济快速发展、公众环境意识普遍提高的情况下，适时启动城市生活垃圾分类收集试点工作非常必要。同年 6 月，建设部将北京、上海、广州、深圳、杭州、南京、厦门、桂林 8

个城市确定为全国首批“生活垃圾分类收集试点城市”。北京自 2000 年起，每年配套 2 000 万元资金用于垃圾分类工作，采取市级补助与区县配套相结合的办法，市、区（县）分别安排 30%、70%的专项经费，在资金上保障垃圾分类工作的开展。上海明确了在焚烧厂附近的地区，将生活垃圾分为可燃垃圾、废玻璃、有害垃圾，其他地区分为干垃圾、湿垃圾和有害垃圾。2002 年，广州率先在国内组建了垃圾处理监管机构，完成了多个专项法规标准的制定，建立了评价制度。但由于各试点城市对垃圾的收集环节强调较多，而对分类收集的系统性考虑较少，政策的明确性和持续性不强且缺乏强制性措施，截至 2003 年，除北京市以外的各城市试点工作基本搁置。

在此背景下，国家颁发了一系列法规和办法以推动垃圾分类的实施。2003 年，国家制定《城市生活垃圾分类标志》，据此生活垃圾被划分为 3 类：可回收物、有害垃圾和其他垃圾。2004 年建设部批准《城市生活垃圾分类及其评价标准》作为行业标准并制定了详细的垃圾分类评价指标。2007 年 4 月，建设部颁布《城市生活垃圾管理办法》，其中明确规定城市生活垃圾实行分类收集的地区、单位和个人应当按分类要求，将生活垃圾装入相应的垃圾袋内，投入指定的垃圾容器或收集场所。然而由于公众意识欠缺、管理监督力度较弱、宣传不到位等问题，深圳、杭州、南京、桂林、广州、厦门 6 个试点城市的垃圾分类率都未超过 15%，其中深圳、杭州、南京、桂林 4 个试点城市的分类率不足 5%。

此后，各试点城市开始着眼借鉴国内外成功的垃圾分类经验。杭州将居民家庭生活垃圾分为 4 大类，分别采用蓝、红、绿、黄 4 个主题色彩进行明确区分；还参考日本的收运方式，设立了定时定点投放模式，在早晚上下班时间垃圾车统一收走在环卫集中点堆放的垃圾。广州借鉴我国台湾的经验，开展了“垃圾不落地”收运模式，即居民直接将垃圾投放到定时回收的垃圾车上，街上不再设立垃圾桶；还借鉴德国 DSD 公司的成功运营经验，引入了第三方企业化服务，即由政府监督的第三方企业负责垃圾的分类收运工作。上海通过学习研究德国、美国、日本的激励制度，初步建立了绿色账户机制，居民通过正确分类垃圾，账户得到积分，进而兑换各种实物或服务。研究表明，在奖励积分制度试点的第一个月，上海市垃圾分类的准确率提高了约 38%。同时，上海还注意到日本每年向居民发放日历以普及垃圾分类相关知识的做法，于是建立了生活垃圾收运社会告知制度，通过在垃圾箱房张贴告示，向居民发布收运时间等消息，不仅便于参与者了解规则，也使责任主体受到监督，市民对该制度反馈良好。

### 1.1.3 “强制”阶段

2016 年我国迎来了垃圾分类的新纪元。2016 年 12 月，《“十三五”全国城镇生活垃圾无害化处理设施建设规划》发布，其中强调在全国大力推行生活垃圾分类工作。同年 12 月，习近平总书记在中央财经领导小组第十四次会议上强调：“普遍推行垃圾分类制度，关系 13 亿多人生活环境改善，关系垃圾能不能减量化、资源化、无害化处理。要加快建立分类投放、分类收集、分类运输、分类处理的垃圾处理系统，形成以法治为基础、政府推动、全民参与、城乡统筹、因地制宜的垃圾分类制度，努力提高垃圾分类制度覆盖范围。”

2017 年 3 月，国家发展改革委、住房和城乡建设部发布的《生活垃圾分类制度实施方案》指出，在 46 个重点城市先行实施生活垃圾的强制分类政策，到 2020 年年底基本建立垃圾分类相关法律法规和标准体系，形成可复制、可推广的生活垃圾分类模式，在实施生活垃圾强制分类的城市，生活垃圾回收利用率达到 35%以上。2019 年 7 月 1 日，《上海市生活垃圾管理条例》落地实施，制定了将生活垃圾分为可回收物、有害垃圾、干垃圾、湿垃圾的四类垃圾分类标准，并对违反垃圾分类规定的个人进行相应的罚款，这也正式标志着我国的垃圾分类已进入“强制”阶段。

## 1.2　中国垃圾分类发展现状

### 1.2.1　全面推动

随着我国加速推行垃圾分类制度，垃圾分类工作由点到面、逐步启动、全面推动，已初步建立了以“三化”（减量化、资源化、无害化）、“四分”（分类投放、分类收集、分类运输、分类处理）、“五原则”（以法治为基础、政府推动、全民参与、城乡统筹、因地制宜）为指导的垃圾分类制度。

截至 2019 年，134 家中央单位、27 家驻京部队已开展生活垃圾分类工作，134 家中央单位全部通过了验收，并从中产生了 11 个示范单位。全国各省直机关普遍推行生活垃圾分类，29 个省（区、市）已完成省直机关生活垃圾强制分类目标。此外，一些地区率先建立了生活垃圾强制分类制度。包括福建、贵州、江西三个生态文明试验区在内的 21 个省（区、市）已经出台了生活垃圾分类实施方案。各直辖市、省会城市、计划单列市和部分地级城市分类投放、分类收集、分类运输、分类处理的生活垃圾处理系统正在逐步建立，已配备厨余垃圾分类运输车近 5 000 辆、有害垃圾分类运输车近 1 000 辆，各重点城市还将投入 213 亿元加快推进处理设施建设，满足垃圾分类处理的需求；同时，各重点城市开展生活垃圾分类入户宣传已超过 1 900 万次，参与的志愿者累计超过 70 万人次。上海、厦门、深圳、宁波、广州、杭州、苏州、北京等城市的生活垃圾分类制度已覆盖 70%以上的居民小区。在首次公布的 2018 年第二季度城市生活垃圾分类工作考核结果中，厦门、深圳、宁波在 46 个重点城市中分列总分前三名。

### 1.2.2 总体成效

2016 年至今，在中央单位等公共机构的率先垂范和 46 个重点城市的示范带动下，全国垃圾分类工作成效初显。

第一，在垃圾分类法治建设上，国家法规正不断具体化，地方相关办法也在由虚转实。《生活垃圾分类制度实施方案》中明确提出了可操作性强的垃圾分类模式，还首次定量了垃圾分类回收率。全国 30 个城市已经出台垃圾分类地方性法规或规章，还有 16 个城市将垃圾分类列入立法计划。各省（区、市）均制定了垃圾分类实施方案，浙江、福建、广东、海南 4 省已出台地方性法规，河北等 12 省（区、市）地方性法规进入立法程序。很多城市通过推行生活垃圾分类，居民的幸福感得到显著提升，也逐渐形成了可复制、可推广的经验。2019 年 7 月 1 日起，《上海市生活垃圾管理条例》正式实施，上海开始普遍推行生活垃圾强制分类。居民普遍参与日常垃圾分类，部分居住区居民习惯养成良好，已不需志愿者值守；以居民主动参与率为主要评价标准的居住区垃圾分类达标率显著提升，全市 1.2 万余个居住区垃圾分类达标率已由 2016 年年底的 15%提升到 90%。厦门市通过的《厦门经济特区生活垃圾分类管理办法》规定，管理责任人发现生活垃圾投放不符合分类标准的，应当要求投放人按照规定重新分拣后再行投放；投放人不重新分拣的，管理责任人应当报告城市管理行政执法部门，并同时告知主管部门。可见，居民在垃圾分类过程中已实现有法可依，政府也可遵循法规对不规范的垃圾分类行为进行惩罚。

第二，宣传教育利用“互联网+”的形式方便快捷，成效明显。如利用支付宝“垃圾分类指南”“蚂上回收”、微信“全国垃圾分类”小程序等服务功能，居民可以随时查询各种垃圾分类信息。利用天津生态城垃圾分类 App——“扁豆帮”，居民进入操作界面点击投递类别即可查询每类包含的具体垃圾种类及相应积分，其大件预约功能更可实现大件垃圾网上预约、上门取件的便捷服务。上海绿色账户的推进机制与网络平台已经基本建成，多数试点小区由保洁员负责刷卡积分，分类不合格者将由保洁员指导分类。杭州引入二维码垃圾分类智能系统，居民将贴在垃圾袋上的专属本户家庭的二维码放在垃圾房门上扫描后，系统就会开启对应分类的投放口，并在后台处理居民垃圾投放记录（如正确率等），以此生成积分并短信告知。自实施以来，杭州当地垃圾投放率从 15%提高至 75%，投放正确率从 40%提高至 82%。

## 1.3 中国垃圾分类存在的问题

尽管中国开展城市生活垃圾分类工作已 20 多年，尤其在强力推进后，垃圾分类工作已经取得了显著成效，但中国垃圾分类工作任重道远，与发达国家相比仍然存在较大差距。

### 1.3.1　垃圾分类配套法律体系不健全

第一，法律体系不健全。与发达国家相比，中国垃圾分类的立法体系不够健全且存在很多不足，如原则性过强而缺乏操作性等。这反映了我国早前对垃圾分类的关注程度是远远不够的；此外，垃圾分类的法律研究由于各种原因没有成为独立的研究系统，后期有待完善和健全。不能否认这需要很长的时间，日本和德国之所以成为世界上最干净的国家之一，其垃圾分类要求是非常严格的，也是很多年努力的结果。日本从 1900 年至今出台了一系列垃圾分类的法律法规，德国的环保相关法律法规更是达到了 8 000 多部。日本和德国先进的立法体系和经验值得中国借鉴以及开展深刻的研究。

第二，基本法定位不清。目前，中国垃圾分类基本法的定位很不清晰，对基本法的作用理解也比较模糊。在垃圾分类领域，《中华人民共和国固体废物污染环境防治法》成为国内很多人默认的基本法，但其中将垃圾作为污染源和危害源，主要强调的是污染防治和末端治理，而不是将垃圾作为可以二次利用的资源，因此将其作为基本法是完全错位的。如果不将垃圾分类和回收作为一个整体系统，就不可能围绕垃圾分类的各环节来立法。应坚持一个理念，即垃圾分类和回收的目的是促进资源的回收利用。所以，将《中华人民共和国循环经济促进法》作为垃圾分类处理的基本法更为合适。基本法承载着立法的目的和意义，指导着未来垃圾分类的发展方向，其重要性不言而喻。

第三，配套法律法规不足。除了基本的管理法律，制定一些其他综合配套的法律法规来实现垃圾分类也是非常重要的。这既符合垃圾分类的基本规律，也符合各种废弃物本身独特的性质。但是，目前这些尚待完善的配套法律法规也得不到有效的贯彻执行，执法力度较弱。在地方，配套法律法规不健全的问题则更加凸显，并且不同地区的问题差距很大，综合来说，存在地方性法规不到位或有空白、缺乏法律责任的规定和地区发展不均衡等问题。

第四，各关联主体责权不清。建立垃圾分类的立法系统固然很重要，但是在此之前，明确法律上的权利和义务也非常关键，也就是说，梳理垃圾分类法律中各关联主体之间的关系是非常重要的。义务主体有很多，包括公众、政府主管部门和物业部门等。权利主体相对较少，如政府主管部门作为执法者具有执行监督管理的职能，同时，由于环卫系统和垃圾处理场在我国基本上都是由政府负责管理和运营，因此政府又同时扮演了守法者的角色。目前，各关联主体责权不清成为制约垃圾分类有效实行的一个很大的阻力。

第五，执行力度不够。经过 20 年的努力，试点城市从无到有、从少到多、从提倡到强制，垃圾分类要求也越来越细致，取得了一些成绩，但是总体来说，远远未达到当初推行垃圾分类的期望和要求。原因是多方面的，如公众对垃圾分类的意识不够高、社会舆论的引导不到位、政府部门执行力度不强、配套的实施细则和举措缺乏针对性和有效性等。即使是已出台的法规条例，执行效果也并不理想，甚至在部分城市，法规出台后无人执行或者执行力度较弱，导致难以达到预期目标。

### 1.3.2 垃圾分类机制不完善

一方面，垃圾分类体系尚不健全。垃圾分类是一个系统工程，分类投放、分类收集、分类运输、分类处理四个环节缺一不可。当前的工作重点多集中在分类投放，后续环节尚不完善。当前一些城市出现的“先分后混”现象也是这个问题的典型体现。

另一方面，垃圾分类机制有待完善。从垃圾资源化的角度看，公众分类投放只是第一步，而且无法达到最终回收利用的分类要求。仅仅依靠社会公众没有办法实现垃圾最终分类回收和资源化利用的目标。当前中国垃圾分类工作大多面向公众宣传教育，着眼于知晓率、参与率、分类收集率等。

### 1.3.3 城市居民对垃圾分类投放的持续参与度不高

垃圾分类治理是需要全体社会成员参与的一项工作。居民的垃圾分类行为不仅可以实现垃圾资源的回收利用，还可以为垃圾分类体系中的分类收集、分类运输、分类处理等后续环节的顺利进行奠定基础。而作为生活垃圾生产者的居民，仍有部分人对垃圾分类存在“搭便车”的侥幸心理，过分依赖政府而不约束自己的行为。虽然认同生活垃圾分类的重要性，但对分类方法、分类流程却一知半解，加上长期形成的生活习惯，造成很多居民不会分类或者不愿意分类。在周围居民都不进行生活垃圾分类或者乱丢乱放生活垃圾的情况下，有生活垃圾分类想法的居民因从众心理慢慢也放弃了生活垃圾分类。在硬件设施上，生活垃圾分类投放、分类收集、分类运输、分类处理相关配套设施设备跟进较慢，很多住宅区尚未配备分类垃圾桶，即使居民在家进行了初次分类，后续仍是混合收运，严重打击了居民参与生活垃圾分类的积极性。加之政策执行力度的欠缺，日常个人不进行生活垃圾分类的行为往往免于遭受处罚和道德谴责，由此导致生活垃圾分类的践行度进一步减弱。

# 第 2 章　中国垃圾分类制度建设

## 2.1　中国垃圾分类制度概况

我国垃圾分类工作开始于 20 世纪 90 年代，当时主要是废品回收行业回收有价值的废弃物，如玻璃、塑料制品、电池等，其他废弃物直接打包进入末端处置。由于我国当时垃圾末端处置的产能严重不足，垃圾分类并未发展起来。

21 世纪初，建设部提出在当时经济快速发展、公众环境意识普遍提高的情况下，适时启动城市生活垃圾分类收集试点工作非常必要，并将北京、上海、广州、深圳、杭州、南京、厦门、桂林等 8 个城市确定为全国首批生活垃圾分类收集试点城市，取得了一定成果，但生活垃圾分类工作总体还未取得实质性突破。

2015 年至今，垃圾分类工作得到中央领导高度关注，政策不断加码，垃圾分类工作开始实质性启动。自 2015 年 9 月，中共中央、国务院印发《生态文明体制改革总体方案》并提出加快建立垃圾强制分类制度以来，国家领导始终高度重视垃圾分类制度的健全和推广。

2016 年 12 月，习近平总书记在中央财经工作领导小组第十四次会议上指出，要普遍推行垃圾分类制度。2016 年《“十三五”全国城镇生活垃圾无害化处理设施建设规划》正式出台，要求到 2020 年年底，直辖市、计划单列市和省会城市生活垃圾得到有效分类；生活垃圾回收利用率达到 35%以上，城市基本建立餐厨垃圾回收和再生利用体系，垃圾分类示范工程将投资 94.1 亿元，标志着中国的垃圾分类“元年”正式到来。

2017 年 3 月，《生活垃圾分类制度实施方案》发布，要求在 46 个重点城市先行先试生活垃圾强制分类，在 2020 年年底前建立垃圾分类法律法规和标准体系，形成可复制、可推广的生活垃圾分类模式，在实施生活垃圾强制分类的城市，生活垃圾回收利用率达到 35%以上。2018 年 6 月，中共中央、国务院发布《关于全面加强生态环境保护　坚决打好污染防治攻坚战的意见》，明确到 2020 年实现所有城市和县城生活垃圾处理能力全覆盖。

2017 年 12 月，住建部发布《关于加快推进部分重点城市生活垃圾分类工作的通知》，明确重点城市垃圾分类推进路线图：2018 年 3 月底前，46 个重点城市要出台生活垃圾分类管理实施方案或行动计划，明确年度工作目标，细化工作内容，量化工作任务。2018 年，46 个重点城市均要形成若干垃圾分类示范片区，探索建立宣传发动、收运配套、设施建设等方面的工作机制。2020 年年底前，46 个重点城市基本建成生活垃圾分类处理系统，基本形成相应的法律法规和标准体系，形成一批可复制、可推广的模式。在进入焚烧和填埋设施之前，可回收物和易腐垃圾的回收利用率合计达到 35%以上。2035 年之前，46 个重点城市全面建立城市生活垃圾分类制度，垃圾分类达到国际先进水平。

2019 年 6 月，习近平总书记对垃圾分类工作作出重要指示，强调“实行垃圾分类，关系广大人民群众生活环境，关系节约使用资源，也是社会文明水平的一个重要体现”。

2019 年 6 月，住建部等 9 部门印发《关于在全国地级及以上城市全面开展生活垃圾分类工作的通知》，决定自 2019 年起在全国地级及以上城市全面启动生活垃圾分类工作。通知要求，到 2020 年，46 个重点城市基本建成生活垃圾分类处理系统；其他地级城市实现公共机构生活垃圾分类全覆盖，至少有 1 个街道基本建成生活垃圾分类示范片区。到 2022 年，各地级城市至少有 1 个区实现生活垃圾分类全覆盖；其他各区至少有 1 个街道基本建成生活垃圾分类示范片区。到 2025 年，全国地级及以上城市基本建成生活垃圾分类处理系统。

2020 年 4 月修订的《中华人民共和国固体废物污染环境防治法》将生活垃圾分类制度纳入国家法制保障，并在全国各县级以上城市推行垃圾分类，对产生垃圾的各主体提出分类要求。在第六条明确提出“国家推行生活垃圾分类制度”；在第四十三条提出“县级以上地方人民政府应当加快建立分类投放、分类收集、分类运输、分类处理的生活垃圾管理系统，实现生活垃圾分类制度有效覆盖”；第四十九条提出“产生生活垃圾的单位、家庭和个人应当依法履行生活垃圾源头减量和分类投放义务”。

综上所述，我国生活垃圾分类制度建设经历了一个从无到有、逐渐完善的过程，如图 2.1 所示，我国系统性的垃圾分类制度建设始于 2000 年。2000 年 5 月 29 日，建设部、国家环境保护总局、科技部三部委发布《城市生活垃圾处理及污染防治技术政策》，我国垃圾分类顶层设计拉开帷幕。自此，中共中央、国务院和各部委相继印发了促进垃圾分类的多项政策文件。近年来，我国加速推行垃圾分类制度，促进垃圾分类的制度体系已初步建立。2019 年，上海率先进入垃圾分类“强制时代”，46 个重点城市先行先试，全国地级及以上城市全面启动生活垃圾分类工作，推进垃圾分类取得积极进展。自上而下的政策制度对推动居民习惯养成、促进垃圾分类发挥了重要作用。

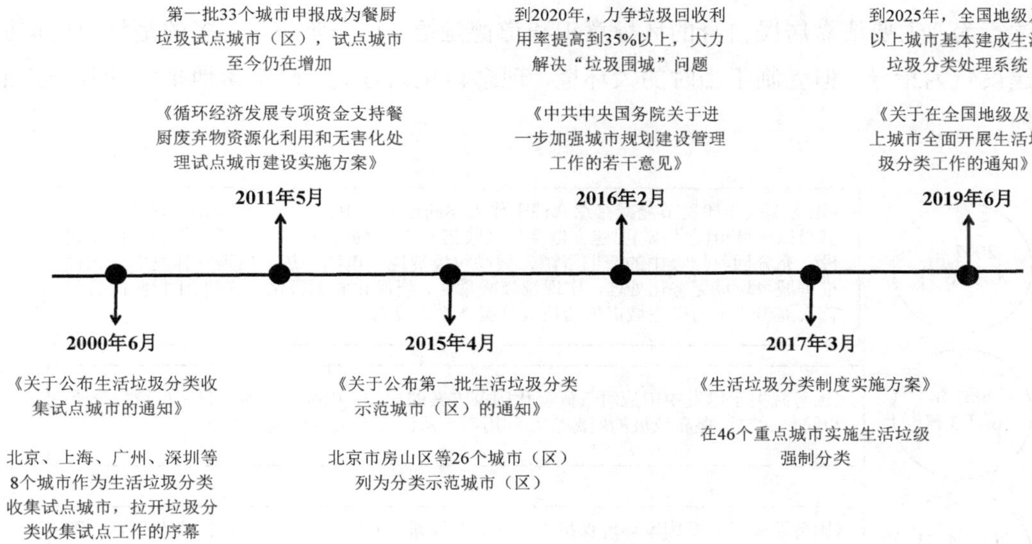


图 2.1　中国生活垃圾分类制度推进时间轴

## 2.2　中国垃圾分类制度演进

我国垃圾分类从 2000 年开始探索，到 2020 年基本完成制度建设，具体分为治理理念导入期、示范试点探索期、综合治理升级期。

### 2.2.1　第一阶段：治理理念导入期（2000—2010 年）

20 世纪 90 年代之后，我国的研究视线从末端处置拓展到对垃圾管理全过程的关注，并萌发出垃圾分类理念。在 1992 年召开的联合国环境与发展大会上，李鹏总理首次提出城市生活垃圾要逐步做到分类处理的要求。20 世纪末，地方试点的“星星之火”引起了党中央的高度重视。建设部于 2000 年确定了北京、上海等 8 个生活垃圾分类收集试点城市，开始“可回收”“不可回收”两分法的推广，正式开启了中央推进生活垃圾分类的新阶段。然而，由于各试点城市对分类收集的系统性考虑较少、政策的明确性和持续性不强且缺乏强制性政策，截至 2003 年，除北京以外的各城市试点工作基本停滞。2000—2008 年，深圳、杭州、南京、桂林、广州、厦门 6 个试点城市垃圾分类率都未超过 15%，其中深圳、杭州、南京、桂林 4 个试点城市分类比例不足 5%。

总体而言，该阶段由于公众意识缺乏，地方试点推进工作困难，政府开始在全国范围内导入“以俭省节约、重复利用为出发点，以政府为主导”的垃圾分类理念，主要建议性地强调源头减量和废旧资源的回收利用。图 2.2 展现了治理理念导入期政府的各项努力。

虽然以北京、上海为代表的城市下了功夫进行宣传引导，但是垃圾分类基本属于民众的自觉行为，主要依靠居民自身的环境意识和道德觉悟。这一阶段，更多的是将政府层面的建议转为指导，但受制于当时的大环境，理念转化为行动、政策落地推行受到一定的制约。

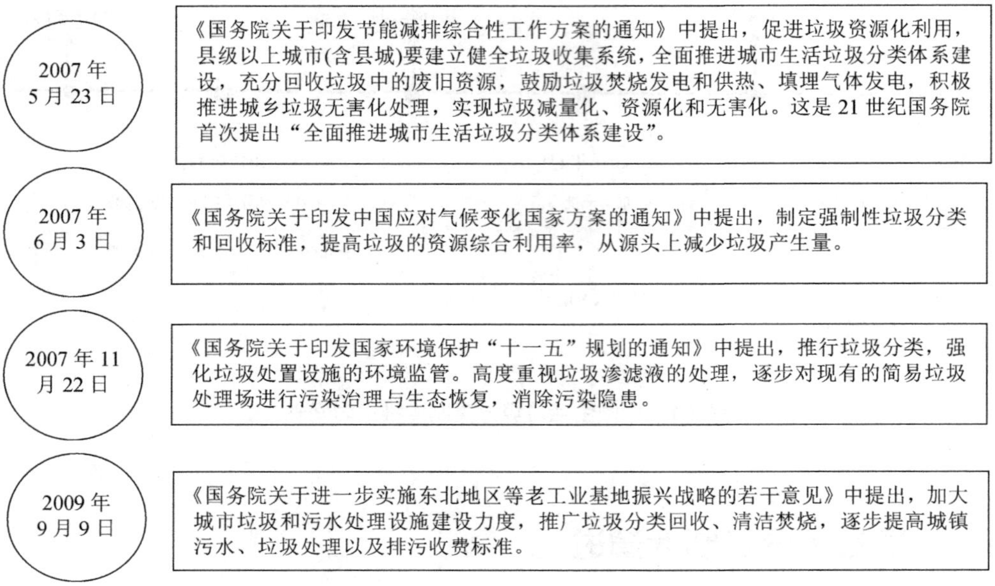


**图 2.2　治理理念导入期**

### 2.2.2　第二阶段：示范试点探索期（2011—2015 年）

自 2011 年以来，随着生态环境以及生活垃圾问题日益严重，各大城市在总结经验的基础上相继推进新一轮（或重启）生活垃圾分类试点。与此同时，中央和地方各级政府更加重视，不断学习借鉴国内外经验，陆续通过颁布政策规定、统一分类标准、设立分类指导员、健全垃圾处理设施设备等措施，推动生活垃圾分类试点政策实施。图 2.3 展示了示范试点探索期的各项政策。

这一阶段也是我国垃圾分类政策的探索阶段，垃圾分类开始成为单独的政策或者规划，并且在起步阶段后政策内容开始得到完善，受重视程度有了较大的提高，开始有了专门的人力、物力、财力进行与垃圾分类相关的工作。这一阶段的生活垃圾分类试点也实现了新的升级。

具体表现为：一是试点规模化。例如，试点城市普遍增加了试点居民小区数量，对试点区域的要求由“推广”变为“达标”等。二是开始加强软件建设。这一阶段各城市开始普遍探索、创新各种分类机制。例如，南京建立了政府购买服务的“尧化模式”，上海形成了生活垃圾分类正向激励的“绿色账户模式”等。三是学习国内外经验。各试点城市开始着眼借鉴国内外成功的垃圾分类经验。例如，杭州参考日本的收运方式，设立了定时定点投放模式；广州借鉴我国台湾的经验，建立了垃圾不落地收运模式，街上不再设立垃圾桶，并效仿德国引入了第三方企业化服务；上海借鉴日本经验建立垃圾分类收运社会告知制度。

在此阶段，各试点城市对垃圾分类模式进行了有益探索，但仍存在垃圾分类可操作性弱、宣传动员不到位等问题，以至于国内垃圾分类总体未取得实质性突破。尽管此阶段我国出台了不少垃圾分类方面的指导性法规文件，但尚缺乏具体的、可操作的规章和管理办法，导致分类过程中无法可依，约束力不足。另外，缺乏完整的循环链，即分类投放、分类收集、分类运输、分类处理的垃圾处理系统。大多数城市的垃圾分类工作集中在源头投放阶段，而中端分类垃圾运输车辆不足，末端垃圾处置方式单一，先分后混的做法严重打击了公众的分类积极性。

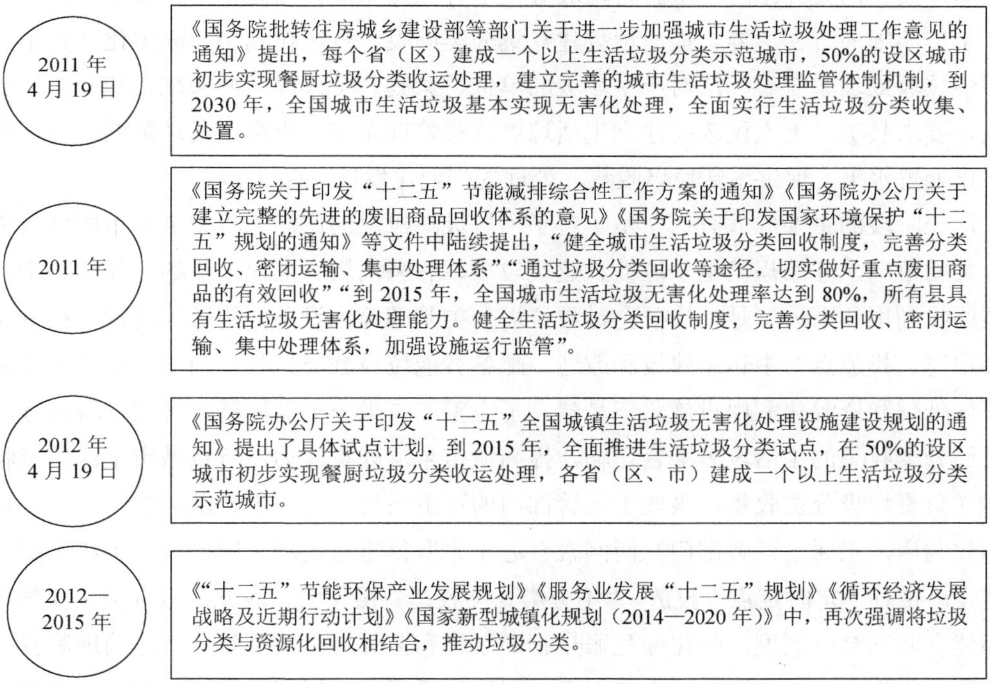


图 2.3　示范试点探索期

### 2.2.3　第三阶段：综合治理升级期（2016—2020 年）

《“十三五”全国城镇生活垃圾无害化处理设施建设规划》《“十三五”节能环保产业发展规划》《居民生活服务业发展“十三五”规划》《循环经济发展战略及近期行动计划》

《国家新型城镇化规划（2014—2020 年）》中多次强调，将垃圾分类与资源化回收相结合，推动垃圾分类。这一阶段也是垃圾分类政策的完善阶段。垃圾分类政策开始引入全主体治理的概念，处于不断完善的过程中。

垃圾分类是一项系统工程，早先垃圾分类工作长期进展甚微或无进展，就是因为处于“单部门推动，没有形成社会合力”的状态。强制分类（2017 年以后）经过两轮试点，政府部门和社会公众对生活垃圾分类的意义有了更为广泛的共识，但这项工作的进展仍然较为缓慢。为进一步推进生活垃圾分类，2017 年 3 月，国务院办公厅发布《生活垃圾分类制度实施方案》，提出“加快建立分类投放、分类收集、分类运输、分类处理的垃圾处理系统，形成以法治为基础、政府推动、全民参与、城乡统筹、因地制宜的垃圾分类制度”，并指出“重点城市的城区范围内先行实施生活垃圾强制分类”。这标志着中国生活垃圾分类正式进入“强制分类”和综合治理升级阶段。在实践中，上海、北京等城市开始在公共机构和企事业单位实施生活垃圾强制分类试点。2020 年修订的《中华人民共和国固体废物污染环境防治法》将垃圾分类上升到国家法律层面，对垃圾处置链条的主体有了更明晰的责任边界，提出地方建立集分类回收、资源化利用、无害化处置于一体的生活垃圾处理系统。该法对产生垃圾的单位、家庭、个人提出源头减量和分类投放的要求，要求县级以上人民政府建立生活垃圾分类管理系统，提高生活垃圾的综合利用和无害化处置水平，促进生活垃圾收集、处理的产业化发展（图 2.4）。

这一阶段的主要成效有：一是丰富了“垃圾”概念的内涵。将整个城市固体废物纳入分类的范畴，开始规范电子垃圾、建筑垃圾、有害垃圾、医疗垃圾的全品种、全流程分类回收利用体系。二是加快了全过程垃圾分类基础设施设备的规范与建设。推进垃圾分类箱房、投放点、中转站建设和改造，配备智能垃圾分类柜和专用车，扩建末端垃圾无害化处理和资源化利用设施。三是建立了完整的垃圾分类循环链。各试点城市逐渐禁止将已分类收集的生活垃圾混合运输，提高城市末端处置能力，试点城市生活垃圾收集网络（负责垃圾分类收集，隶属于城管部门的环卫系统）与再生资源回收网络（负责垃圾回收利用，隶属于商务部门）两网融合近年来取得迅猛发展。四是完善了相关配套制度建设。推行“定时定点”投放、“不分类、不收运”操作等，成立垃圾分类工作领导小组和建立联席会议制度，强化绿色账户正向激励和监督考核机制等。五是因地制宜，灵活设置分类标准。考虑到我国人口众多，居民素质不一，短期内实现精细分类难度大，提出大类粗分的模式；另外，鼓励各地因地制宜选择性分类。六是推进了多元主体协同治理。各城市开始努力探索如何在政府、市场（企业）和社会（以志愿团体、公众为主）之间形成激励约束、需求表达、监督惩罚、竞争合作、利益分享的有效互动模式，有效推进垃圾综合治理。七是完善了垃圾分类法治建设。在 46 个重点城市中，已有 26 个城市启动了垃圾分类地方立法。

**2016 年 2 月 6 日**

《中共中央　国务院关于进一步加强城市规划建设管理工作的若干意见》中首次提出垃圾综合治理，解决垃圾围城问题。提出树立垃圾是重要资源和矿产的观念，要求建立政府、社区、企业和居民协调机制，通过分类投放收集、综合循环利用，促进垃圾减量化、资源化、无害化。提出了具体的目标：到 2020 年，力争将垃圾回收利用率提高到 35%以上。强化城市保洁工作，加强垃圾处理设施建设，统筹城乡垃圾处理处置，大力解决垃圾围城问题。推进垃圾收运处理企业化、市场化，促进垃圾清运体系与再生资源回收体系对接。通过限制过度包装，减少一次性制品使用，推行净菜入城等措施，从源头上减少垃圾产生，利用新技术、新设备，推广厨余垃圾家庭粉碎处理，完善激励机制和政策，力争用 5 年左右时间，基本建立餐厨废弃物和建筑垃圾回收和再生利用体系。

**2017 年 3 月 18 日**

国务院办公厅印发《国务院办公厅关于转发国家发展改革委　住房城乡建设部生活垃圾分类制度实施方案的通知》，进一步细化到 2020 年的实施目标。要求推进生活垃圾分类要遵循减量化、资源化、无害化原则，加快建立分类投放、分类收集、分类运输、分类处理的垃圾处理系统，形成以法治为基础、政府推动、全民参与、城乡统筹、因地制宜的垃圾分类制度。到 2020 年年底，基本建立垃圾分类相关法律法规和标准体系，形成可复制、可推广的生活垃圾分类模式，在实施生活垃圾强制分类的城市，生活垃圾回收利用率达到 35%以上。

**2017 年 7 月 18 日**

国务院办公厅印发《国务院办公厅关于印发禁止洋垃圾入境　推进固体废物进口管理制度改革实施方案的通知》，要求加快国内固体废物回收利用体系建设，建立健全生产者责任延伸制，推进城乡生活垃圾分类，提高国内固体废物的回收利用率，2020 年，将国内固体废物回收量由 2015 年的 2.46 亿 t 提高到 3.5 亿 t。

**2020 年 4 月 29 日**

中华人民共和国第十三届全国人民代表大会常务委员会第十七次会议修订通过《中华人民共和国固体废物污染环境防治法》，自 2020 年 9 月 1 日起施行。新修订的《中华人民共和国固体废物污染环境防治法》明确，固体废物污染环境防治坚持减量化、资源化和无害化原则。强化政府及其有关部门监督管理责任，明确目标责任制、信用记录、联防联控、全过程监控和信息化追溯等制度，明确国家逐步实现固体废物零进口。提出国家推行生活垃圾分类制度。

图 2.4　综合治理升级期

## 2.3　中国垃圾分类制度分析

2000 年 5 月 29 日，建设部、国家环境保护总局、科学技术部三部委发布《城市生活垃圾处理及污染防治技术政策》，我国垃圾分类顶层设计拉开帷幕。截至 2020 年 5 月 1 日，在国家和部委层级发布了 81 项与推进垃圾分类相关的政策，其中直接体现垃圾分类的专项政策共计 29 项，占 35.80%。

如图 2.5 所示，2000—2019 年年均出台政策超过 3 项，其中 2000—2009 年，共出台 14 项政策，年均 1.4 项；2010—2019 年，共出台 65 项政策，年均 6.5 项。

从政策出台单位看，由全国人大和国务院发布的国家政策主要为推进垃圾分类的通知、意见和方案，共计 38 项，占 46.91%；住房和城乡建设部、国家发展改革委等部委为落实国家政策而发布的通知、具体措施行动共计 43 项，占 53.09%（图 2.6）。

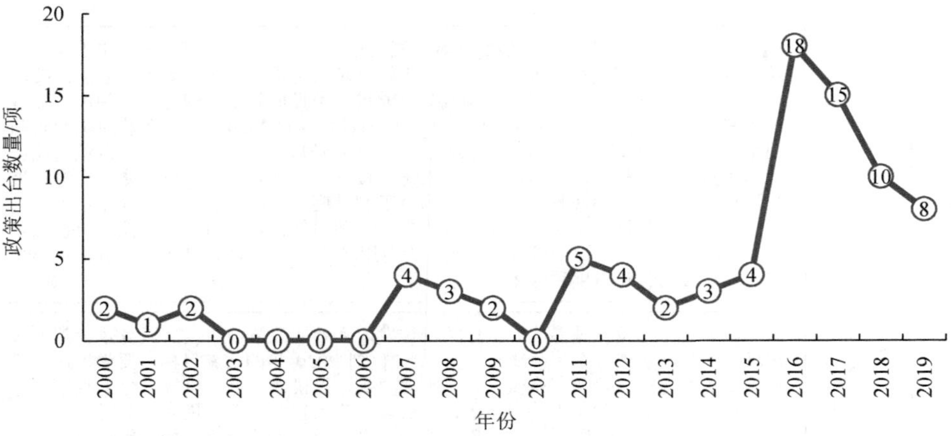


图 2.5　2000—2019 年国家和部委层级出台垃圾分类政策情况

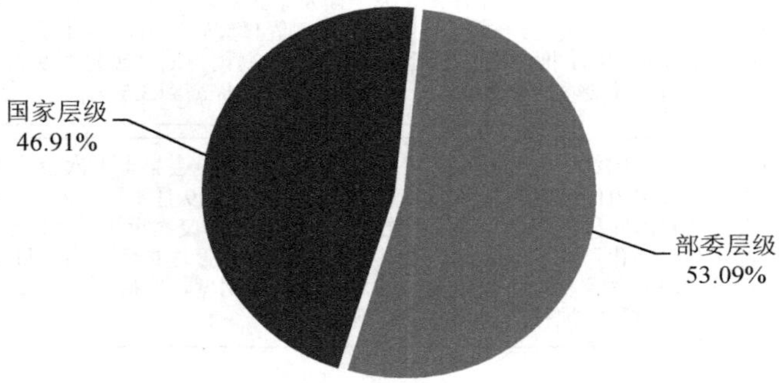


图 2.6　国家和部委层级出台的垃圾分类政策比例

从部委发文来看，各部委联合发文 29 项，占 67.44%，部委单独发文 14 项，占 32.56%（图 2.7）。在单独发文的部委中，住房和城乡建设部（含原建设部），共发布 11 项，占 78.57%（图 2.8）；在联合发文的部委中，生活垃圾主管部门——住房和城乡建设部仍然占据主体。

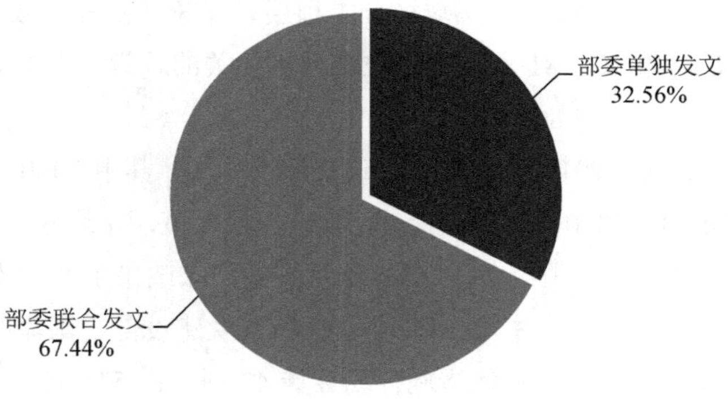


图 2.7　部委联合发文和部委单独发文的垃圾分类政策比例

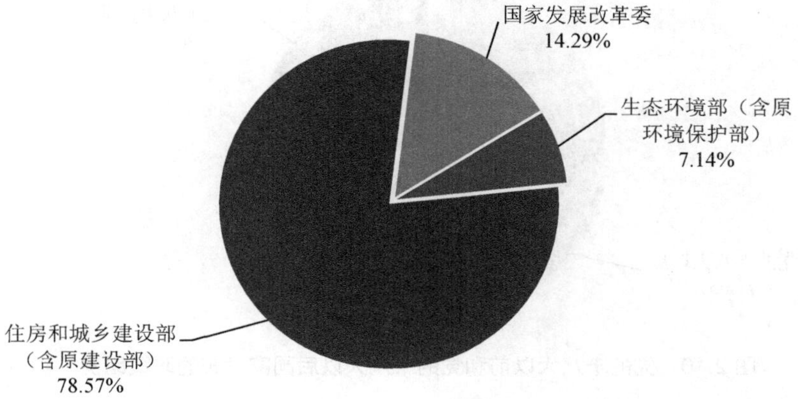


图 2.8　各部委单独发文的垃圾分类政策比例

从政策出台时间看，党的十八大以来，我国垃圾分类制度建设速度明显加快。以党的十八大为时间节点来考量我国垃圾分类制度建设不难发现，党的十八大之前，共出台 22 项垃圾分类相关政策，占 27.16%，年均出台 1.69 项政策；党的十八大以后，共出台 59 项政策，占 72.84%，年均出台政策 7.38 项（图 2.9）。

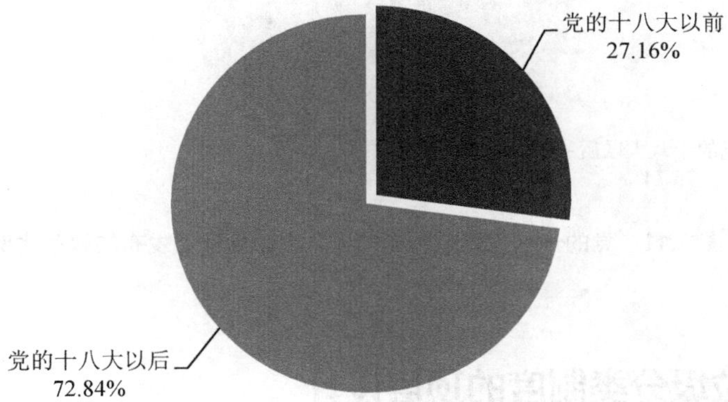


图 2.9　党的十八大以前和党的十八大以后发布的垃圾分类政策比例

从出台单位来看，全国人大和国务院发布的国家政策主要为推进垃圾分类的 38 项通知、意见和方案，党的十八大之前出台 11 项，占 28.95%。党的十八大之后出台 27 项，占 71.05%（图 2.10）。

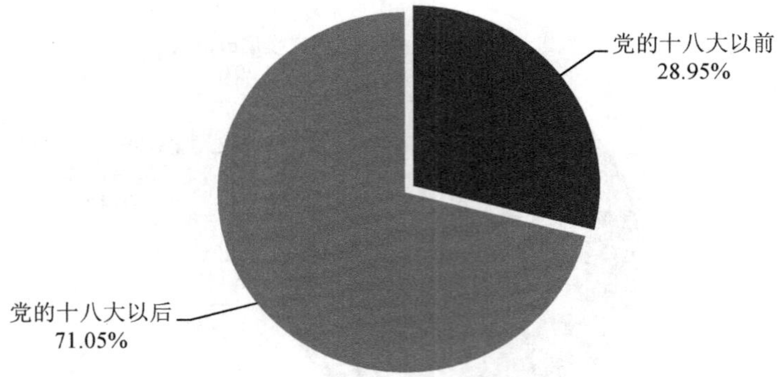


图 2.10　党的十八大以前和党的十八大以后国家发布的政策比例

各级部委为落实国家政策而发布的 43 项通知、工作方案和具体措施行动中，党的十八大之前发布 10 项，占 23.26%。党的十八大以后发布 33 项，占 76.74%（图 2.11）。

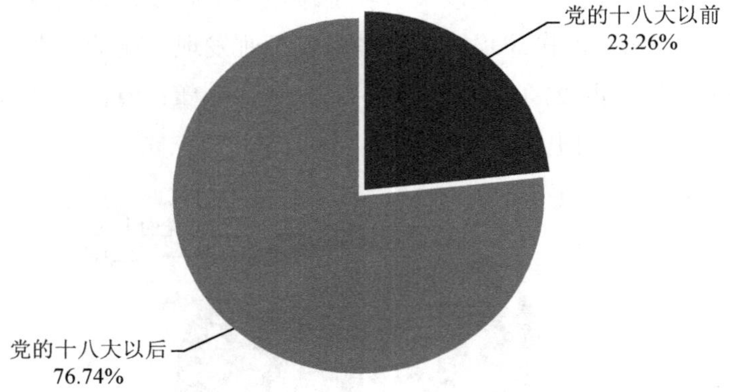


图 2.11　党的十八大以前和党的十八大以后部委发布的政策比例

## 2.4　中国垃圾分类制度的顶层设计

普遍推行垃圾分类制度关系到中国人民生活环境的改善。习近平总书记十分关心垃圾分类工作。2016 年 12 月，习近平总书记主持召开中央财经领导小组会议，研究普遍推行垃圾分类制度，强调要加快建立分类投放、分类收集、分类运输、分类处理的垃圾处理系统，形成以法治为基础、政府推动、全民参与、城乡统筹、因地制宜的垃圾分类制度，努力提高垃圾分类制度覆盖范围。

习近平总书记还多次实地了解基层开展垃圾分类工作的情况，并对这项工作提出明确要求。2018 年 11 月 6 日，习近平总书记在上海调研，在虹口区市民驿站嘉兴路街道第一分站，他提到“垃圾分类工作就是新时尚”“我关注着这件事，希望上海抓实办好”。

2019 年 6 月 3 日，习近平总书记对垃圾分类工作作出重要指示。习近平总书记强调，实行垃圾分类，关系广大人民群众生活环境，关系节约使用资源，也是社会文明水平的一个重要体现。他指出，推行垃圾分类，关键是要加强科学管理、形成长效机制、推动习惯养成。要加强引导、因地制宜、持续推进，把工作做细做实，持之以恒抓下去。要开展广泛的教育引导工作，让广大人民群众认识到实行垃圾分类的重要性和必要性，通过有效的督促引导，让更多人行动起来，培养垃圾分类的好习惯，全社会人人动手，一起为改善生活环境做努力，一起为绿色发展、可持续发展做贡献。

### 2.4.1　4 部法律

#### 2.4.1.1 《中华人民共和国环境保护法》

1989 年 12 月 26 日，第七届全国人民代表大会常务委员会第十一次会议通过《中华人民共和国环境保护法》，该法在控制污染方面发挥了积极作用。

2014 年 4 月 24 日，第十二届全国人民代表大会常务委员会第八次会议修订通过《中华人民共和国环境保护法》，自 2015 年 1 月 1 日起施行。

该法提出了地方各级人民政府应当采取措施，组织对生活废弃物的分类处置、回收利用；公民应当遵守环境保护法律法规，配合实施环境保护措施，按照规定对生活废弃物进行分类放置，减少日常生活对环境造成的损害。

#### 2.4.1.2 《中华人民共和国固体废物污染环境防治法》

1995 年 10 月 30 日，第八届全国人民代表大会常务委员会第十六次会议审议通过《中华人民共和国固体废物污染环境防治法》，自 1996 年 4 月 1 日施行。这是一部专门针对固体废物污染防治的专项基础法律。

2016 年 11 月 7 日，第十二届全国人民代表大会常务委员会第二十四次会议通过对《中华人民共和国固体废物污染环境防治法》第四十四条第二款和第五十九条第一款等两款做出的修改。

2019 年 6 月 25 日，第十三届全国人民代表大会常务委员会第十一次会议分组审议了《中华人民共和国固体废物污染环境防治法（修订草案）》。人大常委会组成人员围绕生活垃圾分类制度、危险废物处置等问题提出意见建议。

2020 年 4 月 29 日，第十三届全国人民代表大会常务委员会第十七次会议通过《中华人民共和国固体废物污染环境防治法》，自 2020 年 9 月 1 日起施行。新修订的《中华人民共和国固体废物污染环境防治法》明确，固体废物污染环境防治坚持减量化、资源化和无害化原则。强化政府及其有关部门监督管理责任，明确目标责任制、信用记录、联防联控、全过程监控和信息化追溯等制度，明确国家逐步实现固体废物零进口。提出国家推行生活垃圾分类制度，对产生垃圾的单位、家庭、个人提出源头减量和分类投放的要求，要求县级以上人民政府建立生活垃圾分类管理系统，提高生活垃圾的综合利用和无害化处置水平，促进生活垃圾收集、处理的产业化发展。

#### 2.4.1.3 《中华人民共和国清洁生产促进法》

2002 年 6 月 29 日，第九届全国人民代表大会常务委员会第二十八次会议通过《中华人民共和国清洁生产促进法》，自 2003 年 1 月 1 日起施行。

2012 年 2 月 29 日，第十一届全国人民代表大会常务委员会第二十五次会议通过《全国人民代表大会常务委员会关于修改〈中华人民共和国清洁生产促进法〉的决定》，自 2012 年 7 月 1 日起施行。该法规定了地方人民政府推行和监督清洁生产、企业开展强制性清洁生产等法律责任，主张通过生产全过程削减污染，进而实现传统生产方式和发展模式的变革，对从源头减少生活垃圾的产生和污染具有重要意义。

#### 2.4.1.4 《中华人民共和国循环经济促进法》

2008 年 8 月 29 日，第十一届全国人民代表大会常务委员会第四次会议通过《中华人民共和国循环经济促进法》，自 2009 年 1 月 1 日起施行。

2018 年 10 月 26 日，第十三届全国人民代表大会常务委员会第六次会议修正《中华人民共和国循环经济促进法》。该法提出，县级以上人民政府应当统筹规划建设城乡生活垃圾分类收集和资源化利用设施，建立和完善分类收集和资源化利用体系，提高生活垃圾资源化率。县级以上人民政府应当支持企业建设污泥资源化利用和处置设施，提高污泥综合利用水平，防止产生二次污染。省、自治区、直辖市人民政府可以根据本行政区域经济社会发展状况，实行垃圾排放收费制度。收取的费用专项用于垃圾分类、收集、运输、贮存、利用和处置，不得挪作他用。国家鼓励通过以旧换新、押金等方式回收废物。

### 2.4.2 3 个核心行政法规

#### 2.4.2.1 《关于进一步加强城市生活垃圾处理工作的意见》

2011 年 4 月 19 日，国务院批转的住房城乡建设部等部门《关于进一步加强城市生活垃圾处理工作的意见》中提出，坚持发展循环经济，推动生活垃圾分类工作，提高生活垃圾中废纸、废塑料、废金属等材料回收利用率，提高生活垃圾中有机成分和热能的利用水平，全面提升生活垃圾资源化利用工作。同时提出到 2015 年，全国城市生活垃圾无害化处理率达到 80%以上，直辖市、省会城市和计划单列市生活垃圾全部实现无害化处理。每个省（区、市）建成一个以上生活垃圾分类示范城市。50%的设区城市初步实现餐厨垃圾分类收运处理。城市生活垃圾资源化利用比例达到 30%，直辖市、省会城市和计划单列市达到 50%。建立完善的城市生活垃圾处理监管体制机制。到 2030 年，全国城市生活垃圾基本实现无害化处理，全面实行生活垃圾分类收集、处置。城市生活垃圾处理设施和服务向小城镇和乡村延伸，城乡生活垃圾处理接近发达国家平均水平。

#### 2.4.2.2 《“十二五”全国城镇生活垃圾无害化处理设施建设规划》

2012 年 4 月 19 日，《“十二五”全国城镇生活垃圾无害化处理设施建设规划》中提出，到 2015 年，直辖市、省会城市和计划单列市生活垃圾全部实现无害化处理，设市城市生活垃圾无害化处理率达到 90%以上，县县具备垃圾无害化处理能力，县城生活垃圾无害化处理率达到 70%以上，全国城镇新增生活垃圾无害化处理设施能力 58 万 t/d。到 2015 年，全国城镇生活垃圾焚烧处理设施能力达到无害化处理总能力的 35%以上，其中东部地区达到 48%以上。到 2015 年，全面推进生活垃圾分类试点，在 50%的设区城市初步实现餐厨垃圾分类收运处理，各省（区、市）建成一个以上生活垃圾分类示范城市。到 2015 年，建立完善的城镇生活垃圾处理监管体系。

#### 2.4.2.3 《生活垃圾分类制度实施方案》

2017 年 3 月 18 日，《生活垃圾分类制度实施方案》中提出，到 2020 年年底，基本建立垃圾分类相关法律法规和标准体系，形成可复制、可推广的生活垃圾分类模式，在实施生活垃圾强制分类的城市，生活垃圾回收利用率达到 35%以上。强制分类实施区域包括直辖市、省会城市和计划单列市；住房城乡建设部等部门确定的第一批生活垃圾分类示范城市包括河北省邯郸市、江苏省苏州市、安徽省铜陵市、江西省宜春市、山东省泰安市、湖北省宜昌市、四川省广元市、四川省德阳市、西藏自治区日喀则市、陕西省咸阳市。强制分类要求是于 2017 年年底前制定出台办法，细化垃圾分类类别、品种、投放、收运、处置等方面要求；其中，必须将有害垃圾作为强制分类的类别之一。

### 2.4.3　5 个较为核心的行政法规

#### 2.4.3.1 《城市市容和环境卫生管理条例》

1992 年 5 月 20 日，国务院第 104 次常务会议通过了《城市市容和环境卫生管理条例》，于 1992 年 8 月 1 日实施。2011 年 1 月 8 日根据《国务院关于废止和修改部分行政法规的决定》第一次修正，2017 年 3 月 1 日根据《国务院关于修改和废止部分行政法规的决定》第二次修正。

此条例基于加强城市市容和环境卫生管理而制定，对城市生活垃圾分类管理作出规定：明确了监管主体及其应履行的职责。该条例明确指出，城市市容环境卫生行政主管部门是城市生活废弃物的收集、运输和处理的监督管理主体，任何单位与个人都应遵守该部门的相关规定，并逐步做到生活废弃物分类收集、运输和无害化处理。明确了个人与单位的责任与义务，确立了不当分类回收行为的处罚条款。如该条例第四章指出对于违反规定的清运处置垃圾、粪便等行为，行政主管部门有权纠正补救，并处警告、罚款，为实施惩罚性手段提供了法制保障。

#### 2.4.3.2 《医疗废物管理条例》

2003 年 6 月 16 日，中华人民共和国国务院令第 380 号公布了《医疗废物管理条例》。2011 年 1 月 8 日根据《国务院关于废止和修改部分行政法规的决定》修订。该条例包括医疗废物管理的一般规定、医疗卫生机构医疗废物的管理、医疗废物的集中处置、监督管理、法律责任等内容。

#### 2.4.3.3 《危险废物经营许可证管理办法》

2004 年 5 月 30 日，中华人民共和国国务院令第 408 号公布了《危险废物经营许可证管理办法》。2013 年 12 月 7 日根据《国务院关于修改部分行政法规的决定》修订。该办法的出台加强了对危险废物收集、贮存和处置经营活动的监督管理，防治危险废物污染环境。

#### 2.4.3.4 《废弃电器电子产品回收处理管理条例》

2008 年 8 月 20 日，国务院第 23 次常务会议通过了《废弃电器电子产品回收处理管理条例》，自 2011 年 1 月 1 日起施行。2019 年 3 月 2 日根据《国务院关于修改部分行政法规的决定》修订。该条例针对废弃电器电子产品回收处理作出专门化规定，例如，明确了废弃电器电子产品处理的监管主体及各部门职责；针对废弃电器电子产品处理制定名录，建立废弃电器电子产品处理基金；地方政府应完善废弃电器电子产品回收处理基础设施等。

#### 2.4.3.5 《报废机动车回收管理办法》

2019 年 4 月 22 日，中华人民共和国国务院令第 715 号公布了《报废机动车回收管理办法》，自 2019 年 6 月 1 日起施行。该办法完善了报废机动车回收企业的进入、退出机制，创新监管方式，打通了机动车消费的最后一环。

### 2.4.4 26 个核心政策

详见表 2.1。

表 2.1　部委发布的 26 个核心政策

| 序号 | 出台日期 | 部委名称 | 政策名称 | 关键词 |
|---|---|---|---|---|
| 1 | 2000 年 5 月 29 日 | 建设部、国家环保总局、科技部 | 《关于发布〈城市生活垃圾处理及污染防治技术政策〉的通知》 | 城市生活垃圾处理 |
| 2 | 2000 年 6 月 1 日 | 建设部城市建设司 | 《关于公布生活垃圾分类收集试点城市的通知》 | 生活垃圾分类收集 |
| 3 | 2001 年 10 月 23 日 | 建设部、国家计委 | 《建设部、国家计委关于批准发布〈城市生活垃圾堆肥处理工程项目建设标准〉和〈城市生活垃圾焚烧处理工程项目建设标准〉的通知》 | 城市生活垃圾处理 |
| 4 | 2002 年 6 月 7 日 | 国家计委、财政部、建设部、国家环保总局 | 《关于实行城市生活垃圾处理收费制度促进垃圾处理产业化的通知》 | 城市生活垃圾处理 |
| 5 | 2002 年 9 月 10 日 | 国家计委、建设部、国家环保总局 | 《关于印发推进城市污水、垃圾处理产业化发展意见的通知》 | 垃圾处理 |
| 6 | 2008 年 5 月 30 日 | 住房城乡建设部 | 《关于印发〈地震灾区建筑垃圾处理技术导则〉（试行）的通知》 | 建筑垃圾处理 |
| 7 | 2009 年 4 月 28 日 | 住房城乡建设部城市建设司 | 《关于开展生活垃圾分类收集工作情况调研的通知》 | 生活垃圾分类收集 |
| 8 | 2014 年 3 月 14 日 | 住房城乡建设部等部门 | 《住房城乡建设部等部门关于开展生活垃圾分类示范城市（区）工作的通知》 | 生活垃圾分类全过程 |
| 9 | 2016 年 9 月 22 日 | 住房城乡建设部等部门 | 《住房城乡建设部等部门关于进一步鼓励和引导民间资本进入城市供水、燃气、供热、污水和垃圾处理行业的意见》 | 垃圾处理 |
| 10 | 2016 年 10 月 22 日 | 住房城乡建设部等部门 | 《住房城乡建设部等部门关于进一步加强城市生活垃圾焚烧处理工作的意见》 | 城市生活垃圾处理 |
| 11 | 2016 年 12 月 22 日 | 住房城乡建设部 | 《住房城乡建设部关于推广金华市农村生活垃圾分类和资源化利用经验的通知》 | 农村生活垃圾分类全过程 |
| 12 | 2016 年 12 月 31 日 | 国家发展改革委、住房城乡建设部 | 《“十三五”全国城镇生活垃圾无害化处理设施建设规划》 | 城镇生活垃圾处理 |
| 13 | 2017 年 4 月 20 日 | 环境保护部 | 《关于生活垃圾焚烧厂安装污染物排放自动监控设备和联网有关事项的通知》 | 生活垃圾处理 |
| 14 | 2017 年 5 月 5 日 | 环境保护部、住房城乡建设部 | 《关于推进环保设施和城市污水垃圾处理设施向公众开放的指导意见》 | 城市污水垃圾处理 |
| 15 | 2017 年 5 月 8 日 | 住房城乡建设部、环境保护部 | 《住房城乡建设部　环境保护部关于规范城市生活垃圾跨界清运处理的通知》 | 城市生活垃圾清运处理 |
| 16 | 2017 年 6 月 6 日 | 住房城乡建设部办公厅 | 《住房城乡建设部办公厅关于开展第一批农村生活垃圾分类和资源化利用示范工作的通知》 | 农村生活垃圾分类全过程 |
| 17 | 2017 年 7 月 1 日 | 财政部、住房城乡建设部、农业部、环境保护部 | 《关于政府参与的污水、垃圾处理项目全面实施 PPP 模式的通知》 | 垃圾处理 |

| 序号 | 出台日期 | 部委名称 | 政策名称 | 关键词 |
| --- | --- | --- | --- | --- |
| 18 | 2017年9月4日 | 国家卫生计生委办公厅等部门 | 《关于在医疗机构推进生活垃圾分类管理的通知》 | 生活垃圾分类全过程 |
| 19 | 2017年10月18日 | 国管局等部门 | 《关于推进党政机关等公共机构生活垃圾分类工作的通知》 | 生活垃圾分类全过程 |
| 20 | 2017年12月12日 | 国家发展改革委等部门 | 《关于进一步做好生活垃圾焚烧发电厂规划选址工作的通知》 | 生活垃圾处理 |
| 21 | 2017年12月20日 | 住房城乡建设部 | 《住房城乡建设部关于加快推进部分重点城市生活垃圾分类工作的通知》 | 生活垃圾分类全过程 |
| 22 | 2018年1月16日 | 教育部办公厅等六部门 | 《教育部办公厅等六部门关于在学校推进生活垃圾分类管理工作的通知》 | 生活垃圾分类全过程 |
| 23 | 2019年4月26日 | 住房和城乡建设部等部门 | 《住房和城乡建设部等部门关于在全国地级及以上城市全面开展生活垃圾分类工作的通知》 | 生活垃圾分类全过程 |
| 24 | 2019年7月13日 | 国家发展改革委、财政部、生态环境部、住房和城乡建设部 | 《关于进一步加快推进中西部地区城镇污水垃圾处理有关工作的通知》 | 城镇污水垃圾处理 |
| 25 | 2019年10月19日 | 住房和城乡建设部 | 《住房和城乡建设部关于建立健全农村生活垃圾收集、转运和处置体系的指导意见》 | 农村生活垃圾全过程 |
| 26 | 2020年4月30日 | 国家发展改革委、国家卫生健康委、生态环境部 | 《医疗废物集中处置设施能力建设实施方案》 | 医疗废物 |

### 2.4.5 其他提到垃圾分类的国家政策

详见表 2.2。

**表 2.2 其他提到垃圾分类的国家政策**

| 序号 | 政策名称 | 关键词 | 与垃圾分类相关的内容简介 |
| --- | --- | --- | --- |
| 1 | 《国务院关于印发节能减排综合性工作方案的通知》 | 资源化利用 | 促进垃圾资源化利用，鼓励垃圾焚烧发电和供热、填埋气体发电，积极推进城乡垃圾无害化处理，实现垃圾减量化、资源化和无害化 |
| 2 | 《国务院关于印发中国应对气候变化国家方案的通知》 | 行业标准、宣传教育培训 | 制定强制性垃圾分类和回收标准，提高垃圾的资源综合利用率，从源头上减少垃圾产生量；加强宣传、教育和培训工作 |
| 3 | 《国务院关于印发国家环境保护“十一五”规划的通知》 | 无害化 | 实施城市生活垃圾无害化处置设施建设规划，推行垃圾分类，强化垃圾处置设施的环境监管 |
| 4 | 《国务院关于进一步实施东北地区等老工业基地振兴战略的若干意见》 | 环境污染治理 | 加大城市垃圾和污水处理设施建设力度，推广垃圾分类回收、清洁焚烧，逐步提高城镇污水、垃圾处理以及排污收费标准 |

| 序号 | 政策名称 | 关键词 | 与垃圾分类相关的内容简介 |
| --- | --- | --- | --- |
| 5 | 《国务院关于印发“十二五”节能减排综合性工作方案的通知》 | 资源化利用 | 促进垃圾资源化利用，健全城市生活垃圾分类回收制度，鼓励开展垃圾焚烧发电和供热、填埋气体发电、餐厨废弃物资源化利用。鼓励协同处理城市生活垃圾和污泥 |
| 6 | 《国务院办公厅关于建立完整的先进的废旧商品回收体系的意见》 | 固体废物回收 | 充分发挥市场机制作用，提高主要废旧商品的回收率；明确生产者、销售者、消费者责任；做好重点废旧商品的有效回收；加强报废汽车回收拆解管理 |
| 7 | 《国务院关于印发国家环境保护“十二五”规划的通知》 | 生活垃圾处理 | 加快城镇生活垃圾处理设施建设；健全生活垃圾分类回收制度；对垃圾简易处理或堆放设施和场所进行整治；鼓励垃圾厌氧制气、焚烧发电和供热、填埋气发电、餐厨废弃物资源化利用；开展工业生产协同处理生活垃圾和污泥试点 |
| 8 | 《国务院关于印发“十二五”节能环保产业发展规划的通知》 | 节能环保 | 健全再生资源和垃圾分离回收体系；建立完善节能环保产业公共服务平台 |
| 9 | 《国务院关于印发服务业发展“十二五”规划的通知》 | 节能环保 | 健全有利于资源循环利用的回收体系，完善废旧商品回收网络；建设废旧商品回收体系示范城市，完善再制造旧件和垃圾分类回收体系；着力培育综合环境服务龙头企业；大力推行合同能源管理，扶持壮大一批专业化节能公司 |
| 10 | 《国务院关于印发循环经济发展战略及近期行动计划的通知》 | 再生资源和垃圾分类回收体系、绿色生活方式 | 推进旅游景区建设和管理绿色化；加快完善再生资源和垃圾分类回收体系；健全生活垃圾分类回收体系；倡导绿色生活方式 |
| 11 | 《国务院关于加强城市基础设施建设的意见》 | 垃圾处理设施 | 建设生活垃圾分类示范城市（区）和生活垃圾存量治理示范项目；加大处理设施建设力度，提升生活垃圾处理能力；提高城市生活垃圾处理减量化、资源化和无害化水平 |
| 12 | 《国家新型城镇化规划（2014—2020 年）》 | 绿色生产方式、生活方式和消费模式 | 严格控制高耗能、高排放行业发展；加快建设可再生能源体系，提高新能源和可再生能源利用比例；实施绿色建筑行动计划；合理控制机动车保有量，加快新能源汽车推广应用；实施大气污染防治行动计划；完善废旧商品回收体系和垃圾分类处理系统；合理划定生态保护红线 |
| 13 | 《中共中央　国务院关于加快推进生态文明建设的意见》 | 循环产业 | 加快建立循环型工业、农业、服务业体系；完善再生资源回收体系，实行垃圾分类回收；组织开展循环经济示范行动，大力推广循环经济典型模式；推进产业循环式组合，促进生产和生活系统的循环链接 |
| 14 | 《国务院关于积极发挥新消费引领作用　加快培育形成新供给新动力的指导意见》 | 绿色生活方式 | 完善统一的绿色产品标准、标识、认证等体系；鼓励购买节能环保产品和服务；鼓励发展绿色建筑、绿色制造、绿色交通、绿色能源；建立绿色金融体系；推行垃圾分类回收和循环利用；推进生态产品市场化；大力推行合同能源管理和环境污染第三方治理 |

| 序号 | 政策名称 | 关键词 | 与垃圾分类相关的内容简介 |
|---|---|---|---|
| 15 | 《国务院办公厅关于深入实施“互联网+流通”行动计划的意见》 | 绿色消费 | 大力发展绿色流通和消费；推广绿色商品；开展绿色商场示范活动；推动仓储配送与包装绿色化发展；利用大数据、云计算等技术优化逆向物流网点布局，鼓励在线回收；开展主题宣传活动，推动形成崇尚节俭、科学、绿色的消费理念和生活方式 |
| 16 | 《国务院关于印发“十三五”控制温室气体排放工作方案的通知》 | 资源化利用 | 创新城乡社区生活垃圾处理理念，合理布局便捷回收设施，科学配置社区垃圾收集系统，鼓励垃圾分类和生活用品的回收再利用。推进工业垃圾、建筑垃圾、污水处理厂污泥等废弃物无害化处理和资源化利用 |
| 17 | 《国务院关于印发“十三五”生态环境保护规划的通知》 | 垃圾处理 | 实现城镇垃圾处理全覆盖和处置设施稳定达标运行；大中型城市重点发展生活垃圾焚烧发电技术，鼓励区域共建共享焚烧处理设施；完善收集储运系统；建设城市餐厨废弃物、建筑垃圾和废旧纺织品等资源化利用和无害化处理系统 |
| 18 | 《国务院关于印发“十三五”国家战略性新兴产业发展规划的通知》 | 循环产业 | 推动物联网电子监管技术在危险废物、电子废弃物利用处置等领域应用；统筹国内外再生资源利用；建设资源循环利用第三方服务体系；全面落实生产者责任延伸制度；建立健全覆盖固体废物、危险废物、再生产品、污染物控制等方面的标准体系 |
| 19 | 《国务院关于印发“十三五”节能减排综合工作方案的通知》 | 资源化利用 | 强化生活源污染综合整治，提升污水收集处理能力，注重污水处理厂污泥安全处理处置；加强生活垃圾回收处理设施建设，全面推进农村垃圾治理，普遍建立村庄保洁制度，推广垃圾分类和就近资源化利用 |
| 20 | 《国务院办公厅关于印发生产者责任延伸制度推行方案的通知》 | 绿色采购、生产者责任延伸 | 加大再生产品和原料的推广力度，实施绿色采购目标管理；遴选一批生产者责任延伸制度实施效果较好的项目进行示范推广；加强生产者责任延伸方面的舆论宣传，普及绿色循环发展理念 |
| 21 | 《中共中央　国务院关于深入推进农业供给侧结构性改革　加快培育农业农村发展新动能的若干意见》 | 农村垃圾治理 | 推进农村生活垃圾治理专项行动，促进垃圾分类和资源化利用，选择适宜模式开展农村生活污水治理，加大力度支持农村环境集中连片综合治理和改厕 |
| 22 | 《国务院办公厅关于创新农村基础设施投融资体制机制的指导意见》 | 农村垃圾分类 | 理顺农村污水垃圾处理管理体制，探索建立农村污水垃圾处理统一管理体制，推动农村垃圾分类和资源化利用，推广建立村庄保洁制度 |
| 23 | 《中共中央　国务院关于加强和完善城乡社区治理的意见》 | 社区建设 | 加强城乡社区环境综合治理，做好城市社区垃圾分类处理、水资源再生利用等工作，着力解决农村社区垃圾收集、污水排放、秸秆焚烧以及散埋乱葬等问题 |

| 序号 | 政策名称 | 关键词 | 与垃圾分类相关的内容简介 |
|---|---|---|---|
| 24 | 《国务院办公厅关于印发禁止洋垃圾入境 推进固体废物进口管理制度改革实施方案的通知》 | 洋垃圾、固体废物回收利用 | 加快国内固体废物回收利用体系建设，建立健全生产者责任延伸制，推进城乡生活垃圾分类，提高国内固体废物的回收利用率；加大对固体废物进口管理和打击洋垃圾走私成效的宣传力度；积极引导公众参与垃圾分类，倡导绿色消费，抵制过度包装 |
| 25 | 《农村人居环境整治三年行动方案》 | 农村垃圾治理 | 建成一批农村生活垃圾分类和资源化利用示范县（市、区、旗）、农村生活污水治理示范县（市、区、旗），加强经验总结交流，推动整体提升 |
| 26 | 《中共中央 国务院关于全面加强生态环境保护 坚决打好污染防治攻坚战的意见》 | 垃圾分类 | 加快推进垃圾分类处理，推进垃圾资源化利用，大力发展垃圾焚烧发电。推进农村垃圾就地分类、资源化利用和处理，建立农村有机废弃物收集、转化、利用网络体系 |
| 27 | 《国务院关于河北雄安新区总体规划（2018—2035 年）的批复》 | 低碳城市建设 | 构建先进的垃圾处理系统，全面推行垃圾分类，促进垃圾资源化利用。合理布局地下基础设施网络，有序利用地下空间 |
| 28 | 《国务院办公厅关于印发"无废城市"建设试点工作方案的通知》 | 无废城市 | 全面落实生活垃圾收费制度，推行垃圾计量收费。建设资源循环利用基地，加强生活垃圾分类，推广可回收物利用、焚烧发电、生物处理等资源化利用方式。促进餐厨垃圾资源化利用，拓宽产品出路 |
| 29 | 《国家生态文明试验区（海南）实施方案》 | 绿色城镇化建设、绿色生活方式 | 推行绿色生活方式，加快推行生活垃圾强制分类制度，出台海南省生活垃圾分类管理条例和海南省垃圾分类收集处理标准体系 |

### 2.4.6 其他提到垃圾分类的部委文件

详见表 2.3。

表 2.3 其他提到垃圾分类的部委文件

| 序号 | 政策名称 | 关键词 | 与垃圾分类有关的内容简介 |
|---|---|---|---|
| 1 | 《关于做好 2008 年建设领域节能减排工作的实施意见》 | 减量化、资源化、无害化 | 加强城镇垃圾处理场建设运行的监管；全面推进城市生活垃圾分类体系建设，充分回收垃圾中废旧资源，实现垃圾减量化；选择一批开展建设生活垃圾填埋气体发电利用项目，实现垃圾资源化；积极推进城市生活垃圾无害化处理设施建设 |
| 2 | 《关于印发〈绿色低碳重点小城镇建设评价指标（试行）〉的通知》 | 社区建设 | 镇区推行生活垃圾分类收集的小区比例 |

| 序号 | 政策名称 | 关键词 | 与垃圾分类有关的内容简介 |
| --- | --- | --- | --- |
| 3 | 《住房城乡建设部办公厅关于印发〈智慧社区建设指南（试行）〉的通知》 | 社区建设 | 倡导低碳生活方式，推行绿色消费理念，开展社区垃圾分类，对垃圾量和排污进行动态监控，促进垃圾资源化利用，有效提高环境质量和物业管理效率 |
| 4 | 《关于印发〈循环发展引领行动〉的通知》 | 资源化、再生资源、循环发展、绿色生活方式 | 加快建筑垃圾资源化利用；完善再生资源回收体系；城镇循环发展体系基本建立；绿色生活方式基本形成 |
| 5 | 《国家发展改革委关于创新和完善促进绿色发展价格机制的意见》 | 垃圾处理收费、生活垃圾分类和减量化激励 | 全面建立覆盖成本并合理盈利的固体废物处理收费机制，加快建立有利于促进垃圾分类和减量化、资源化、无害化处理的激励约束机制 |
| 6 | 《生态环境部　农业农村部关于印发农业农村污染治理攻坚战行动计划的通知》 | 农村生活垃圾治理、村民自治 | 统筹考虑生活垃圾和农业废弃物利用、处理，建立健全符合农村实际的生活垃圾收运处置体系。有条件的地区开展农村生活垃圾分类减量化试点，推行垃圾就地分类和资源化利用。将农业农村环境保护纳入村规民约，建立农民参与生活垃圾分类、农业废弃物资源化利用的直接受益机制 |
| 7 | 《生态环境部　发展改革委　自然资源部关于印发〈渤海综合治理攻坚战行动计划〉的通知》 | 海洋垃圾污染治理 | 禁止垃圾入海，开展入海河流和近岸海域垃圾综合治理，完成沿岸一定范围内生活垃圾堆放点的清除，实施垃圾分类制度，具备海上垃圾打捞、处理处置能力 |
| 8 | 《住房和城乡建设部关于在城乡人居环境建设和整治中开展美好环境与幸福生活共同缔造活动的指导意见》 | 社区建设、公众参与 | 以城市社区和农村自然村为基本空间单元，充分发挥社区居民的主体作用，主动参与老旧小区改造、生活垃圾分类、农村人居环境整治及公共空间的建设和改造，持续保持社区美好环境 |

### 2.4.7 地方政策及分类标准梳理

国家发展改革委、住房城乡建设部共同发布的《生活垃圾分类制度实施方案》中提出，到2020年年底，基本建立垃圾分类相关法律法规和标准体系，形成可复制、可推广的生活垃圾分类模式，在实施生活垃圾强制分类的城市，生活垃圾回收利用率达到35%以上。

46个重点城市是：北京、天津、上海、重庆、石家庄、邯郸、太原、呼和浩特、沈阳、大连、长春、哈尔滨、南京、苏州、杭州、宁波、合肥、铜陵、福州、厦门、南昌、宜春、郑州、济南、泰安、青岛、武汉、宜昌、长沙、广州、深圳、南宁、海口、成都、广元、德阳、贵阳、昆明、拉萨、日喀则、西安、咸阳、兰州、西宁、银川、乌鲁木齐。

截至2019年年底，上述重点城市垃圾分类政策梳理如表2.4所示。

表 2.4　试点城市垃圾分类政策

| 城市 | 政策文件 | 实施/发布时间 |
|---|---|---|
| 北京 | 《北京市生活垃圾管理条例》 | 2020 年 5 月 1 日 |
| 广州 | 《广州市生活垃圾分类管理条例》 | 2018 年 7 月 1 日 |
| | 《广州市深化生活垃圾分类处理三年行动计划（2019—2021 年）》 | 2019 年 8 月 15 日 |
| 深圳 | 《深圳市生活垃圾分类管理条例》 | 2020 年 9 月 1 日 |
| | 《深圳市生活垃圾分类工作激励办法》 | 2019 年 11 月 1 日 |
| 上海 | 《上海市生活垃圾管理条例》 | 2019 年 7 月 1 日 |
| | 《上海市实施生活垃圾定时定点分类投放制度工作导则》 | 2019 年 5 月 5 日 |
| | 《对不符合分类质量标准生活垃圾拒绝收运的操作规程（试行）》 | 2019 年 6 月 10 日 |
| 苏州 | 《苏州市生活垃圾分类管理条例》 | 2020 年 6 月 1 日 |
| 宜昌 | 《宜昌市生活垃圾分类管理办法》 | 2019 年 10 月 24 日 |
| 郑州 | 《郑州市城市生活垃圾分类管理办法》 | 2019 年 12 月 1 日 |
| 武汉 | 《武汉市生活垃圾分类管理办法》 | 2020 年 7 月 1 日 |
| 邯郸 | 《邯郸市城市生活垃圾分类管理办法》 | 2019 年 10 月 8 日 |
| 合肥 | 《合肥市生活垃圾分类管理条例》 | 2020 年 12 月 1 日 |
| 咸阳 | 《咸阳市推进城市生活垃圾分类工作实施方案（2019—2020 年）》 | 2019 年 6 月 6 日 |
| 乌鲁木齐 | 《乌鲁木齐市 2019 年度生活垃圾分类工作实施方案》 | 2019 年 6 月 21 日 |
| 贵阳 | 《贵阳市 2020 年生活垃圾分类工作实施方案》 | 2020 年 4 月 9 日 |
| | 《贵阳市城镇生活垃圾分类管理办法》 | 2018 年 11 月 27 日 |
| 西安 | 《西安市生活垃圾分类管理办法》 | 2019 年 9 月 1 日 |
| 长春 | 《长春市生活垃圾分类管理条例》 | 2019 年 5 月 1 日 |
| 福州 | 《福州市生活垃圾分类管理办法》 | 2019 年 5 月 1 日 |
| 重庆 | 《重庆市生活垃圾分类管理办法》 | 2019 年 1 月 1 日 |
| | 《关于进一步推进生活垃圾分类工作的实施意见》 | 2019 年 8 月 2 日 |
| 石家庄 | 《石家庄市生活垃圾分类管理条例》 | 2021 年 5 月 1 日 |
| 太原 | 《太原市生活垃圾分类管理条例》 | 2019 年 2 月 1 日 |
| 呼和浩特 | 《呼和浩特市生活垃圾分类管理办法》 | 2020 年 10 月 1 日 |
| 大连 | 《大连市城市生活垃圾分类管理办法》 | 2019 年 5 月 1 日 |
| 南京 | 《南京市生活垃圾分类管理条例》 | 2020 年 11 月 1 日 |
| 杭州 | 《杭州市生活垃圾管理条例（修订版）》 | 2019 年 8 月 15 日 |
| 宁波 | 《宁波市生活垃圾分类管理条例》 | 2019 年 10 月 1 日 |
| 厦门 | 《厦门经济特区生活垃圾分类管理办法》 | 2017 年 9 月 10 日 |

| 城市 | 政策文件 | 实施/发布时间 |
|---|---|---|
| 铜陵 | 《铜陵市生活垃圾分类管理办法》 | 2018 年 9 月 1 日 |
| 南昌 | 《南昌市生活垃圾分类管理条例》 | 2020 年 12 月 31 日 |
| 宜春 | 《宜春市生活垃圾分类管理条例》 | 2019 年 1 月 1 日 |
| 济南 | 《济南市生活垃圾减量与分类管理条例》 | 2021 年 5 月 1 日 |
| 青岛 | 《青岛市生活垃圾分类管理办法》 | 2020 年 1 月 6 日 |
| 长沙 | 《长沙市生活垃圾管理条例》 | 2020 年 10 月 1 日 |
| 海口 | 《海口市生活垃圾分类管理办法》 | 2018 年 11 月 1 日 |
| 成都 | 《成都市生活垃圾分类管理条例》 | 2021 年 3 月 1 日 |

## 2.5 中国垃圾分类制度建设的问题及解决方案

回顾我国垃圾分类的探索历程，我国垃圾分类涉及十多个政府部门，如再生资源回收由商务部门主管、资源综合利用由发改部门主管、生活垃圾由住建部门主管、生活垃圾处理设施的污染排放则由生态环境部门监管，这是一个庞大复杂的系统工程，需要各部门协同配合。但是由于目前垃圾分类、运输、处理等环节分散在不同的部门管理，容易导致管理职责“交叉”或“真空”的局面，影响垃圾治理整体效率，最终形成“九龙治水”的困局。只有在顶层设计上进行相应的体制、机制改革，才能改变“九龙治水”的局面。

为改变这种现实困局，对标国际国内最高标准、最好水平，着眼于未来城市精细化管理的需要，牢牢抓住“源头精准分类、中端精细分拣、末端资源化处置”三大关键环节，通过优化体制机制，引入关键市场主体，形成“政府统筹、企业负责、居民参与、社会协同”的生活垃圾治理新格局，彻底打通垃圾从居民家中到再利用工厂的循环之路，我国应构建以“三全、四流、五制”为顶层设计的生活垃圾全程分类制度体系。

### 2.5.1 以“三全”为目标，打通所有环节

在全程分类中，各类垃圾的收集处置、各个主体间的协调配合、各个环节间的衔接都至关重要，应以“全过程、全品类、全主体”（即“三全”）为原则，实现全程有效管理。

全过程是指从源头的分类投放，到中端二次分拣、储运，再到末端资源化利用，应当环环相扣，顺畅对接。每一个环节都将操作标准细化，以确保下一个环节能顺利开展。借助这种集“源头分类—运输—处置—资源化”于一体的全过程手段，可以解决处置链中端断裂的问题，实现垃圾的全程流转。

全品类是指无论是高价值废弃物（纸张、金属等），还是低价值废弃物（玻璃、塑料包装等），都应进入垃圾分类回收利用系统。通过全品类的覆盖，低价值废弃物的收集才可以形成规模，最终转化为经济价值。

全主体是指政府、企业、社会组织、居民等主体都应参与垃圾全程分类。“全主体”既是目标，也是手段。政府在顶层设计、政策制定、激励动员等方面发挥引领作用。政府应当鼓励民企进入市场，成为主力。企业作为市场主体，在垃圾减量化、资源化中承担重要责任。社会组织是垃圾分类宣传、动员、指导的重要力量。居民是垃圾分类的重要实践者，若离开居民的参与，垃圾分类将举步维艰。

### 2.5.2　以“四流”为抓手，确保全程顺畅

要切实实现“三全”目标，必须确保垃圾全程分类过程中“价值流、物质流、环境流和信息流”（即“四流”）全程畅通。

价值流是指在垃圾全程分类的每个环节都要实现价值的增值，这是整个体系有效运转的前提。通过分析价值流，即分析从垃圾产生到最后资源化再利用每一个步骤中的价值变化，把可实现自主价值增值的一部分废弃物交由市场调节；而未能产生增值的废弃物可由政府通过政策补贴等，赋予其额外价值。

物质流是指在价值增值的前提下，必须保证废弃物能够在不同主体之间、不同地域之间顺畅转移，将属性变废为宝。分析垃圾从源头流向资源化环节的转移过程，可明确了解废弃物流转中的关键难点和问题，如行政区域壁垒的问题。基于此，以疏通流转节点为目标的相应政策才可以发挥最大效用。

环境流是指保证垃圾从源头到资源化利用的每个环节实现环境无害，这是一项底线要求。通过分析环境流，可将环境保护的任务落实到各个责任主体，为奖惩体系的建立提供评判标准。

信息流是指依附于物质流，通过信息化、智能化和网络化的管理，记录和分析垃圾流动的每个信息节点，提升全链条的信息智能化水平，为价值流、物质流和环境流的定量分析提供信息基础。

### 2.5.3　以“五制”为保障，健全市场体系

为推进我国生活垃圾全程分类体系的实践与落实，发挥市场的资源配置作用，需要在空间用地、特许经营、减量补贴、生产者责任延伸、绿色采购等方面提供政策保障，全方位助力市场的健康运作。

空间用地规划作为垃圾全程分类的基础保障，应纳入城市环境用地规划和市政基础设施用地保障体系，将废弃物管理和再生资源回收利用设施作为城市环境安全的要件。加强科学统筹，解决废弃物设施的用地难题。

特许经营制度是指在确保垃圾无害化处置和资源化利用的前提下，将特定废弃物种类和特定环节的处理工作委托给有实力的企业，以保证企业拥有的市场空间，提高整体经营效率，减轻政府财政负担。

减量补贴制度是指建立低价值废弃物目录，核算不同种类低值废弃物的全生命周期成本，确定补贴标准，制定科学合理、针对性强、可操作的政府补贴政策。

生产者责任延伸（EPR）制度指生产企业不仅在产品的生产过程中承担责任，而且还要延伸到产品的整个生命周期，特别是废弃后的回收和处置。如出台地方性法规或政策，建立废弃物回收基金。鼓励企业在本地试行，强化生态设计，主动开展报废产品的回收和资源化利用。

绿色采购制度是指政府优先采购废弃物资源化后制成的产品。通过制定绿色企业和绿色产品的政府采购清单，建设公开、公正的绿色采购平台，并划拨专项财政资金，支持绿色采购。

# 第 3 章　中国垃圾分类舆情分析

## 3.1　垃圾分类舆情概述

垃圾分类是一个系统工程。根据物质流，可将其分为前端分类、中端回收和末端处置 3 个阶段。垃圾的前端分类直接影响到整个系统的运作，分类与否以及分类准确率决定着垃圾分类工作的质量和效率。但是，对中国社会来说，分类投放垃圾是一个相对陌生的课题，人们尚不具有垃圾分类的基本意识和分类能力，垃圾分类并未真正成为国民生活的一部分。我国垃圾分类的宣传教育是一个从无到有再逐步发展的过程。垃圾分类意识在中国首次萌芽是 20 世纪 50 年代。1957 年 7 月 12 日，《北京日报》头版头条刊登了一篇《垃圾要分类收集》的报道，呼吁北京居民对垃圾进行分类，“垃圾分类”由此问世。彼时我国并未建立系统的垃圾分类宣传教育体系。直到 20 世纪 80 年代，环境保护作为一项基本国策逐渐走进了大众视野，中国的垃圾分类宣传教育才正式开展。

我国自 21 世纪初开始加大力度提倡垃圾分类，启动了 8 个城市的生活垃圾分类试点。倡议至今已有 20 载，实质性的进展甚微。试点城市虽然推出了若干垃圾分类示范小区，但是整体垃圾分类仍处于“盆景多、风景少”的局面。前端垃圾分类质量堪忧，具体表现在两个方面：一是居民不会分类，缺乏分类知识。大部分居民难以对垃圾进行准确分类，缺乏基础的分类知识，以至于不分类或是分类错误，从而降低了垃圾分类的效率；部分城市垃圾分类标准的多次更改对居民分类行为造成了一定的消极影响，使其对分类标准感到困惑，同时也对易改的垃圾分类政策失去信心。二是居民不想分类，缺乏分类意识。大部分居民没有形成明确的分类意识，认为垃圾分类离自己的生活很远，是环卫工人或物业的工作，居民对垃圾分类的意识淡薄，导致分类意愿较低。

由此可见，不管是知识上的缺乏还是意识上的缺乏，都体现出我国在垃圾分类宣传教育方面的不足。传统垃圾分类宣传教育的主要做法是通过学校体系、社区体系进行知识普及和意识提升，这种方法比较扎实，但需要的时间较长；对于社会群体，尤其是成年人，要利用媒体力量进行垃圾分类的宣传推广，而自媒体作为新生事物，在社会宣传推广中可起到重要作用。

从传播学的角度来说，以微博、微信公众号为主的各种自媒体类社交媒体传播形式层出不穷，功能强大，操作便捷。信息在实现传播、互动、共享的过程中具有时间短、速度快、范围广等特点。一个小小的新闻点，经过这种裂变式的传播，往往就会在很短的时间内网罗数人，达到可观的传播效果，形成巨大的社会影响力。

2019 年，我国垃圾分类试点取得了全面、迅速的宣传效果，与上海垃圾分类的“话题”在自媒体上裂变式的传播不无关系。官方媒体对上海垃圾分类的报道引发了自媒体报道量的剧增，政府部门对自媒体报道内容进行收集、研判，并借助官方自媒体平台实时向公众进行必要的信息反馈，极大地推进了我国垃圾分类工作的进程。

未来，各地方开展垃圾分类工作时需要更加重视来自自媒体的传播和声音，并对相关舆情建立实时监测和反馈引导机制，更好地开展和改善本地的垃圾分类工作。

## 3.2 垃圾分类媒体宣传背景

### 3.2.1 主流媒体的弱化

随着我国经济迅猛发展，环境问题日益凸显，我国的环境保护宣传工作也开始起步，主要依托政府的环保部门、传媒机构和一些自发的社会环保组织，借助媒介进行宣传。基于此，一系列从事环境保护的传媒机构正式成立，中国环境报社、中国环境科学出版社等是我国早期宣传工作的中坚力量。同时，《人民日报》《中国青年报》等也相继开设了环保专栏。通过主流媒体的报道，我国环保宣传事业进入了萌芽期。

我国主流媒体的传播媒介一般是报纸、电视台、通讯社、广播电台及新闻网站。它们可以创建环保专栏，从而加大环境保护的宣传力度。环保专栏的创立不仅使公众对国家的环境形势有了明确的了解，而且提高了公众对保护环境的责任意识。同时，环保宣传教育工作的工作人员与主流媒体的有效沟通也为建立积极正确的环境舆论导向奠定了良好的基础。

但是，我国主流媒体的宣传方式是由点到面的单向传播，传播主体较少，形式较为单一，范围较小，影响力较弱，在引起社会反响方面作用有限。大多数时候，大众只能被动接受信息，不能就传播内容作出相应表达，传播机构也不能因此进行信息处理和工作调整，对接下来的传播难以起到正向反馈作用。同时，由于传播的力度不足、内容碎片化、专业性程度较高等问题，大部分公众对基础的垃圾分类知识和实操技能认识不足，很难真正参与到垃圾分类的行动中去。

因此，在主流媒体的垃圾分类宣传教育模式之外，开发更为有效的宣传手段，弥补传统方式的不足，提升我国垃圾分类宣传教育的实效，是当下垃圾分类工作的要求。

### 3.2.2 自媒体的兴起

“自媒体”一词由美国学者谢因·鲍曼和克里斯·威利斯于 2003 年 7 月在美国新闻协会媒体中心发布“We Media（自媒体）”研究报告时提出。其释义为：“自媒体是普通大众经由数字科技强化、与全球知识体系相连之后，一种开始理解普通大众如何提供与分享他们本身的事实和新闻的途径。”自媒体相对于传统媒介而言，以其自身独有的公众参与性、互动性、信息传播快速性、传播效果显著性等特点，在当今时代传播媒介变革进程中，登上了媒体社会影响力的榜单。目前中国的自媒体平台主要包括微信公众号、新浪微博、抖音、百度贴吧、今日头条头条号、百度百家号、一点资讯等。由于微信公众号和新浪微博的传播量和影响力目前远超其他平台，因此本章的自媒体数据研究主要针对上述两类展开。我国自媒体的兴起主要有以下四点原因。

第一，自媒体拥有庞大的用户基础。互联网时代的到来带来了众多移动端设备用户，为自媒体行业奠定了用户基础。中国互联网络信息中心发布的第 47 次《中国互联网络发展状况统计报告》显示，截至 2020 年年底，我国网民规模达 9.89 亿，较同年 3 月增长 8 540 万，其中手机网民规模达 9.86 亿，占比高达 99.7%，互联网普及率达 70.4%。微信作为实时通信工具的突出代表之一，截至 2019 年年底，用户数已超过 11 亿，其中又有 80% 订阅了自媒体平台微信公众号；新浪微博是自媒体时代最热门的平台之一，2020 年微博用户发展报告显示，微博月活跃用户 5.23 亿，已经连续四年增长 7 000 多万，微博认证的媒体机构账号数量超过 3.8 万个，累计被转评、评论和点赞超过 66.8 亿次，总阅读量超过 2.4 万亿次，为进行垃圾分类宣传提供了有效途径。据统计，截至 2020 年 3 月 29 日，已发布 2 378 682 条“垃圾分类”相关微博，其中热门内容的转发、评论及点赞均过万。同时，自媒体平台上垃圾分类垂直领域的活跃用户可以第一时间发声，引导舆论，与用户互动，实时获得反馈，从而获得活跃度和黏性较大的粉丝。庞大的、高活跃度的自媒体用户为垃圾分类话题的引爆奠定了较强的用户基础并提供了较为丰富的内容维度。

第二，自媒体使信息高效、快速地传播。过去的媒体信息生产需要经过编写、修改、编辑、审核等一系列程序才可以发布，传统媒体也因其较强的专业性和较高的真实度在过去的宣传工作中受到重视。随着互联网时代的到来，自媒体因其进入门槛较低、操作程序简易、发布成本较低等优势，迅速成为大众青睐的平台。在自媒体较为发达的今天，只需要一个智能设备和网络，每个人都可以在自媒体平台上便捷地发布和传播信息，“人人都是媒体人”。因此，自媒体天然拥有高效率传播的优势。

第三，自媒体有多样的呈现形式。与传统媒体不同，自媒体信息的呈现形式较为多样。以往的电视、广播或报纸往往只能从一个或两个感官方面刺激用户接受信息，而自媒体拥有文字、图片、声音、视频等多种信息源，甚至还有 AR 等技术可实现三维立体显像。由于多种感官刺激的信息更易被大众接受，因此自媒体的影响力更为广泛、深刻。

第四，自媒体支持实时的沟通反馈。人们既可以通过自媒体平台表达自己的见解，也可以引发相关群体进行转发和评论。相较于传统媒体，自媒体还能够满足人们在社群中沟通、交流和反馈的需求。

## 3.3 自媒体在垃圾分类中的推进作用

### 3.3.1 倾听民意，汇集民智

利用自媒体进行垃圾分类宣传教育，在一定程度上能将民众从对信息的被动接受转化为主动制作、主动传播，从而创新垃圾分类宣传理念，让每个公众都参与进来。利用好自媒体是政府部门倾听民意、汇集民智的有效手段。服务型政府建设需要更进一步加强公职人员的媒介素养和网络从政能力，特别是提高对自媒体网络舆情的收集和应对能力，提高网络话语信息传达能力和与网民即时有效沟通的能力，从民意、民智中汲取智慧的力量。

### 3.3.2 发现问题，解决问题

政府部门通过自媒体舆情的监测，能够迅速发现公众的诉求和反映的问题，建立主动、有效的公众诉求回应机制。政府部门应熟悉各类自媒体平台，实时把握舆情信息动态和可能的走向，并在面对网络的质疑与猜测时，迅速、准确回应，减少谣言和不实信息泛滥的可能性与途径。这不仅需要政府特别是事件相关的地方政府具有快捷、准确的舆情收集研判能力，更需要政府能够准确掌握民生脉搏，找准公众真正关注、关心的问题，加强信息回应的针对性和实效性，建立“回应型”政府。

### 3.3.3 宣传新阵地，扩大影响力

在自媒体飞速发展的新时代，自媒体已经成为我国垃圾分类宣传教育的新阵地。首先，与传统宣传教育方式不同的是，自媒体能够迅速、大规模地传播垃圾分类知识和理念，其传播内容幽默、简洁并具有教育性，为居民进行垃圾分类提供了操作性强的办法，并鼓励居民互相监督。其次，自媒体可以打破传统宣传教育的时间和空间限制，公众只需要一个智能移动端设备就能在各种平台和 App 上获取最新的垃圾分类资讯，从而延伸宣传教育的时间和空间。最后，5G 时代的到来使得互联网更加深入人们的生活，利用自媒体宣传垃圾分类不仅可以普及知识和培养意识，还可以提升传播效率，增强教育效果。

# 3.4　上海垃圾分类自媒体舆情大数据分析

## 3.4.1　概述

过去，人们对垃圾分类没有概念，加之习惯使然，让“打包处理垃圾”成为一种“社会惯性”。2019 年 4 月 26 日，住房和城乡建设部等部门发布《关于在全国地级及以上城市全面开展生活垃圾分类工作的通知》，在各直辖市、省会城市、计划单列市等 46 个重点城市先行先试基础上，自 2019 年起在全国地级及以上城市全面启动生活垃圾分类工作。这一政策引发了公众对垃圾分类的标准、益处等话题的舆论热议，使“垃圾分类”成为舆论场上既热门又持久的话题。

2019 年 7 月 1 日，上海正式实施《上海市生活垃圾管理条例》（以下简称《条例》），成为中国首个实施生活垃圾分类管理的城市。《条例》规定，生活垃圾分类标准为可回收物、有害垃圾、湿垃圾、干垃圾。如果不按规定投放，将面临惩处：根据《条例》，个人将有害垃圾与可回收物、湿垃圾、干垃圾混合投放，或者将湿垃圾与可回收物、干垃圾混合投放的，由城管执法部门责令立即改正；拒不改正的，处 50 元以上 200 元以下罚款，即使是游客也不例外。《条例》一经发布就引发网友热议，被称为“史上最严垃圾分类政策”。“上海垃圾分类个人扔错罚款”“上海首张垃圾分类整改通知书”等话题的舆情热度一路攀升；另外，北京、西安、苏州等地不同的生活垃圾分类标准也引发争议。对比舆情平台传播量可以发现，微博、微信等自媒体平台成了本次垃圾分类网络舆情传播的主战场。一系列垃圾分类的“话题”“吐槽”“歌曲”等自媒体内容相继出现，图片、照片、视频、文字形式并用，以大众喜闻乐见的形式裂变式传播。当自媒体传播的内容存在不实时，上海市有关主管部门利用主流媒体和官方微信公众号、微博等自媒体进行解释、辟谣，告知正确的分类方式，这些来自官方的言论又继续被自媒体引证、转载，达到了较好的传播效果，成为垃圾分类公众宣传教育的新模式，扩大了政策的社会影响力。表 3.1 总结了《条例》实施前后 3 个舆情阶段的特点。

表 3.1　《条例》实施前后 3 个舆情阶段的特点

| 舆情阶段 | 舆情特点 | 政策和成效 |
|---|---|---|
| 舆情高峰期之前 | 少量官方媒体报道，自媒体报道甚少 | 推进较慢，成效不明显 |
| 舆情高峰期（2019 年 6—7 月） | 官方媒体多方报道，自媒体报道剧增 | 《条例》出台，政府重视，强力推进，成效初现 |
| 舆情高峰期之后 | 官方媒体报道减少，自媒体报道基本平息 | 垃圾分类常态化，成效凸显 |

本研究将以《条例》实施时及实施后出现的被讨论最多的自媒体内容作为数据样本进行分析，从舆情热点看政策焦点、痛点和难点，并对未来各个城市的垃圾分类政策的制定、宣传和实施提供参考意见。

### 3.4.2 分析方法

本次大数据舆情分析流程如图 3.1 所示，包含技术、方法和体系建设，综合了情报学分析等多方面内容，并应用于互联网大数据上，具体见以下 6 个步骤。

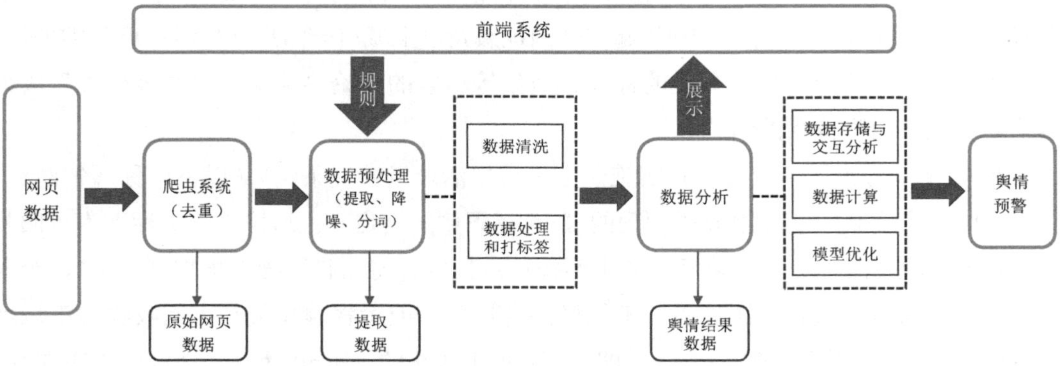


图 3.1 舆情大数据分析流程

①数据采集。即海量原始数据入库。为了实现大数据舆情分析，需要有上游原始输出的采集，也就是爬虫系统。爬虫系统需要采集各类门户、自媒体的网页内容。在抓取前需要去重，抓取后还需要分析提取，如进行子网页的抓取。

②数据清洗。即原始网页数据处理。无论是主流门户还是自媒体的网页信息，抓取后需要做一定的数据提取，把原始的网页内容转化为结构化数据，如文章的标题、摘要等，如果是评论消息也需要提取有效的评论。

③数据处理和打标签。即结构化数据的舆情分析。当各类原始输出变成结构化的数据后，需要有一个实时的计算产品把各类输出做合理的分类，进一步对分类后的内容进行打标签。根据舆情分析的需求，可能会产生不同的输出，如是否有热点话题、舆情时序分析、舆情地域分析、舆情影响力分析、转播路径分析、参与用户统计和画像、舆情情感分析等。

④数据存储与交互分析。即舆情分析中间和结果数据的存储、交互分析。从网页原始数据清洗到最终的舆情数据分析可视化，中间会产生很多类型的数据。这些数据有的会提供给数据分析人员进行舆情分析模型的调优，有的会提供给需求方根据舆情结果进行决策。这需要在数据存储过程中具有多字段组合灵活的交互分析能力。针对重大舆情事件的结果，除了正常的可视化需求，还需要做到事后分析。

⑤数据计算。舆情大数据分析需要两类计算，一类是实时计算，包括海量网页内容实时抽取、情感词分析并进行网页舆情结果存储；另一类是离线计算，系统需要对历史数据进行回溯，结合人工标注等方式优化情感词库，对一些实时计算的结果进行矫正等。

⑥模型优化。除了数据计算，还要对存量数据定期做一些聚类，优化情感词识别库，或者舆情数据分析需要触发情感处理规则更新，根据新的情感打标库对存量数据做舆情计算。舆情的结果数据集有不同的使用需求。对于重大舆情，需要进行事后分析。可能根据属性字段中的置信度、舆情时间或者关键词组合进行分析。

本次舆情大数据分析中，需要使用机器学习、人工智能和神经网络模型，训练计算机程序对中文文本语义进行自然语言处理（NLP）以识别语义。相关训练过程如图3.2所示。中文文本语义的处理大致分为文本预处理、文本特征提取、分类模型构建等。

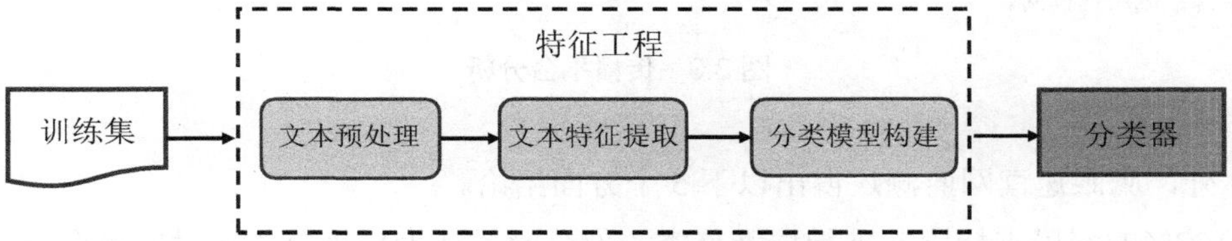


图3.2　训练文本语义分类器过程

### 3.4.3　自媒体舆情的传播概况

鹰眼速读网监测显示，“人民网”于2019年6月28日发表《住建部：46城2020年底前基本建成垃圾分类处理系统》后，舆论开始掀起讨论热潮，“全国46个重点城市试行垃圾分类”一事正式进入公众视野。2019年7月1日，上海正式实施《上海市生活垃圾管理条例》。

如图3.3所示，截至2019年7月8日，有关垃圾分类舆情传播量排名前三的平台分别是微博、微信公众号、新闻客户端。微博平台的内容主要集中在宣传垃圾分类投放指南、调侃复杂的垃圾分类标准；微信公众号平台内容的地域性特征比较明显，在即将试行垃圾分类的46个城市中，本地化微信公众号在宣传当地垃圾分类相关内容上发挥了重要作用；新闻客户端的内容主要是对新闻网站及微信公众号文章的大量转载。

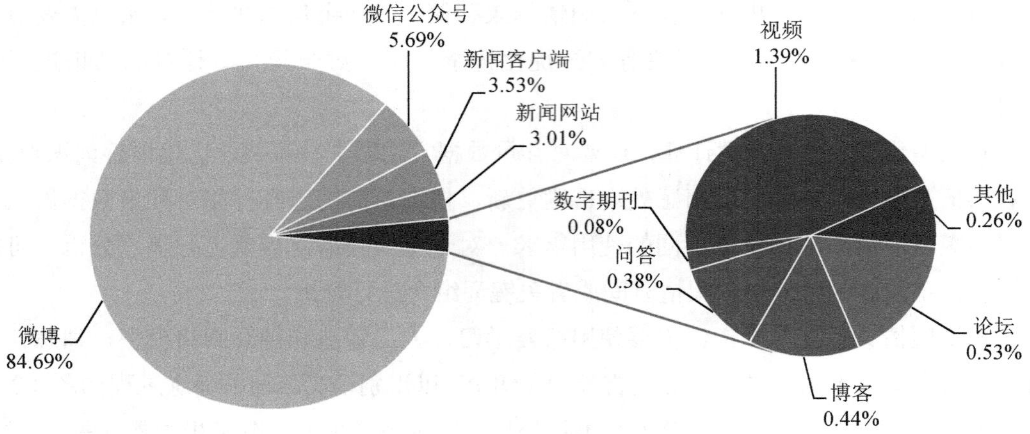


数据来源：鹰眼速读网。

**图 3.3 传播平台分析**

此外，鹰眼速读网监测还得出以下 5 个方面结论。

① 33%的网民支持国家推行垃圾分类。部分网民认为垃圾分类短时间内会给公众带来麻烦和困扰，但从长远利益考虑，该政策利国利民。还有网民称，该政策除环保外，也会促生更多的产业机会和就业机会。

② 29%的网民关注试行垃圾分类城市。在 46 个重点城市名单发布后，部分网民传播、“吐槽”自己所在城市入选垃圾分类重点城市；部分网民质疑重点城市的选择标准；部分网民质疑为何不包含地级以下城市；还有部分网民传播部分不在重点城市名单里的城市（如丽水）也在自主推进垃圾分类工作。

③ 19%的网民聚焦上海垃圾分类工作。由于上海是先行城市之一，上海垃圾分类工作引发网民关注，“垃圾分类逼疯上海人”“垃圾分类成为上海新社交”“上海条例实施第一天共发出 623 张整改令”等话题皆为网民关注的重点内容。

④ 11%的网民质疑垃圾分类政策。部分网民认为垃圾分类工作内容繁琐，不便民、不利民，略显激进；部分网民认为民生问题采取“运动式”“跃进式”的方式会“欲速则不达”。

⑤其他占 8%。主要为关注 46 个重点城市垃圾分类标准是否一致、传播垃圾分类指南等。

另据清博大数据平台监测显示，截至 2019 年 7 月 3 日 18:30，有关“上海垃圾分类引热议”的信息共有 42 907 篇，其中微信发布 5 721 篇，微博发布 26 144 篇，网页发布 6 261 篇，报刊发布 171 篇，客户端发布 2 715 篇，论坛发布 1 027 篇，今日头条发布 838 篇，其他 30 篇。如图 3.4 所示，在自媒体为主要传播媒介的情况下，负面（敏感）舆情的比例也在上升。有关“上海垃圾分类引热议”的负面舆情占据主导地位，占比高达 67.01%；正面舆情次之，占比为 18.42%；中性舆情占比则为 14.57%。“你是个什么垃圾”“垃圾分类让我戒掉奶茶”“猪为垃圾分类作出了巨大贡献”“垃圾分类逼疯上海人”等话题的出现反映了人们对垃圾分类标准不够了解。“眼前的湿不是湿，你说的干是什么干……”这首垃圾分类之歌的歌词，也是在反映上海垃圾分类中对垃圾类型沿用了“老上海人”对“湿垃圾”“干垃圾”的称呼，导致了很多“新上海人”对分类标准混淆不清。

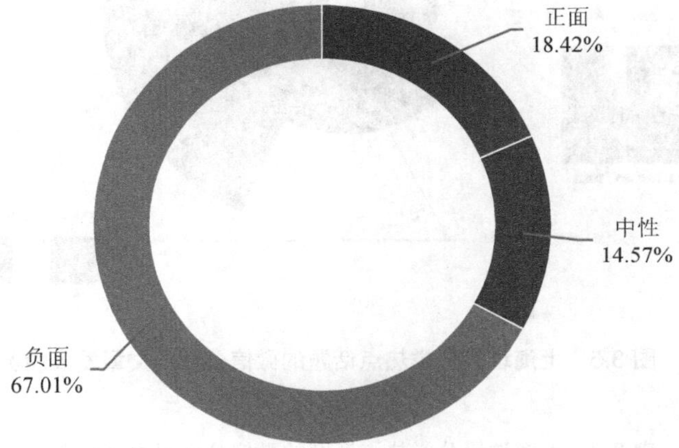


数据来源：清博大数据平台。

图 3.4 舆情情感属性

## 3.4.4 自媒体舆情传播数据分析

### 3.4.4.1 微信公众号舆情数据分析

如图 3.5 和表 3.2 所示，截至 2020 年 3 月 10 日，通过对微信公众号自媒体平台舆情数据进行定向挖掘，得到标题含“你是什么垃圾”关键语句的微信公众号文章有 3 920 篇，含“猪与垃圾分类”的有 2 137 篇，含“垃圾分类歌”或者“垃圾分类神曲”的有 1 323 篇，含“一杯奶茶的垃圾分类”的有 973 篇，含“上海程序员想把垃圾扔到昆山”的有 433 篇，含“小龙虾身后事分类图”的有 326 篇。

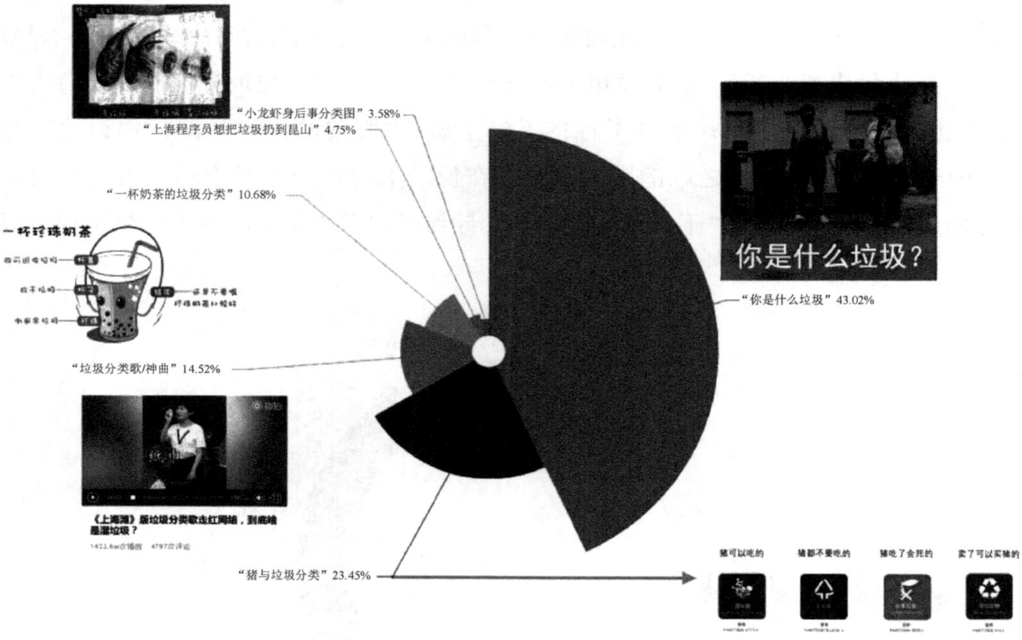


图 3.5　上海垃圾分类热点话题的微信公众号文章发表情况

表 3.2　上海垃圾分类热点话题的微信公众号文章数量统计

| 标题含关键语句 | 微信公众号文章篇数 |
|---|---|
| “你是什么垃圾” | 3 920 |
| “猪与垃圾分类” | 2 137 |
| “垃圾分类歌/神曲” | 1 323 |
| “一杯奶茶的垃圾分类” | 973 |
| “上海程序员想把垃圾扔到昆山” | 433 |
| “小龙虾身后事分类图” | 326 |
| 合计 | 9 112 |

#### 3.4.4.2　微博舆情数据分析

微博舆情是上海垃圾分类舆情中占比最大的部分，量级大大高出其他自媒体。与微信不同，微博主要是通过话题的方式引爆舆情、引发热议，而同一语义的话题有很多语句类似的情况，因此需要把同一语义的话题数据全部进行挖掘，并归类进行分析。这些话题包括“你是什么垃圾”“猪和垃圾分类”“小龙虾”“奶茶分类”“垃圾分类歌”“上海扔垃圾”。图 3.6～图 3.11、表 3.3～表 3.8 为每个热点话题的微博话题内容、阅读量和讨论该话题的微博数量统计情况。

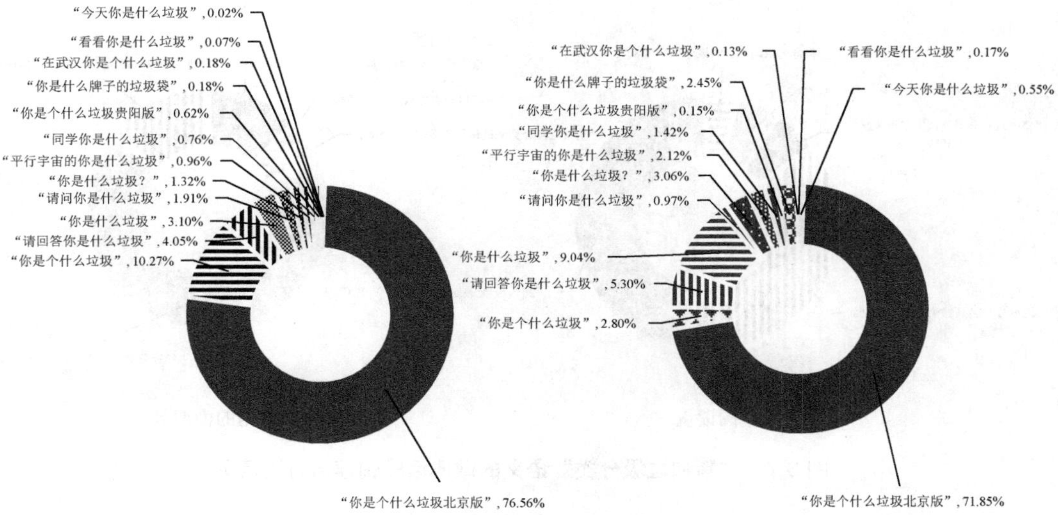


图 3.6　“你是什么垃圾”语义的微博话题阅读与讨论情况

表 3.3　“你是什么垃圾”语义的微博话题阅读与讨论情况

| 话题 | 阅读量/万次 | 参与讨论的微博数/个 |
|---|---|---|
| “你是个什么垃圾北京版” | 16 000 | 34 000 |
| “你是个什么垃圾” | 2 146.5 | 1 324 |
| “请回答你是什么垃圾” | 845.7 | 2 508 |
| “你是什么垃圾” | 647.8 | 4 280 |
| “请问你是什么垃圾” | 399.5 | 457 |
| “你是什么垃圾？” | 275 | 1 447 |
| “平行宇宙的你是什么垃圾” | 201.3 | 1 001 |
| “同学你是什么垃圾” | 159.8 | 670 |
| “你是个什么垃圾贵阳版” | 129.2 | 70 |
| “你是什么牌子的垃圾袋” | 37.8 | 1 159 |
| “在武汉你是个什么垃圾” | 37.5 | 63 |
| “看看你是什么垃圾” | 14.3 | 82 |
| “今天你是什么垃圾” | 3.2 | 260 |
| 合计 | 20 897.6 | 47 321 |

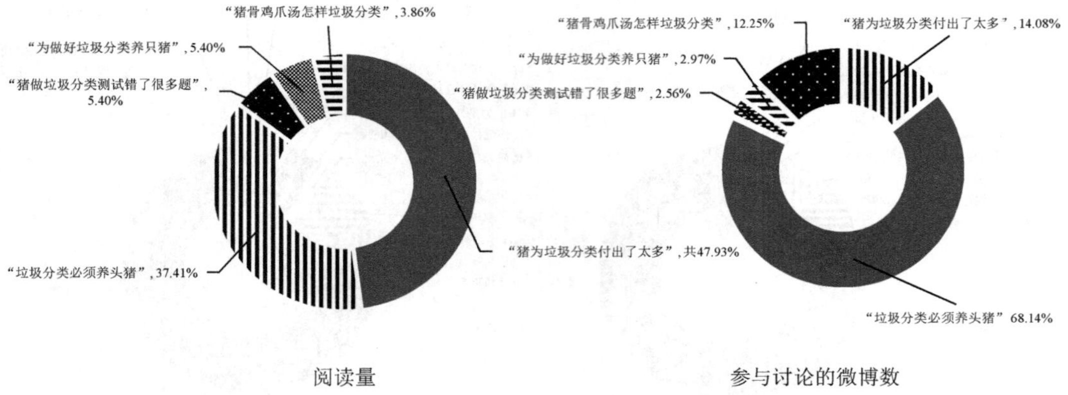


图 3.7 “猪和垃圾分类”语义的微博话题阅读与讨论情况

表 3.4 “猪和垃圾分类”语义的微博话题阅读与讨论情况

| 话题 | 阅读量/万次 | 参与讨论的微博数/个 |
|---|---|---|
| “猪为垃圾分类付出了太多” | 242.2 | 270 |
| “垃圾分类必须养头猪” | 189 | 1 307 |
| “猪做垃圾分类测试错了很多题” | 27.3 | 49 |
| “为做好垃圾分类养只猪” | 27.3 | 57 |
| “猪骨鸡爪汤怎样垃圾分类” | 19.5 | 235 |
| 合计 | 505.3 | 1 918 |

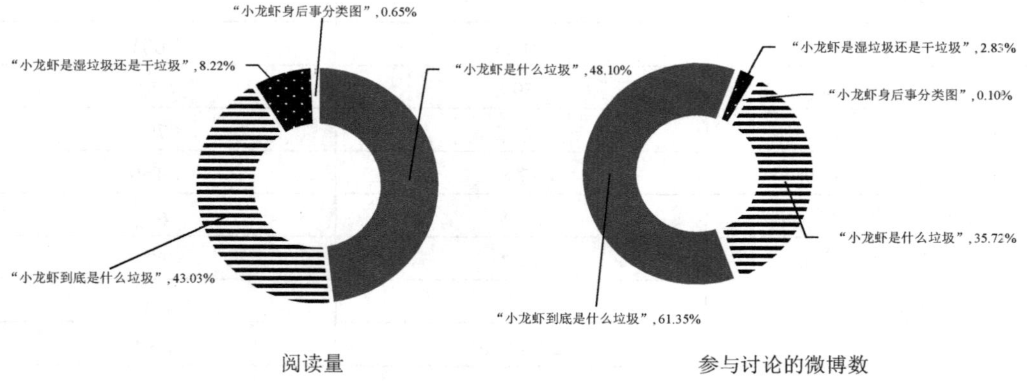


图 3.8 “小龙虾”语义的微博话题阅读与讨论情况

表 3.5　“小龙虾”语义的微博话题阅读与讨论情况

| 话题 | 阅读量/万次 | 参与讨论的微博数/个 |
|---|---|---|
| “小龙虾是什么垃圾” | 492.8 | 3 255 |
| “小龙虾到底是什么垃圾” | 440.9 | 5 591 |
| “小龙虾是湿垃圾还是干垃圾” | 84.2 | 258 |
| “小龙虾身后事分类图” | 6.7 | 9 |
| 合计 | 1 024.6 | 9 113 |

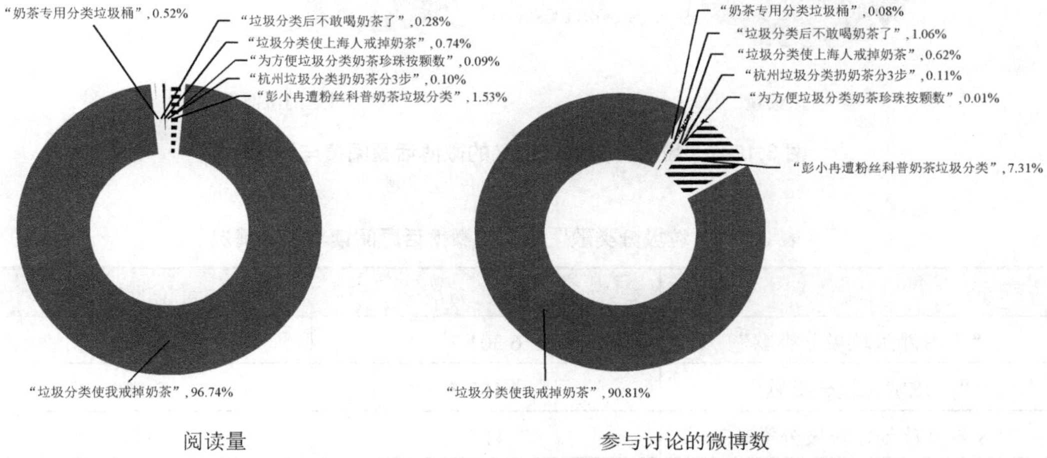


图 3.9　“奶茶分类”语义的微博话题阅读与讨论情况

表 3.6　“奶茶分类”语义的微博话题阅读与讨论情况

| 话题 | 阅读量/万次 | 参与讨论的微博数/个 |
|---|---|---|
| “彭小冉遭粉丝科普奶茶垃圾分类” | 426.2 | 3 624 |
| “垃圾分类使我戒掉奶茶” | 27 000 | 45 000 |
| “奶茶专用分类垃圾桶” | 144.1 | 42 |
| “垃圾分类后不敢喝奶茶了” | 78.6 | 524 |
| “垃圾分类使上海人戒掉奶茶” | 205.7 | 305 |
| “杭州垃圾分类扔奶茶分 3 步” | 29.2 | 55 |
| “为方便垃圾分类奶茶珍珠按颗数” | 24.7 | 6 |
| 合计 | 27 908.5 | 49 556 |

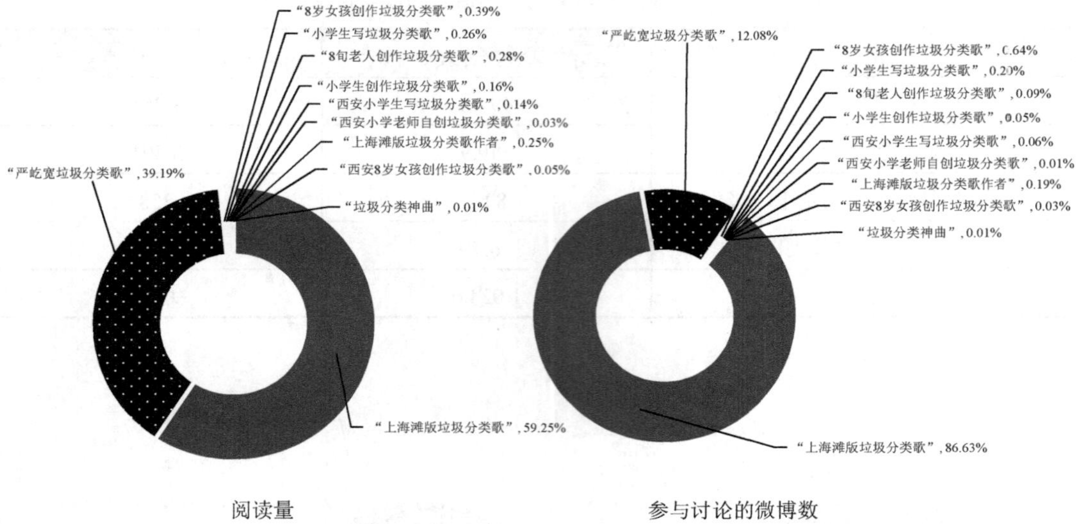


图 3.10 “垃圾分类歌”语义的微博话题阅读与讨论情况

表 3.7 “垃圾分类歌”语义的微博话题阅读与讨论情况

| 话题 | 阅读量/万次 | 参与讨论的微博数/个 |
|---|---|---|
| “上海滩版垃圾分类歌” | 6 301.7 | 20 000 |
| “严屹宽垃圾分类歌” | 4 167.5 | 2 788 |
| “8 岁女孩创作垃圾分类歌” | 41.2 | 148 |
| “小学生写垃圾分类歌” | 27.8 | 46 |
| “8 旬老人创作垃圾分类歌” | 29.7 | 21 |
| “小学生创作垃圾分类歌” | 16.6 | 12 |
| “西安小学生写垃圾分类歌” | 14.5 | 15 |
| “西安小学老师自创垃圾分类歌” | 2.9 | 3 |
| “上海滩版垃圾分类歌作者” | 26.8 | 44 |
| “西安 8 岁女孩创作垃圾分类歌” | 5.5 | 7 |
| “垃圾分类神曲” | 1 | 2 |
| 合计 | 10 635.2 | 23 086 |

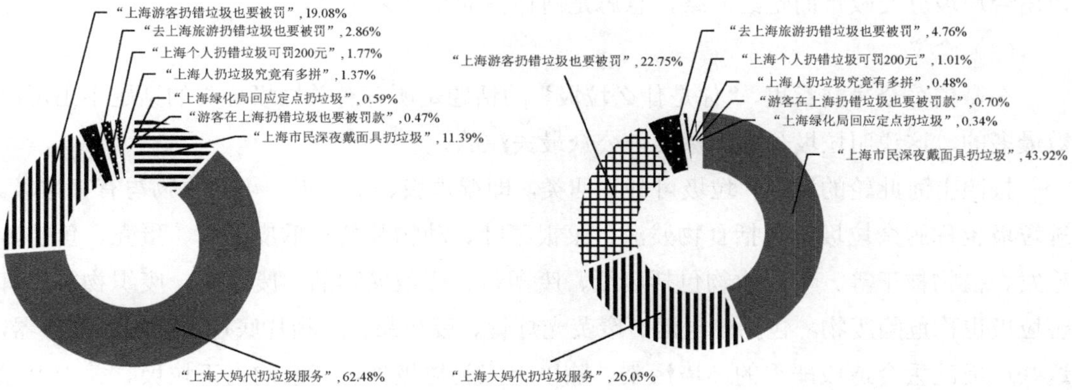


阅读量　　　　参与讨论的微博数

图 3.11　“上海扔垃圾”语义的微博话题阅读与讨论情况

表 3.8　“上海扔垃圾”语义的微博话题阅读与讨论情况

| 话题 | 阅读量/万次 | 参与讨论的微博数/个 |
|---|---|---|
| “上海市民深夜戴面具扔垃圾” | 460 | 4 932 |
| “上海大妈代扔垃圾服务” | 2 522.2 | 2 923 |
| “上海游客扔错垃圾也要被罚” | 770.3 | 2 555 |
| “去上海旅游扔错垃圾也要被罚” | 115.4 | 535 |
| “上海个人扔错垃圾可罚 200 元” | 71.3 | 113 |
| “上海人扔垃圾究竟有多拼” | 55.3 | 54 |
| “游客在上海扔错垃圾也要被罚款” | 18.8 | 79 |
| “上海绿化局回应定点扔垃圾” | 23.7 | 38 |
| 合计 | 4 037 | 11 229 |

### 3.4.5　自媒体舆情传播内容分析

上述话题从表面上看是网友“吐槽”或敏感舆情，但如果对其内容进行分析，则能够看出公众对上海此轮强制垃圾分类政策和标准的反馈和建议，也可以反映上海市有关部门对相关舆情进行及时回应、反馈的相关效果。下文将对这些自媒体话题依次进行分析。

#### 3.4.5.1　“你是什么垃圾”

（1）内容

“你是什么垃圾”指上海垃圾分类督导人员对前来扔垃圾的市民的提问内容，因上海市出台垃圾分类政策而走红网络，意思是问你拎的是什么垃圾。

（2）含义

在微信公众号文章里，“你是什么垃圾”的话题是所有有关垃圾分类的话题中出现次数最多的，这说明垃圾分类的标准是公众最关注的。

按照上海此轮的标准，垃圾可分为四类，即湿垃圾、干垃圾、可回收物与有害垃圾。湿垃圾也称厨余垃圾，包括食物残渣、菜根菜叶、动物蹄角、瓜皮果屑、蛋壳、鱼鳞、毛发、植物枝干等。可回收物包括废纸、废塑料、废玻璃制品、废金属、废织物等。有害垃圾也称危险废物，包括废电池、废荧光灯管、废药品、废相片底片、废油漆类容器，这些垃圾乱丢会造成严重的环境污染。除以上三类垃圾外，其余均为干垃圾。关于上述标准的制度文件已经出台，市民可以通过“上海发布”“绿色上海”等微信公众号查询生活垃圾的具体分类情况。但是即便如此，公众仍然对垃圾分类标准有不清楚、不明白的地方。

（3）分析

垃圾分类标准的制定要考虑到公众的认知能力和接受程度。对垃圾分类标准的宣传教育仍有提升的余地。

### 3.4.5.2　“猪与垃圾分类”

（1）内容

为了更好地开展垃圾分类工作，人们也想了很多方法，有网友总结：“猪可以吃的是湿垃圾，猪吃了会死的是有害垃圾，连猪都不吃的是干垃圾，可回收物可以卖了钱买猪。”

（2）含义

这一话题的走红除说明了垃圾分类的标准是公众最关注的话题，也说明了目前上海的垃圾分类标准略显复杂，并不简单易懂。对比图 3.12 和图 3.13 可以发现，相对于复杂的官方垃圾分类图例，用“猪与垃圾分类”关系来进行垃圾分类更加简单易懂。

（3）分析

垃圾分类标准的制定要考虑到公众的认知能力和接受程度。要求将湿垃圾分开投放，是为了采取生化处理、产沼、堆肥等方式进行资源化利用或者无害化处置，所以对湿垃圾要尽量精准投放。而对干垃圾，主要采取焚烧的方式进行无害化处置，因此公众只需要尽可能地将可回收物区分出来，进行资源化利用即可。对于个别类型的垃圾，如果在湿垃圾、干垃圾、可回收物之间难以清晰界定的，可以作为干垃圾投放。现有技术已经可以支持在前端粗分、中端分拣时智能识别。也就是说，前端只需要把湿垃圾分出来就可以了。

图 3.12　上海市生活垃圾分类投放指南

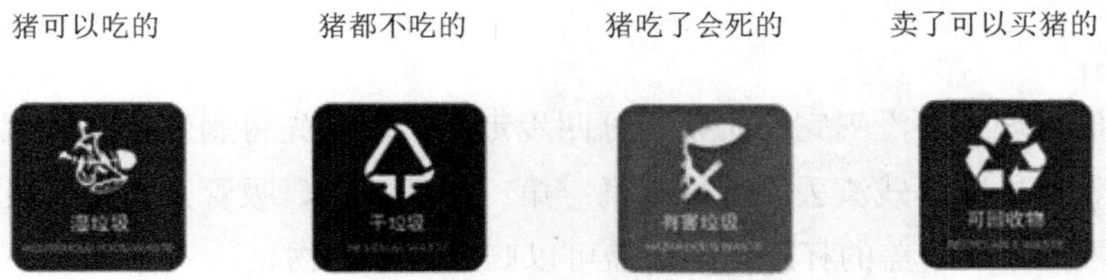


图 3.13　猪与垃圾分类图例

#### 3.4.5.3 “垃圾分类歌”

（1）内容

“垃圾分类歌”指在网络上传播较为广泛的、网友自创的、与垃圾分类有关的歌曲。某段垃圾分类歌将干湿垃圾分类问题与歌曲《上海滩》结合，歌词如下：“纸巾/干垃圾/不管多湿/它都是干垃圾。瓜子皮/湿垃圾/不管多干/它都是湿垃圾。猪能吃的/是湿垃圾/易腐烂的/能够粉碎的。猪不吃的/你不懂的/只要无害/统统丢干垃圾。”

（2）含义

上海标准中的干垃圾和湿垃圾这两个概念，在国家标准里是没有的。在住房和城乡建设部 2019 年 11 月 15 日发布的《生活垃圾分类标志》标准中，生活垃圾类别调整为可回收物、有害垃圾、厨余垃圾和其他垃圾 4 个大类。

但“干垃圾”和“湿垃圾”的说法被上海采用也有其历史原因，上海市人大常委会就此做了大量的调查研究。《条例》最后确定了“可回收物、有害垃圾、湿垃圾和干垃圾”四分类的标准，主要基于以下考虑：第一，这个标准在上海已经实施了较长时间，沿用这一标准有利于保持工作的连续性；第二，这一标准与《生活垃圾分类制度实施方案》的要求基本吻合；第三，多数市民和立法听证会的多数陈述人都希望分类标准不要反复变动。最后出台的相关条例还特别注明：湿垃圾即易腐垃圾，干垃圾即除了可回收物、有害垃圾、湿垃圾之外的其他垃圾。并要求上海市绿化和市容管理局提供便捷的查询服务。

尽管如此，沿用“老上海人”垃圾分类的标准，仍然给大多数“新上海人”带来了认知上的混淆。2018 年“城市数据团”与中国电信上海分公司合作，利用脱敏数据对上海居民家庭的籍贯分布特征和人群特征进行研究，发现本地籍贯的“老上海人”占比约为 60%，有 40%拥有上海户籍的居民是“新上海人”。除此以外，上海还有 700 万～800 万流动人口。因此，仅仅考虑“老上海人”对生活垃圾类别的历史称呼和习惯来制定上海垃圾分类标准并不能与时俱进。

（3）分析

其他外来人口较多的城市在制定垃圾分类政策和标准时要注意类别名称这一问题。

#### 3.4.5.4 “一杯奶茶的垃圾分类”

（1）内容

网友调侃处理一杯没喝完的奶茶要分四步走：第一步先将剩余奶茶倒入下水口；第二步将珍珠、水果肉等残渣丢入湿垃圾桶；第三步把杯子、吸管丢入干垃圾桶；第四步则因茶而异，如果是带盖的杯子，塑料盖可以归到可回收物。

（2）含义

这一话题直指中国目前垃圾分类领域最重要的问题之一，即食品零售业的垃圾分类与包装物回收。食品零售业使用的包装物约占包装市场的 70%，最近的一份报告显示，英国超市使用的塑料包装中，近 1/3 要么无法通过标准回收计划回收，要么很难回收。这并不是特定国家的问题，回收所遇到的难题在世界范围内都是共同存在的。大多数塑料食品包装上都有“可回收利用”字样，但这并不一定意味着包装会被回收利用。回收多重材料包装的实际过程既耗时又昂贵，严重依赖消费者行为和收集方式。

针对上述话题引发的问题，原上海市废弃物管理处做出了官方回应：“其实如果我们换个角度想想，你泡了一杯茶，没喝完要怎么处理？茶杯里的东西倒进水槽，杯子洗干净收起来。茶叶渣你会让它堵塞你们家的下水道吗？一杯没喝完的奶茶也是同理，不过倒掉内容物后剩余的部分（杯子、吸管、盖子）都可以直接投放到干垃圾桶里。为什么杯子、吸管、盖子不投放到可回收物的垃圾桶？这是因为这类薄型塑料回收利用价值较低，而且需要清洁过后再投放，为了避免污染其他可回收物，建议还是直接扔进干垃圾桶。”

（3）分析

各试点城市推出垃圾分类措施的同时，也要从生产者教育和激励的角度推动食品饮料生产企业采取更为清洁、环保的包装。虽然回收设施和可回收的材料差异较大，但纸板和纸包装在任何地方都可以回收。在欧洲，有 84.6%的纸板和纸包装被回收，是所有材料中回收率最高的；相比之下，塑料的回收率只有 40.9%，且废塑料经常被扔进大海。

虽然完全远离塑料并不总是可行或可取的，但相关政策应该推动生产企业尽可能在包装策略中采用纸板和纸包装，利用现有的回收基础设施，帮助消除供应链中多余的废弃物；转向替代包装材料也是选择之一。与此同时，还应该鼓励企业采用可回收和可再生的包装材料，并创新植物基包装解决方案。最后，相关部门还应对消费者进行宣传教育，使消费者认同更加环保的包装是其购买食品饮料时需要考虑的因素。

目前，全球范围内已有数家知名公司采取措施使用新型材料作为食品包装材料，以及推动包装回收。无论从标准上、产业上还是技术上，我国都可以参考和引入。

#### 3.4.5.5　“上海程序员想把垃圾扔到昆山”

（1）内容

这个“话题”来源于一条新闻：上海张江一位程序员小陈火了。因平时工作忙，一直赶不上垃圾收集的时间，他突发奇想，叫了一名快递员上门，将垃圾寄到上海附近江苏昆山的垃圾站里。小陈说：“平时工作太忙了，早上 9 点多出门，晚上 11 点才回来，扔垃圾都赶不上时间，这几天晚上做梦都梦见垃圾分类。夏天到了，我的这些垃圾放在家里都快臭了，也是实在没办法了。扔垃圾比写代码还棘手。”快递员小王说：“他是个程序员，每天 9 点半起床，晚上 11 点才回家，基本上也就不扔垃圾。回家也没精力做垃圾分类，那个垃圾我称了一下大概有二十几斤，他问我能不能随便找个垃圾站寄过去。”没有准确的收货地址，小王表示很难办。最后，小王花了半小时教会程序员垃圾分类，并建议他以后早起倒垃圾。

（2）含义

这一话题描述的问题的起因是上海垃圾分类标准中的“定时定点”政策。《条例》规定，逐步推行定时定点分类投放制度。因为定时定点是确保垃圾分类质量的关键。政府部门希望把规范逐步变成一种习惯，同时也要求各个部门、各级组织要把垃圾分类做实、做细、做深。但与此同时，定时定点确实会给一部分居民带来不便，不能单纯依赖于市民会为提升垃圾分类意识而做出牺牲去适应“定时定点”政策，尤其是对于上班族来说，这种要求更是不切实际的。

（3）分析

从总体上考虑，“定时定点”政策不能“一刀切”。一方面，垃圾分类“定时定点”要考虑到上班族和一些老年人的投放需求。对此，上海也制定了《上海市实施生活垃圾定时定点分类投放制度工作导则》，物业、居委会、业委会可以不断在尝试的过程中商定时间和地点，如商定投放次数、能不能中午加一次等问题。另一方面，也可以考虑采用一些技术手段，做好平稳过渡，如设置误时的投放点、采取刷卡投放等模式，来解决居民的不同投放需求。

#### 3.4.5.6 “小龙虾身后事分类图”

（1）内容

网络上一张“小龙虾身后事分类图”把不少网友搞得晕头转向。整只小龙虾是湿垃圾，去黄的龙虾头就是干垃圾？龙虾肉、龙虾黄是湿垃圾，龙虾壳又是干垃圾？

（2）含义

“民以食为天”，对厨余垃圾的分类是公众最为关注的领域之一，也是此轮试点城市垃圾分类工作中最重要的组成部分之一。

厨余垃圾是指居民日常生活及食品加工、饮食服务、单位供餐等活动中产生的垃圾，包括丢弃不用的菜叶、剩菜、剩饭、果皮、蛋壳、茶渣、骨头等，其主要来源为家庭厨房、餐厅、饭店、食堂、市场及其他与食品加工有关的行业。厨余垃圾含有极高的水分与有机物，很容易腐坏，产生恶臭。经过妥善处理和加工，可转化为新的资源，高有机物含量的特点使其经过严格处理后可作为肥料、饲料，也可产生沼气用作燃料或发电，油脂部分则可用于制备生物燃料。

厨余垃圾非法收集和回收利用会对环境和居民健康产生威胁。对厨余垃圾单独收集，可以减少进入填埋场的有机物含量，减少臭气和垃圾渗滤液的产生，还可以避免因水分过多而对垃圾焚烧处理造成的不利影响和对处理设备的腐蚀。厨余垃圾的运输必须全封闭，防止滴洒、遗漏，车身要有明显标识，具有政府主管部门核发的准运证件方可从事运输。厨余垃圾应当交由专业化的处理单位进行处理，严禁将废弃食用油脂（包括地沟油）加工后作为食用油使用，严禁直接使用厨余垃圾饲养畜禽及鱼类，严禁用未经无害化处理的餐厨垃圾生产肥料。

2019年6月14日，针对刷屏的“小龙虾身后事分类图”，上海市废弃物管理处通过其微信公众号“垃圾去哪儿了”回应称，小龙虾、龙虾壳、龙虾头、龙虾黄、龙虾肉全部属于湿垃圾。上海市废弃物管理处进一步解释称，湿垃圾指的就是易腐垃圾，在2019年6月出台的《上海市生活垃圾分类投放指南》中也有列举明确，“水产及其加工食品”都归属于湿垃圾。

（3）分析

在前端把厨余垃圾分出来，让垃圾不脏、不臭，是本轮垃圾分类试点最主要的诉求之一。而且由于末端处理技术的原因，有一些看似是厨余垃圾的，却只能归类到干垃圾。这就要求有关部门要进行充分的公众宣传教育。

例如，虽然水产都是湿垃圾，但是蛤蜊壳是干垃圾；虽然食材废料都是湿垃圾，但粽子叶、玉米衣却是干垃圾；虽然都是猪骨头，但是大棒骨要算干垃圾……因为湿垃圾的末端处置的第一个步骤是粉碎，考虑到硬贝壳类、大棒骨这些垃圾不易被粉碎并且会对粉碎刀片造成损害，而粽子叶这类具有长纤维结构的垃圾容易缠绕机械元件，对末端处置带来影响，所以在分类时将它们归入干垃圾。

但与此同时，在宣传上也不必过于妖魔化这些特殊的厨余垃圾，在垃圾分类的初期阶段，公众只要大致地作出判断即可，即使有个别误投，末端处理也是可以承受的。

#### 3.4.5.7 “上海市民深夜戴面具扔垃圾”和“上海大妈代扔垃圾服务”

（1）内容

因为不按规定扔垃圾要被罚款，因此有了“上海市民深夜戴面具扔垃圾”和“上海大妈代扔垃圾服务”。

（2）含义

上海本轮垃圾分类政策之所为被称为史上最严垃圾分类政策，罚款标准是其中较为重要的一个因素。公众对罚款较为敏感，因此才会出现深夜戴面具扔垃圾，甚至催生出了代扔垃圾服务的产业。

上海的罚款标准为：个人违反《条例》，将有害垃圾与可回收物、湿垃圾、干垃圾混合投放的，或者将湿垃圾与可回收物、干垃圾混合投放的，由城管执法部门责令立即改正；拒不改正的，处50元以上200元以下罚款。农贸市场、标准化菜场未按照标准配置湿垃圾就地处理设施的，市场监管部门责令限期改正；逾期不改正的处 5 000 元以上 5 万元以下罚款等。

2020 年 5 月 14 日，上海市城市管理行政执法局公布了《条例》实施近一年以来的垃圾分类执法工作进展情况，2019 年 7 月—2020 年 4 月，上海市共开展执法检查 12.3 万次，依法查处生活垃圾分类案件 7 662 起。其中，容器未设置、标识不规范、混合投放、混合驳运、随意乱扔生活垃圾等问题最多的是餐饮企业，其余依次为宾馆旅馆、企事业单位、大型商场、商务楼宇、工业医药科创园区等。2019 年 7 月—2020 年 4 月，在上海市城管执法系统协同推进生活垃圾、装修垃圾等乱扔或非法处置类违法乱象的综合治理中，共依法查处各类违法违规处置餐厨垃圾和废弃油脂案件 1 420 起；共依法查处乱丢废电池，乱扔果皮、烟蒂、饮料罐，乱倒垃圾等案件 5 242 起。在处罚的同时还进行了教育劝阻。

（3）分析

公众对罚款是较为敏感的。尽管个人最多罚款 200 元，但仍然可以带来较好的警示效果。根据《条例》，对情节严重的违法者将实施信用惩戒。上海市城市管理行政执法局公布的数据中特别提到，全市城管执法系统共向征信平台推送生活垃圾分类违法信用信息 232 条；推送乱扔果皮纸屑、乱倒污水粪便、乱扔烟蒂等废弃物类违法信用信息 927 条；推送违规处置厨余垃圾及废弃油脂类违法信用信息 332 条；推送未遵守投放装修垃圾的要求，擅自堆放、未按要求驳运至指定场所等类违法信用信息 66 条。上海市后期还将进一步通过行业管理、专项测评、执法管控等举措，加大执法力度，对投放、收集、运输、处置 4 个环节实行全过程监管。重点查处不履行生活垃圾分类义务、违规处置厨余垃圾、未按要求投放装修垃圾等违法行为。对拒不履行分类义务、拒不落实分类措施的单位和个人，依法从严实施处罚。对拒不整改的违法当事人，将其信息纳入公共信用平台，实施信用惩戒。对违法情节严重、拒不整改的收运及处置企业，依法吊销城市生活垃圾经营性处置服务许可证。上述政策对其他试点城市的工作开展也有一定借鉴意义。

### 3.4.6 2020 年以来的自媒体舆情转变

从自媒体舆情数据来看，在 2020 年 5 月 1 日北京启动强制垃圾分类新政之后，对 2019 年上海市垃圾分类政策实施效果的讨论也增多了。与 2019 年上海刚推出强制分类政策时网友大量发布灰色幽默的话题情况不同的是，2020 年以来自媒体舆情对上海垃圾分类“吐槽”的声音少了，正面的评价多了，很多上海网友成为了垃圾分类的“小喇叭广播站”，主动回应网络上关于上海垃圾分类的提问，甚至针对不当言论进行辟谣。

2020 年 5 月 1 日，在“央视新闻”新浪官方微博发布的《直播！了解#北京生活垃圾分类新规#》视频评论中，有人问：“话说现在上海的垃圾分类还在搞吗？”对此，网友“露露 chen1009”说：“竟然有人问上海还在搞吗？垃圾分类已经融入今后的生活当中，必须永远执行下去！”网友“只是吃瓜爱好者罢了”说：“对啊……我们垃圾分类都已经成日常生活的一部分了，可能因为大家都接受了，网上就没人提了，不了解的人就觉得结束了吧。”另有一个称“上海半途而废”的评论下有 8 条回复质疑这种说法：“谁说上海半途而废了？”“哪里半途而废？现在比以前更严。我们小区只有早上晚上指定时间垃圾桶放进来丢垃圾，每天有人看着的，没垃圾桶也是有阿姨看管放置垃圾桶的地方……”这说明上海垃圾分类模式在提升居民生态文明意识、引导绿色生活方式以及培养居民通过垃圾分类获得满足感和荣誉感的文化养成等方面，取得了较好的效果。

2020 年 5 月 1 日，北京、深圳也进入了强制垃圾分类时代。与上海相比，北京是和风细雨式的渐进模式。北京市原本计划 2020 年春节过后就开始广泛的群众动员工作，但新冠肺炎疫情打断了这个计划，临近 5 月 1 日之时，随着疫情防控进入常态化阶段，北京市有关部门开始利用网上宣传等形式让市民深入了解垃圾分类知识，开展群众动员。在互联网舆情方面，虽然北京垃圾分类没有引起上海 2019 年时那样的轰动，但是仍有一定的效果。记录网络搜索关键词热度的“百度指数”显示，“上海垃圾分类”一词于 2019 年 7 月初达到搜索量高峰，指数为 23 927；而“北京垃圾分类”搜索量高峰仍然是 2019 年 6 月底，指数达到 4 502，进入 2020 年以来，临近 5 月 1 日时热度逐渐回升，在 4 月 29 日指数达到 1 778。

### 3.4.7 政府部门如何依托自媒体开展垃圾分类工作

上海垃圾分类自媒体舆情大数据分析为各地方依托自媒体开展垃圾分类工作提供了参考，建议各地在未来的工作中注重以下三个方面。

首先，依托自媒体开拓垃圾分类宣传教育平台。政府部门应快速融入自媒体时代，开通相关平台的账号，利用自媒体平台的特点进行内容制作和传播，从而引导公众舆论，促进公众参与垃圾分类，积极与公众沟通，发挥其监督和建议的作用。可以吸引垃圾分类的专业人士、热心人士持续性地贡献内容、积累粉丝，成为该垂直领域的意见领袖。还可以通过一些自媒体博主对垃圾分类相关内容进行二次创作或传播，从而扩散话题，引起关注，利用“粉丝效应”达到传播垃圾分类理念的效果。

其次，抓住热点，打造好内容。政府部门应适时了解公众所关心的热点问题，进行深度挖掘，事先做好数据收集和分析，尽量还原真实情况，发布准确、专业又有趣的相关信息，在解决公众需求的情况下宣传垃圾分类。同时创新理念，将优秀的网络文化同垃圾分类知识相结合，找准宣传的切入点，做有针对性、教育性的自媒体内容，让大众愿意听、听得懂、还想听，做到有的放矢、精准投放。

最后，自媒体宣传要注意与当地特色及文化相结合，形成“接地气”、通俗易懂、易于接受的内容。例如，上海用“拎得清”来指代手里拎着的垃圾能分清，这类根据地方特色文化打造的自媒体内容在当地传播较为广泛。因此，应从公众接受度出发，将垃圾分类宣传教育的内容和表达方式生活化、本地化，更容易在公众心目中留下深刻印象。

# 第 4 章　中国垃圾分类产业的发展与创新

## 4.1　中国垃圾分类产业发展概述

随着各城市垃圾分类试点工作的推进，垃圾分类产业也在逐渐形成一条完整的产业链。这条产业链主要包括前端分类、中端收运和末端处置三部分。狭义的垃圾分类产业仅指前端分类产业；广义的垃圾分类产业是指从分类到收运、分拣、处置的全过程。以下提到的“垃圾分类产业”均指广义的垃圾分类产业。

垃圾分类在我国首次被提出之前，对垃圾进行分类、回收和利用的主体主要是再生资源回收行业的从业者。行业产业化、规模化水平较低，在回收的过程中容易造成二次污染。环保监管趋严和垃圾分类政策的出台推动了垃圾分类产业的发展。垃圾分类产业是一个法律法规和政策引导型的产业，纵观世界各国垃圾分类产业的发展史，环保法规越健全、环境标准与环境执法越严格的国家，垃圾分类产业也越发达。随着中国相关政策法规的逐步健全，垃圾分类产业链也在逐步重构和升级，新增市场空间较为可观，各个环节都迎来了发展机遇期。

## 4.2　中国垃圾分类产业萌芽

受道法自然、天人合一的中华传统文化思想影响，中国是世界上最早具有垃圾分类理念的国家。《朱子家训》中的那句“一粥一饭，当思来之不易；半丝半缕，恒念物力维艰”，是中国人日常生活中自觉奉行的资源节约理念。受这种理念影响，我国垃圾的资源化水平一直排在世界前列。

20 世纪 50—60 年代，为了解决社会物资严重匮乏问题，我国大力提倡勤俭节约、收旧利废，建立起了较完善的废旧物资回收系统。20 世纪 90 年代以来，为了实现资源再利用，减轻环境污染，国家先后推出一系列优惠扶持政策，我国也出现了一个对垃圾进行分类、回收、利用的行业——再生资源回收行业。根据 2002 年统计的数据，全国再生资源回收企业有 5 000 多家，回收网点有 16 万个，回收加工厂有 3 000 多家，从业人员有

140 万人。但是，再生资源回收行业仅仅做到了“分类垃圾”，即对其中有经济价值的部分进行回收利用，并没有从环境保护和可持续发展的角度来看待垃圾分类，因此该行业在迅猛发展的同时，也出现了一些问题，如缺乏相应的法律法规和行业标准、行业经营秩序混乱、资源循环利用率较低、行业技术进步缓慢、劣企驱逐良企等。

随着我国综合国力与日俱增，工业化、城镇化带来了物质生活的丰富和人民生活水平的提升，同时导致垃圾的数量和种类急剧增长，垃圾成分日渐复杂，有害废弃物增加导致处理难度加大，对环境也造成了污染。此时，对垃圾处理的无害化诉求就被提上日程。然而，虽然末端垃圾处理能力提升了，但是源头垃圾增长的速度更快，同时我国庞大的再生资源回收利用体系也难以消解那些大幅增长的低值甚至无回收价值的垃圾。此时，垃圾源头减量和垃圾分类制度就被提上日程。

随着新修订的《中华人民共和国环境保护法》的实施，我国开始加强对环境的保护，事实证明，仅仅依靠企业经济效益驱动发展的产业模式并不可持续。随着城市垃圾分类工作的展开，废品回收系统与市政垃圾处理系统“两网融合”工作逐步推进，此前通过分类垃圾进行再生资源回收利用的“小作坊”有望成为城市垃圾分类、回收和利用领域的“正规军”。与此同时，对垃圾的分类、收运、处置和再生利用等各个环节也都开始进入产业化、规模化发展的快车道。我国在从一开始以垃圾的资源化为主、到后来以无害化为主、再到目前以减量化为主的发展过程中，逐步形成了完整的垃圾分类全产业链。

## 4.3 中国垃圾分类产业的现状

### 4.3.1 政策推动产业转型升级

#### 4.3.1.1 强制垃圾分类政策推动全产业链价值重构

2019 年 7 月 1 日，《上海市生活垃圾管理条例》正式实施；2020 年 5 月 1 日，《深圳市生活垃圾管理条例》和修订后的《北京市生活垃圾管理条例》正式实施，宣告上海、北京和深圳进入了垃圾分类强制时代。国家发展改革委、住建部发布的《生活垃圾分类制度实施方案》中提出，到 2020 年年底前全国 46 个重点城市城区范围内要实施生活垃圾强制分类，生活垃圾回收利用率达到 35%以上。

垃圾分类处理是一个系统工程，随着垃圾分类在全国如火如荼地开展，垃圾分类产业的价值正在进行重构和提升。前端分类、转运等环节的全面优化和正规化使得运输、处置端经济效益凸显。各细分领域的垃圾收纳、转运设施（含二次分拣），以及各细分领域对应的产能处置端，包括干垃圾/其他垃圾焚烧厂、湿垃圾/餐余垃圾处理厂、可回收垃圾资源化厂（如家电拆解）、危险废物处理厂等都有望进入加速发展期。从市场空间来看，垃圾分类对环卫及转运设备市场的刺激更为直接，设备更新需求最为迫切。此外，垃圾分类提高了再生资源回收利用率，再生资源总值总量将会有飞跃式的提升。

#### 4.3.1.2 “禁废令”促进我国固体废物回收利用产业转型升级

2017 年 7 月，国务院办公厅印发《禁止洋垃圾入境推进固体废物进口管理制度改革实施方案》（以下简称“禁废令”），明确要求 2017 年年底前禁止进口废塑料等 24 类固体废物入境。

我国以洋垃圾为原料的再生资源加工利用企业多为“散、乱、污”企业，污染治理能力较低，多数企业甚至没有污染治理设施，加工利用过程中的污染排放严重损害了当地生态环境，且洋垃圾加工属于技术含量低、附加值小、劳动密集型产业，主要依靠人工分拣、手工拆解，这导致洋垃圾携带的病毒、细菌及有毒有害物质可能直接感染从业人员。禁止洋垃圾入境，推进固体废物进口管理制度改革，能有效切断“散、乱、污”企业的原料供给，从根本上铲除洋垃圾藏身之地，对改善生态环境质量、维护国家生态环境安全、切实保护人民群众身体健康具有重要作用。

“禁废令”颁布后，中国塑料废品进口总量下降的同时，国内废旧塑料的价格也有所上升，塑料企业成本升高连同严格的环保督察，促使小企业、小作坊被大范围淘汰，只有有科技、有系统、有资本的大企业才能应对挑战。“禁废令”的实施提升了中国国内固废企业处理本国固体废物的能力，促进产业转型升级。在进一步解决我国环境污染问题的同时，倒逼全球固体废物循环利用产业的发展和相关技术的进步，为全球生态安全作出了贡献。

#### 4.3.1.3 “限塑令”助力垃圾分类源头管理

2007 年 12 月 31 日出台的《国务院办公厅关于限制生产销售使用塑料购物袋的通知》规定，从 2008 年 6 月 1 日起，在全国范围内禁止生产、销售、使用厚度小于 0.025 mm 的塑料购物袋（超薄塑料购物袋），并实行塑料袋有偿使用制度。2020 年 1 月 16 日，国家发展改革委、生态环境部公布《关于进一步加强塑料污染治理的意见》（以下简称《意见》）。《意见》要求有序禁止、限制部分塑料制品的生产、销售和使用，积极推广可循环、易回收、可降解的替代产品，增加绿色产品供给，规范塑料废弃物回收利用，建立健全各环节管理制度，有力有序有效治理塑料污染。《意见》提出，到 2020 年，我国将率先在部分地区、部分领域禁止、限制部分塑料制品的生产、销售和使用；到 2022 年，一次性塑料制品的消费量明显减少，替代产品得到推广。

近年来，随着电商、快递、外卖等业态的兴起，塑料及包装制品快速增加。过度使用塑料制品不仅不利于绿色消费和循环经济，增加垃圾分类负担，同时也给环境带来潜在污染风险。上述有针对性的“限塑令”的出台，将推动塑料污染防治和传统包装行业的转型，尤其将加快塑料制品行业的格局性变化；同时也将推动可循环包装规模化运用，促进绿色包装行业的兴起。与此同时，该政策有利于规范居民消费行为、减少环境污染、助力垃圾分类。通过做好源头管理，促进再生资源回收渠道的规范化和规模化，使得末端的垃圾收运、处置更为便利，有利于建立规范回收和循环利用、减少塑料污染的新业态、新模式。

## 4.3.2　重构后的产业链迎来新机遇

### 4.3.2.1　垃圾分类带来千亿元产业增量空间

垃圾分类从倡导走向强制，有利于居民分类习惯的养成，同时也带来垃圾分类上、中、下游产业机遇，如图 4.1 所示。前端分类环节政府购买服务的市场正在扩容；在中端环节，与环卫设备以及中转设备等相关的产业将优先受益；在末端环节，湿垃圾处理能力和再生资源回收能力将有所提升，为餐厨垃圾处理产业和再生资源回收产业带来红利。

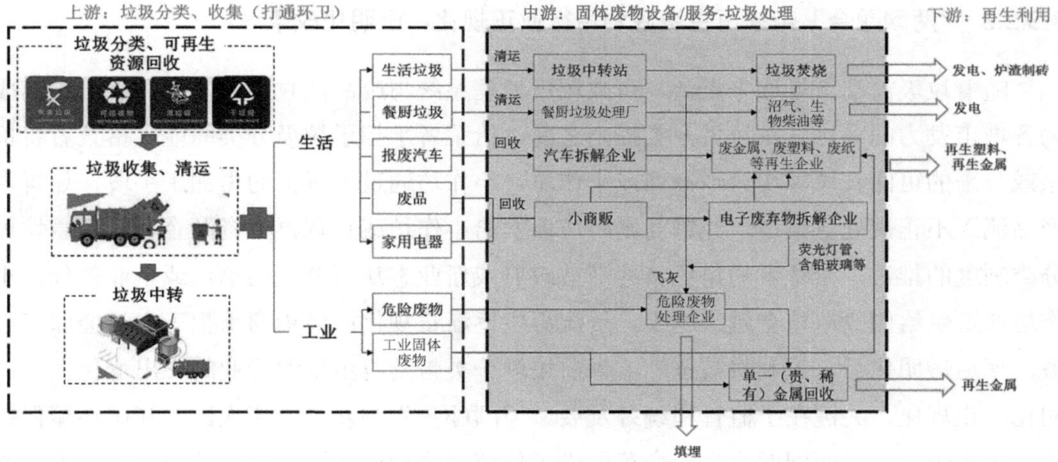


资料来源：安信证券研究中心。

图 4.1　垃圾分类带来的上游、中游、下游产业机遇

伴随着我国城镇化进程不断加快，垃圾清运量快速增长。据国家统计局数据，2007—2017 年，城市和县城总垃圾清运量年平均复合增长率为 2.39%。2017 年，我国城市和县城总垃圾清运量为 2.83 亿 t，假设年均复合增速为 1.5%，到 2020 年城市和县城垃圾清运量将达到 2.96 亿 t。按照《“十三五”全国城镇生活垃圾无害化处理设施建设规划》，假设 2020 年城镇生活垃圾分类平均无害化处理率按要求达到 95%，则每年生活垃圾无害化处理量将达到 2.81 亿 t。垃圾分类将带来全产业链的红利，前端设备、后路运营都有望受益。

其中，环卫设备优先受益，餐厨垃圾处理、再生资源、垃圾焚烧等均存在机会。根据各市财政支出公示统计，46 个重点城市中 70%的城市已通过公开招标方式向企业采购垃圾分类宣传推广、公共设备配置等服务。随着项目投产及设备加速释放，垃圾分类将带动全国上千亿元的市场空间。

#### 4.3.2.2 “互联网+回收”及政府购买服务产业正在兴起

在上游分类环节，近年来垃圾分类 App、餐厨垃圾处理器、社区垃圾智能投放系统等新形式频频诞生。相关政策对“互联网+回收”以及智能回收等方式较为鼓励，给垃圾分类 App 及上门服务带来较大市场机遇。南京志达、杭州虎哥、浙江联运、福建爱家、北京爱分类等一系列提供政府购买服务的垃圾分类服务企业陆续涌现。

“互联网+回收”模式需要居民对生活垃圾做简单的分类，而企业承担了从干垃圾上门回收、二次分拣到回收再利用的“一站式”服务责任，简化了居民操作，有利于提高居民参与垃圾分类的积极性，增加了前端分类与末端资源利用能力的匹配程度。但该模式推广复制有诸多约束条件，如政府财力、“熟人社会”基础和建仓的土地资源等。

#### 4.3.2.3 “两网融合”带来再生资源利用行业正规化、透明化改革

随着垃圾前端市场迎来重塑，市政垃圾处理系统与废品回收系统“两网融合”已成为各城市发力的重点。在垃圾分类提出之前，拾荒者承担了垃圾分类职能，拾荒者将捡来或分来的可回收垃圾卖给经销商或小作坊，小作坊通过不规范的再加工手段，使再生产品流入不正规处置渠道，经销商则将垃圾卖给小作坊或正规再生资源企业。随着垃圾分类制度的推进，拾荒者的角色将逐渐被政府或新业态从事分类的单位或企业替代，小作坊通过供给侧改革将会越来越少，资源再生逐渐正规化；经销商承担一定社会库存任务，渠道透明化后，盈利将被压缩。当前垃圾分类带给再生资源行业的突出变化在于透明化、正规化，关键在于监管和统筹发展。“互联网+”与新《中华人民共和国环境保护法》实施带来的“两网融合”新变革促进了传统回收行业转型升级，解决了信息不对称问题，过去的个体户、小作坊在标准化的管理和回收体系内被整顿为“正规军”，从社会化回收变成企业化回收，让居民享受到价格透明、便捷的回收服务，改变传统回收散乱的现状，实现线上线下、回收物流的有机结合。

#### 4.3.2.4 垃圾收转设备需求大幅增长

在中端收运领域，垃圾分类主要带动了环卫装备新增市场。产业机遇主要包括以下三个方面：第一，我国当前城市环卫清扫面积近 0.8 万 $km^2$，较城市建成区面积 5.6 万 $km^2$ 相差巨大，地级市全面推进垃圾分类将带来环卫清扫覆盖区域面积增大，对应环卫装备缺口较大；第二，当前我国垃圾运输仍存在“分收混装”等问题，随着垃圾分类的推进，

中端运输密度亟待加大，必将带来对运输车的增量需求；第三，我国当前可回收资源网点、处理中转及二次分拣站布局不合理，分类网点、中转分拣站的增长将伴生相关设备需求及分类网点场地建设需求等。

垃圾收运及中转设备作为硬件设施有望首先受益于垃圾分类政策。从当前各城市垃圾分类政策来看，基于干垃圾、湿垃圾分离的二元分类是最具备可操作性的分类方式，其对现有环卫装备和车辆的利用率也相对较高。根据上海市此前推出的垃圾分类政策，2020 年上海市已完成 17 000 余座分类垃圾箱房改造，920 辆湿垃圾专用收运车、16 辆有害垃圾专用收运车的规范配置。在垃圾收运中转设施方面，2020 年已完成 8 000 个回收网点、210 座中转站建设，配置 180 个湿垃圾专用集装箱，目前上海市干垃圾车存量约 3 000 辆。

假设到 2020 年年底上海市用于干垃圾运输的专用车辆为 4 000 辆，按照人口占比类推到全国地级市整体需求，再按照保有量数据测算设备的需求缺口，考虑到设备的单价，可测算全国垃圾收转装备的市场空间：2025 年之前全国地级市垃圾收转设备有望新增市场空间 162 亿元；中长期来看，垃圾分类在全国所有城市、县城、乡镇推广后，带来的新增空间约 646 亿元；其中，2019—2020 年，46 个重点城市的新增垃圾收转设备需求约达 74 亿元。传统的机械装备需求可以分为更新需求及新增需求两部分。在更新需求方面，考虑到环卫设备 6～8 年的使用寿命，2019 年、2020 年行业的更新需求分别约为 4.1 万台、4.5 万台，垃圾收转设备市场整体需求增长推测超过 20%。

#### 4.3.2.5　垃圾焚烧迎来产能释放期

我国主要垃圾处理方式有卫生填埋、焚烧发电和堆肥等三种方式。垃圾焚烧是垃圾减量化、无害化的重要手段，是我国垃圾处理的现实选择。

目前，生活垃圾焚烧发电项目已遍布全国大部分省（区、市），主要集中在华东和华南地区，经济相对发达的华东地区的发展规模最大，其处理规模在全国垃圾焚烧发电装机容量中的占比过半。全国垃圾焚烧发电装机容量如图 4.2 所示。从地域上看，垃圾发电项目主要集中在华东、华南地区。据生物质能产业促进会统计，2018 年垃圾发电装机容量占全国的 53.3%。从处理产能上看，根据《中国统计年鉴》，2018 年我国城市生活垃圾焚烧处理产能已达 36.5 万 t/d，比 2017 年增加 6.7 万 t/d。2017 年比上一年度增加了 4.2 万 t/d。截至 2018 年年底，生活垃圾焚烧发电项目装机容量前 10 名的省（区、市）的总装机容量为 696 万 kW，约占全国总装机容量的 76%。发电量前 10 名的省（区、市）的总发电量为 378 亿 kW·h，约占全国发电量的 78%。上网电量前 10 名的省（区、市）的总上网电量为 305 亿 kW·h，占全国总上网电量的 78%。垃圾处理量前 10 名的省（区、市）的总处理垃圾量为 10 544 万 t，占全国处理量的 79%。目前，垃圾焚烧发电累计装机容量占全国比例最高的 4 个省为江苏、广东、浙江和山东，而地区生产总值最高的 4

个省分别为广东、江苏、山东和浙江。由此可见，垃圾焚烧发电项目的建设与地区经济的发展程度密切相关。

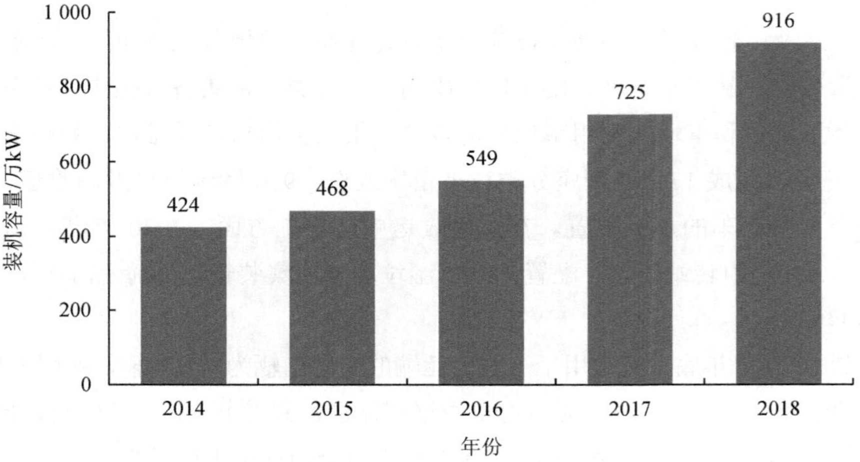


数据来源：《中国统计年鉴》。

**图 4.2 全国垃圾焚烧发电装机容量**

“十三五”期间，我国垃圾焚烧行业竞争更加激烈，产能集中释放，精细化运营的重要性逐步放大，该行业仍为高景气度领域。随着生活水平的不断提高、城镇化的高速推进，我国垃圾产生量和清运量持续提升，因而垃圾焚烧率仍有较大提升空间。根据招投标网站和其他公开资料的不完全统计，2019 年全国新增中标垃圾焚烧项目 125 个，平均每 3 天上马 1 个项目，新增垃圾处理产能超过 13 万 t/d，中标垃圾处理费用平均单价为 71.1 元/t，总投资超 600 亿元。

按照“十三五”规划，到 2020 年年底，全国设市城市垃圾焚烧处理能力占总处理能力的 50%以上，全部达到清洁焚烧标准，焚烧设施建设能力要达到 59.14 万 t/d，新建规模达到 35.62 万 t/d。在上海模式中，生活垃圾零填埋成为 2020 年开展垃圾分类工作的目标之一，这意味着分出来的干垃圾都要采用焚烧处理方式。最新数据显示，截至 2019 年年底，上海末端设施建设新增干垃圾焚烧 2 000 t/d，基本实现原生生活垃圾零填埋。

目前已有 17 个省（区、市）推出垃圾焚烧处理中长期规划，设定 2020 年近期任务目标，以及 2030 年远期目标。其中，海南、浙江、福建、江苏焚烧处理占比规划较为领先，预计 2030 年分别可以达到 100%、100%、93%、85%。到 2030 年，我国有望基本建成垃圾焚烧型社会，实现原生垃圾“零填埋”。伴随着各地 2020 年重点项目名单的发布，新基建成为市场关注的焦点。通过进一步统计，在目前公布了 2020 年重点项目名单的省（区、市）中，共有 21 个省（区、市）重点项目中包含垃圾焚烧终端处理项目，项目数总计达 91 个。2020 年以来，垃圾焚烧产能下沉中西部趋势明显，产能布局最多的 4 个省为浙江、广东、江苏、山东。大部分垃圾焚烧运营的毛利率为 35%～60%。

#### 4.3.2.6　厨余垃圾新增处置和营运空间较为可观

根据住房和城乡建设部 2019 年发布的《生活垃圾分类标志》，厨余垃圾包含餐厨垃圾、家庭厨余垃圾和其他厨余垃圾三个方面。我国餐厨垃圾主要来源于饭店、食堂等部门，家庭厨余垃圾主要来源于居民，其他厨余垃圾主要来源于菜市场、农贸市场等。垃圾分类的推行将进一步理顺餐厨垃圾的收运体系，打通餐饮企业的餐厨垃圾流向正规餐厨垃圾处理企业的渠道；此外，垃圾分类政策要求生活垃圾中的干湿垃圾分开收运、分开处理，将会带来家庭厨余垃圾的处置需求。

据悉，我国餐厨垃圾处理行业在“十二五”期间才开始起步。根据《“十三五”全国城镇生活垃圾无害化处理设施建设规划》，“十三五”期间我国将新增餐厨垃圾处理能力 3.44 万 t/d，对应投资额 183.5 亿元（即 1 万 t/d 对应的投资规模为 53 万元）。根据 E20 环境平台的统计，截至 2018 年 10 月，我国已投运的规模化企业的餐厨垃圾处置规模为 3.37 万 t/d（另有 0.59 万 t/d 的厨余垃圾处置设施投运），要达到规划中的要求，仍有 1.38 万 t/d 的处置规模需要再投运，按照 53 万元/（万 t/d）的餐厨项目投资单价测算，仍有 73 亿元的餐厨投资需要在 2019—2020 年完成。另外，如果到 2020 年我国的餐厨垃圾产能达到“十三五”规划要求的 4.75 万 t/d，按 200 元/t 的餐厨垃圾处置价格（暂不考虑餐厨垃圾处理产品的收入）计算，餐厨行业的年度运营规模有望达到 35 亿元。餐厨垃圾处理项目盈利的核心在于监管强度及附加值部分（如生物柴油）销售水平，垃圾强制分类有助于提升餐饮企业垃圾收运质量，提高这类项目的盈利水平。

### 4.3.3　央企、国企、上市公司加快布局垃圾分类产业

2016 年年底发布的《“十三五”节能环保产业发展规划》提出，到 2020 年，培育一批具有国际竞争力的大型节能环保企业集团，在节能环保产业重点领域培育骨干企业 100 家以上，节能环保产业成为国民经济的一大支柱产业。近年来，央企、国企、上市公司以资本撬动为契机，加快布局环保产业，并进军垃圾分类相关产业。

这些公司主要采取“组团并购”的方式，以流动资金为媒，搭桥环保，盘活企业资产，稳定行业发展。例如，中国节能接连入主国祯环保和铁汉生态两家环保企业，分别占股 23.69%（表决权股份 29.95%）和超过 20%（预计）；中交集团旗下中国城乡收购碧水源 10.18%的股份，通过定增，目前中国城乡及其一致行动人占股比例为 22.4%；中国航天科工集团通过湖南航天收购凯天环保，目前凯天环保的实际控制人占股 46.79%；北京市朝阳区国有资本经营管理中心通过北京朝汇鑫企业管理有限公司入主东方园林，其表决权占股比例超过 20%，成为实际控制人；浙江省能源集团有限公司（国有省级能源企业）通过浙江能源香港控股有限公司收购锦江环境 29.79%的股份，成为实际控制人；

雄安新区管委会、雄安集团、清华大学、清华控股集体参股启迪控股，实际也可以视为雄安系和清华系共同持股，通过启迪控股并列成为启迪桑德（现更名为“启迪环境”）的大股东；无锡市政集团入主中金环境，实际占股比例达 28.78%，表决权比例为 29.23%；四川发展控股有限责任公司（国有独资）通过国润环境（现更名为“四川发展环境投资集团有限公司”）收购清新环境 25.37%的股份；中建集团通过北京中建启明企业管理有限公司完成对环能科技的控股，占比 28.07%；北京市海淀区国有资产投资经营公司占三聚环保的股份比例为 6.3%，其占股 40%的北京海淀科技发展有限公司持有三聚环保 32.34%的股份。

截至 2021 年 5 月 10 日，国资委公开的央企名录共 97 家企业，其中有 50 多家涉足环境领域。与环保有直接关系的就包括：中国核工业集团有限公司、中国石油天然气集团有限公司、中国海洋石油集团有限公司、中国节能环保集团有限公司、中国长江三峡集团有限公司、国家能源投资集团有限责任公司、中国农业发展集团有限公司、中国能源建设集团有限公司、中国广核集团有限公司、大唐集团、中国林业集团有限公司等。即使是看上去没有直接关联的，其迈入环保领域的脚步也丝毫不慢。例如，中石化内部有大量工业废水处理需求，目前在水务、固体废物、大气、环境修复等领域均有业务；五矿集团围绕金属矿产核心产业，开辟了一条通往矿渣、钢渣再生利用的环保道路；我国主要的电力集团基本都有自己专攻大气治理的子公司，例如国电龙源、华电科工、大唐环境、远达环保等；国家能源集团旗下，神东煤炭、准能集团等主动探索环境修复解决方案，尤其是针对水土流失和荒漠化综合治理；中国船舶集团不仅自己探索海洋生态环境治理，下属集团还联手环保企业、信息技术企业等发展海洋环境监测，其中，七一八研究所还带头研究催化剂（VOCs 贵金属催化剂、脱氨催化剂、SCR 脱硝催化剂、除乙烯催化剂）、吸附净化材料（活性炭吸附剂、二氧化碳吸附剂、特种气体吸附剂、吸氢银分子筛）、催化燃烧技术、脱硫脱硝技术等大气污染治理方向，实力不容小觑；中国移动中标宝鸡市陈仓区购买空气质量监测数据及服务项目，其深入环境监测服务领域的姿态非常明显。

垃圾分类末端处置领域是最早吸引央企、国企和上市公司等资金实力较强的企业进入的产业。据不完全统计，目前已有 15 家央企参与固体废物处理业务，主要以垃圾焚烧、厨余垃圾和工业危险废物处理、工业固体废物回收再利用为主。在上市企业中，不仅固体废物处理板块的上市公司加快了扩张脚步，以金融类为首的其他上市公司也在布局这一领域。与此同时，大型房地产集团也纷纷进军环保产业。一些早已开启多元化战略的房地产集团，如财信集团、鸿基集团等，环保业务早就成为标配。随着我国楼市监管逐渐趋严，更有雅居乐、万科等房企通过并购或合作等方式，将进军垃圾末端处置领域作为企业战略转型的一部分。值得关注的是，部分在末端处置领域有较强实力的企业开始向中端和前端延伸，在末端处置能力的基础上形成涵盖垃圾分类、环卫、再生资源、物流的完整产业链。启迪环境科技发展股份有限公司、上海城投环境（集团）有限公司等均属此类。

## 4.4　中国垃圾分类产业创新与投资

### 4.4.1　研究方法简述

本研究采用上市企业财务数据库（包括 A 股、港股、美股等）、企业投资关系数据库、企业知识产权数据库和工商企业数据库数据进行关键词查询及多个数据库的关联分析，得到以下数据。

① 1986—2019 年申请并公开的垃圾分类产业发明专利数据 48 265 条。每条数据包括专利名称、发明人、申请人、申请日、公开日、（申请人所在的）省（区、市）、（申请人所在的）城市等 7 个方面信息。

②对垃圾分类产业项目进行投资的上市公司母公司、一级子公司或二级子公司数据 593 条。每条数据包括母公司名称、子公司或二级子公司名称、注册资本金、发明专利数量、实用新型专利数量、软件著作权数量、所在省（区、市）、所在城市、经营范围等 9 个方面信息。

数据挖掘中进行匹配的关键词如表 4.1 所示。

表 4.1　关键词表

| 企业专利数据库匹配关键词 | | | | 上市公司数据库匹配关键词 | | | | | |
|---|---|---|---|---|---|---|---|---|---|
| 主要关键词 | 技术路线关键词 | 细分行业关键词 | 产品名称关键词 | 股票概念关键词 | 经营范围关键词 | 公司名称关键词 | | | |
| | | | | | | 主要关键词 | 投放收运环节关键词 | 处置利用环节关键词 | 类别关键词 |
| 垃圾处置、垃圾分类、资源再生、循环利用、资源循环、废弃物处置 | 垃圾投放、垃圾收集、垃圾清运、垃圾收运、垃圾+资源化、垃圾+减量化、垃圾+无害化、垃圾+能源化、垃圾+焚烧、垃圾+发酵 | 生活垃圾、餐厨垃圾、电子垃圾、园林垃圾、有机垃圾、污泥、工业废弃物、危险废物、固体废物、厨余垃圾、有害垃圾 | 智能回收、再生资源、资源回收、可回收物、垃圾箱房、垃圾收集容器、垃圾桶、垃圾全程监管、生化处理器、异味控制 | 垃圾分类、循环经济、固体废物处理 | 垃圾清运、垃圾处理、城市环境卫生清洁服务 | 垃圾分类、资源循环、循环经济 | 垃圾投放、垃圾收集、垃圾分类、垃圾清运、垃圾+减量化 | 垃圾+资源化、垃圾+无害化、垃圾+能源化、垃圾+焚烧、垃圾+发酵 | 生活垃圾、餐厨垃圾、厨余垃圾、电子垃圾、园林垃圾、有机垃圾、污泥、工业废弃物、危险废物 |

### 4.4.2 垃圾分类产业科技创新情况概述

本研究通过统计和分析垃圾分类产业发明专利申请数量的变化和分布，来揭示产业的科技创新情况。如图 4.3 所示，1986—2019 年，我国垃圾分类产业发明专利共 48 266 项。2010 年开始，垃圾分类产业发明专利申请数量开始出现明显上升趋势；2017—2018 年到达顶峰，2019 年有所回落。可以看到，近年来，垃圾分类在全国的推行催生了市场需求，吸引了社会投资，鼓励了社会创新，使得垃圾分类专利申请数量大幅增加。但是专利的地域分布并不平衡。数量排名前 5 名的省（市）分别为江苏、广东、北京、浙江、安徽，其数量之和占据了全国的半壁江山。其中江苏省专利申请数量最高，为 8 379 项。46 个重点城市由于垃圾分类试点工作的推行，也聚集了大量垃圾分类产业的专利，1986—2019 年共申请 27 801 项，约占全国总量的 57.6%，数量排名前 10 名的城市分别为北京、上海、苏州、天津、成都、广州、深圳、合肥、南京、杭州，其中北京以 4 244 项排在第一位。

需要说明的是，2019 年的申请数量减少是我国知识产权界的普遍性事件，原因主要是国家停止或减少了专利相关的补贴。在此之前，专利与升学、职称评定关系密切，导致大量个人申请专利，2019 年上述利好政策逐渐调整，尤其是补贴减少，使中国的专利申请数据回归真实。公开数据显示，2019 年上半年，国内发明专利申请中，职务发明所占比重达到 91.2%，较 2018 年同期提高 5.7 个百分点；个人发明专利申请量同比下降 46.0%。图 4.3 中垃圾分类产业发明专利申请数量从 2018 年的 8 263 项下降到 2019 年的 4 234 项，挤出了“水分”，后者更能够反映垃圾分类产业实际的科技创新情况。

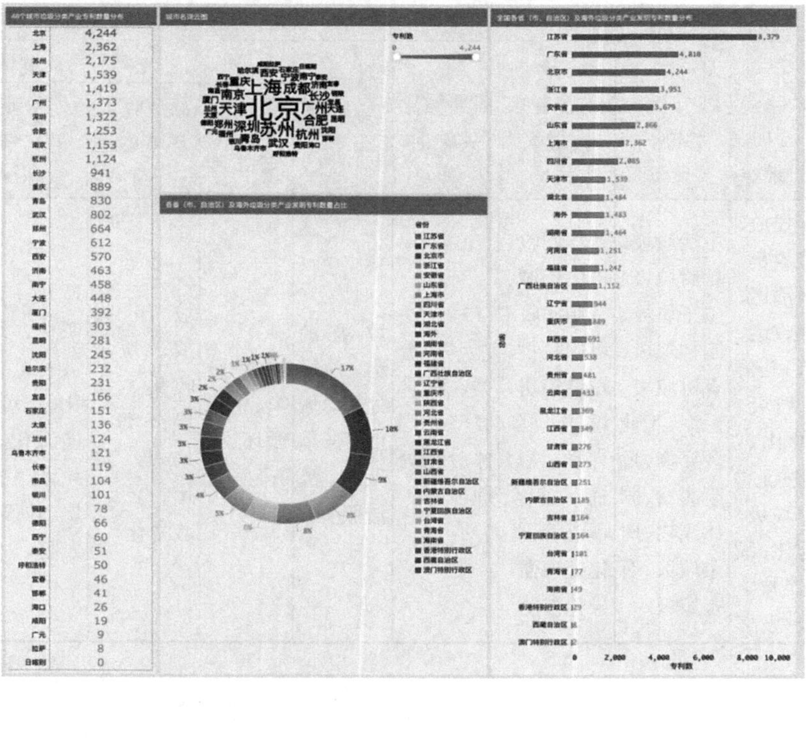

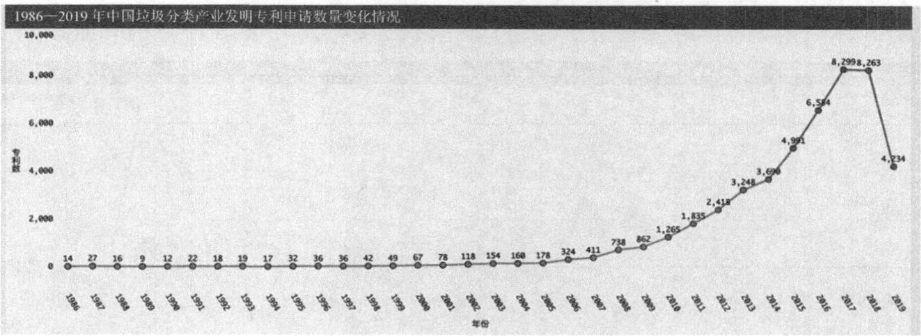


数据来源：参照系。

**图 4.3　1986—2019 年垃圾分类产业发明专利申请数量变化及分布情况**

图 4.4 对比了垃圾分类前端分类、中端收运和末端处置三个方面的发明专利申请数量变化，显示末端处置环节的科技创新最为活跃。而中端收运环节专利数量最少，表明垃圾运输车方面的技术基本成熟。环卫设备市场的科技创新从 2014 年开始节节攀升。从 2016 年开始，前端分类和末端处置环节的专利数量增长率明显提高，这与相关政策出台密切相关。以垃圾焚烧发电政策为例，《“十二五”全国城镇生活垃圾无害化处理设施建设规划》要求，有条件的地区优先采用焚烧等资源化处理技术，到 2015 年，全国城镇生活垃圾焚烧处理设施能力达到无害化处理总能力的 35%以上，其中东部地区达到 48%以上；鼓励焚烧发电和供热等资源化利用方式。2016 年 9 月，国家发展改革委、住房和城乡建设部联合发布的《“十三五”全国城镇生活垃圾无害化处理设施建设规划》再一次提出，加快推进城镇生活垃圾无害化处理设施建设，到 2020 年年底，直辖市、计划单列市和省会城市（建成区）生活垃圾无害化处理率达到 100%；其他设市城市生活垃圾无害化处理率达到 95%以上（新疆、西藏除外），县城（建成区）生活垃圾无害化处理率达到 80%以上（新疆、西藏除外），建制镇生活垃圾无害化处理率达到 70%以上。全国城镇新增生活垃圾无害化处理设施能力 34 万 t/d。不鼓励建设处理规模小于 300 t/d 的焚烧设施。相关政策大大推动了相关产业的科技创新。

图 4.5 显示了垃圾分类产业各个细分行业的科技创新情况，包括生活垃圾、再生资源回收利用、厨余垃圾、垃圾填埋以及智能。具体如下。

与生活垃圾相关的专利申请数量在 2012 年有小幅增长，但是 2013 年又开始走缓，直到 2015 年增幅又一次加大，之后节节攀升。2016 年出台的《“十三五”全国城镇生活垃圾无害化处理设施建设规划》标志着中国正式开始垃圾分类，规划提出到 2020 年年底，直辖市、计划单列市和省会城市生活垃圾得到有效分类；生活垃圾回收利用率达到 35%以上，城市基本建立餐厨垃圾回收和再生利用体系，垃圾分类示范工程将投资 94.1 亿元。该政策出台后科技创新动力加大，2017 年生活垃圾专利数达到最高，年申请数量 362 项，之后有所下降。

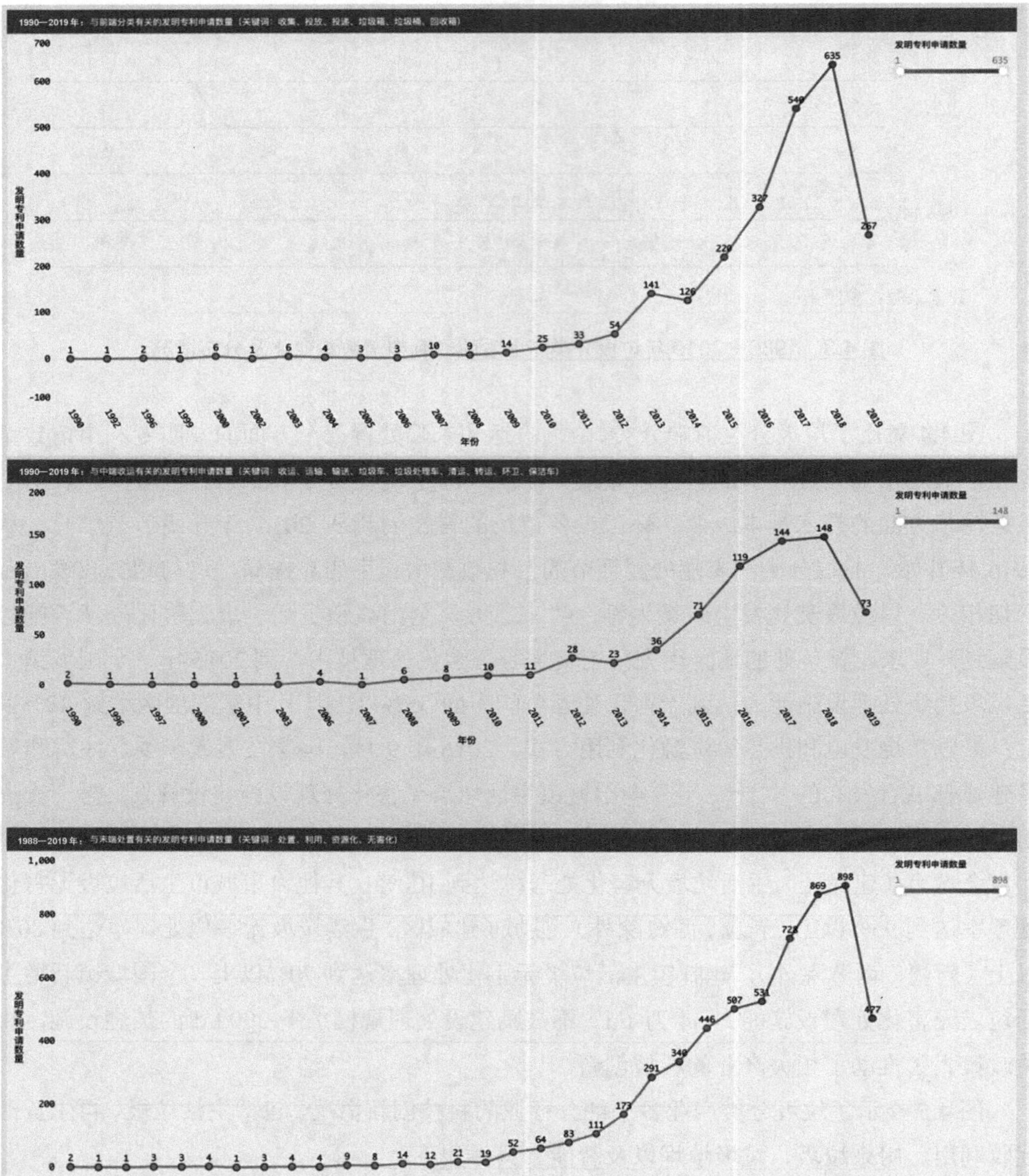


数据来源：参照系。

**图 4.4　垃圾分类产业前端、中端、后端发明专利申请数量变化情况**

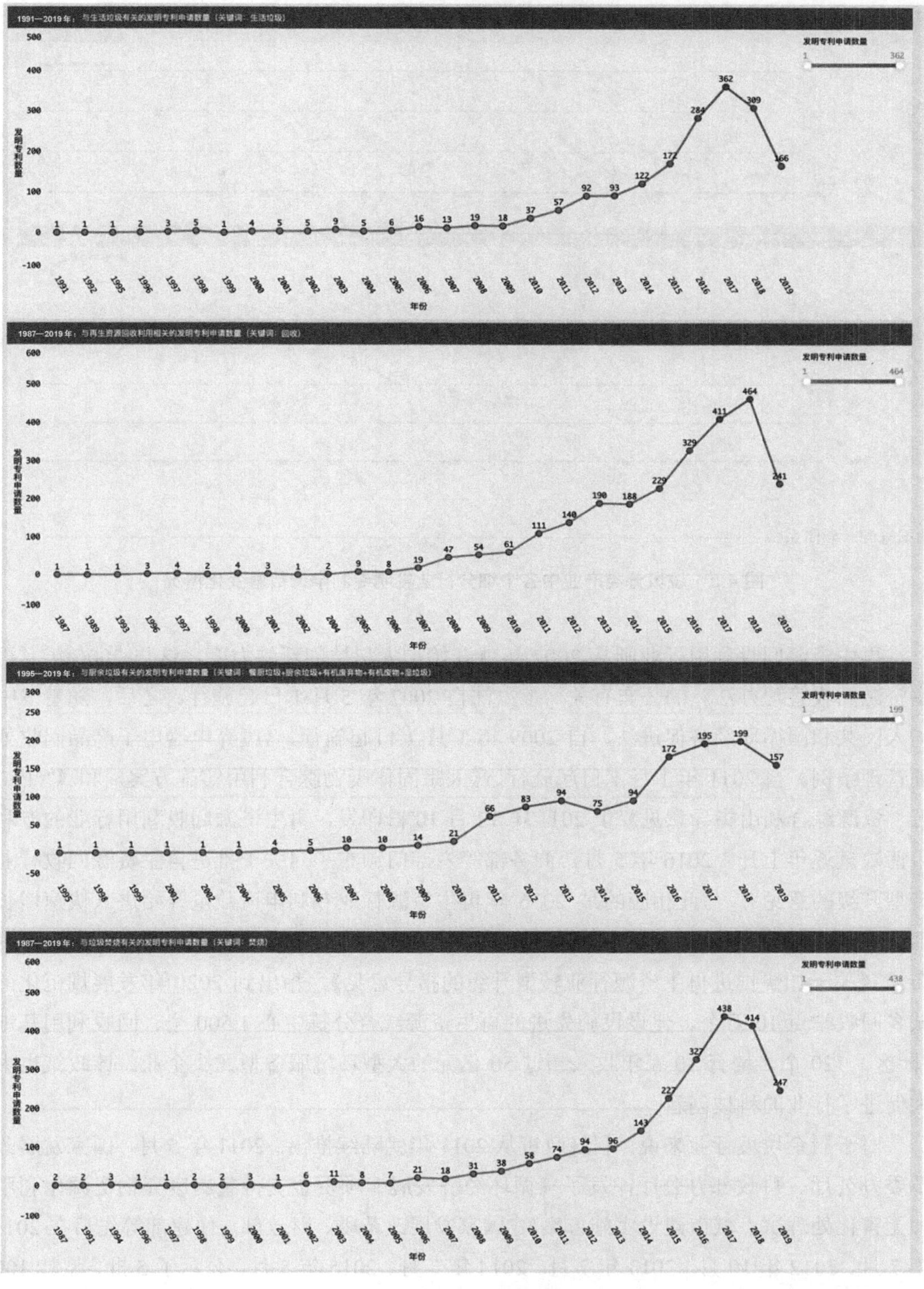
1991—2019 年：与生活垃圾有关的发明专利申请数量（关键词：生活垃圾）
发明专利数量
年份
发明专利申请数量
1987—2019 年：与再生资源回收利用相关的发明专利申请数量（关键词：回收）
发明专利申请数量
年份
1995—2019 年：与厨余垃圾有关的发明专利申请数量（关键词：餐厨垃圾+厨余垃圾+有机废弃物+有机废物+湿垃圾）
发明专利申请数量
年份
1987—2019 年：与垃圾焚烧有关的发明专利申请数量（关键词：焚烧）
发明专利申请数量
年份

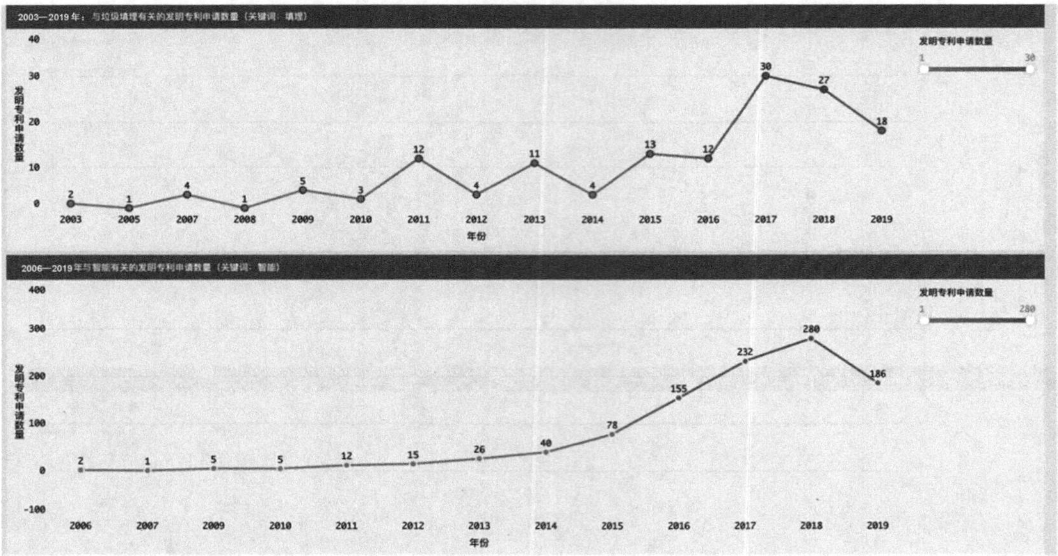


数据来源：参照系。

**图 4.5 垃圾分类产业中各个细分行业发明专利申请数量变化情况**

再生资源回收利用行业则从 2007 年就开始加大科技创新的力度，这与 2006 年《再生资源回收管理办法》的公布有关，该办法自 2007 年 5 月 1 日起施行。之后，随着《中华人民共和国循环经济促进法》自 2009 年 1 月 1 日起施行、《废弃电器电子产品回收处理管理条例》自 2011 年 1 月 1 日起施行、《大宗固体废物综合利用实施方案》和《“十二五”资源综合利用指导意见》于 2011 年 12 月 10 日印发，再生资源回收利用行业的专利申请数量逐年上升。2016 年 5 月，商务部等六部门颁布了《关于推进再生资源回收行业转型升级的意见》，与此相应的是 2016 年再生资源行业专利申请数量开始进入快速增长期，直到 2018 年申请数量达到最高的 464 项。2018 年 4 月，中华全国供销合作总社发布了《关于加快推进再生资源行业转型升级的指导意见》，指出到 2020 年发展规范化的城乡回收站点 10 万个、建设设施先进的再生资源综合分拣中心 1 500 个、回收利用基地（园区）120 个、培育 10 家年收入超过 50 亿元的大型环境服务型龙头企业。该政策也大大促进了行业的科技创新。

对于厨余垃圾行业来说，利好政策从 2011 年就陆续推出。2011 年 5 月，国家发展改革委办公厅、财政部办公厅印发了《循环经济发展专项资金支持餐厨废弃物资源化利用和无害化处理试点城市建设实施方案》；国家发展改革委、财政部、住建部等先后在 2011 年 7 月、2012 年 10 月、2013 年 7 月、2014 年 7 月、2015 年 5 月，公示了 5 批、累计 100 个餐厨垃圾处理试点城市（区），覆盖了 31 个省（区、市）及新疆生产建设兵团。因此专利数量从 2011 年开始所有上升，但是到 2014 年又回落了。2016 年，《“十三五”全国城镇生活垃圾无害化处理设施建设规划》提出，“十三五”期间将进一步加强餐厨废弃物资源化利用与无害化处理工作，积极推动设区城市餐厨垃圾的分类收运和处理，到 2020 年年底 30%的城镇餐厨垃圾经分类收运后实现无害化处理和资源化利用。这一利好政策又一次推动了厨余垃圾行业的科技创新，专利申请数量再次逐年增长，到 2018 年达到最高的 199 项。

垃圾焚烧专利数量自 2015 年开始大幅增长得益于《“十二五”全国城镇生活垃圾无害化处理设施建设规划》中对垃圾焚烧发电的政策支持，相比之下，与垃圾填埋有关的专利数相对较少。但垃圾分类政策密集出台之后，垃圾填埋专利数量又开始上升，说明当前我国垃圾分类处理还在依靠填埋处置，而现在环保督察趋严，对卫生填埋的要求有所提高。

与智能有关的专利数从 2014 年开始逐年上升。一方面是由于“智能垃圾桶”等发明专利的出现，另一方面是由于“互联网+垃圾分类”科技创新的兴起，市场主体在软硬件上强化科技支撑、探索垃圾分类全程智能化管理方面的创新动力较强。相关政策对此也较为支持，如 2017 年国家发展改革委、住建部发布《生活垃圾分类制度实施方案》，提出要加快城市智慧环卫系统研发和建设，通过“互联网+”等模式促进垃圾分类回收系统线上平台与线下物流实体相结合。

### 4.4.3　垃圾分类产业投资情况概述

垃圾分类的普遍推行催生了市场需求，近年来我国垃圾分类产业不仅加大了科技创新力度，而且还吸引了众多上市公司的投资。截至 2019 年年底，上市公司及其投资的一级子公司、二级子公司进入垃圾分类产业的企业数达到 593 家。从经营范围来看主要分为两类：垃圾处理和垃圾清运。两类企业地域分布如图 4.6 所示。从当前来看，上市公司对垃圾分类产业的投资主要集中在东部，中西部地区尚需在土地供给、劳动力价格上的优势来吸引企业投资。

垃圾处理企业主要集中的省（区、市）按照企业数由高到低排名，依次为浙江、山东、河北、湖北、湖南、广东、河南、福建、安徽和江苏，主要集中在东部、中部地区。其中浙江省有 25 家，排在第 1 位。从 46 个重点城市的分布来说，宜昌和重庆的垃圾处理企业数量最高，均为 8 家，其次是天津（7 家）、北京（6 家）。在垃圾处理市场中，上市公司投资情况主要取决于两个因素，一是城市垃圾清运量的变化，二是政策推动垃圾无害化处置（主要是垃圾焚烧发电）的力度。近年来，随着市场竞争的加剧，对垃圾焚烧发电的投资已经出现了从东部向中西部地区下沉的趋势。

垃圾清运企业则主要集中在河北、广东、山东、浙江、湖南、安徽、新疆、福建等省（区、市）。其中河北有 11 家，排在第 1 位。46 个重点城市中，深圳的垃圾清运企业数量最高，为 6 家，其次是成都（4 家）、昆明（4 家）、杭州（4 家）等。2013 年《国务院办公厅关于政府向社会力量购买服务的指导意见》发布，明确要求在公共服务领域更多利用社会力量，加大政府购买服务力度。这一政策全面推动了我国环卫产业的市场化。自 2014 年起，国家在基础设施和公共服务领域大力推广政府和社会资本合作（PPP）模式，各地环卫 PPP 项目数量明显增多，甚至有地方政府明确要求将以往采取政府购买服务的环卫项目转变为 PPP 模式。近年来，动辄几亿元、几十亿元的城乡环卫一体化项目层出不穷，也使得上市公司加快布局。虽然目前上市公司在垃圾清运市场的投资主要集中在东部，但中西部也有一些地区逐渐成为投资热点。

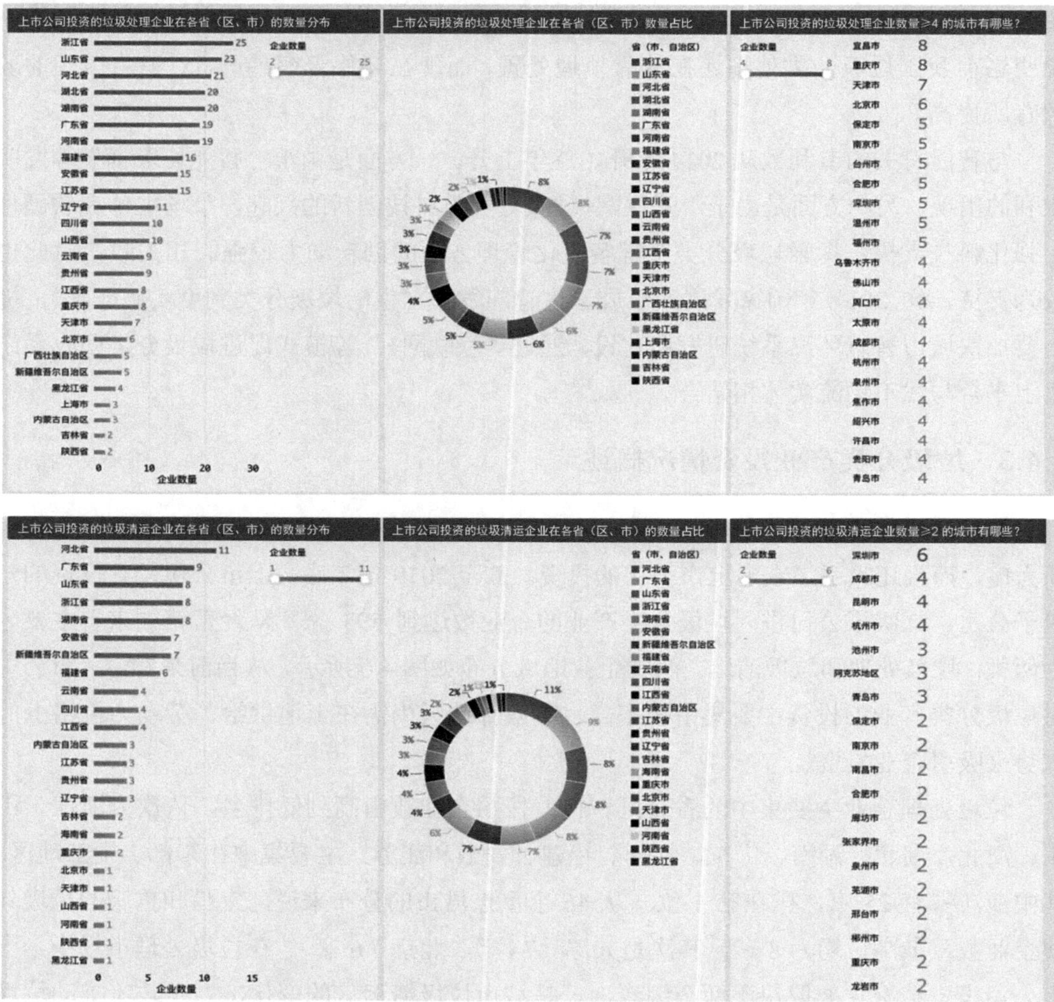


数据来源：参照系。

**图 4.6 垃圾分类产业投资情况地域分布**

如图 4.7 所示，当前我国垃圾分类产业转化尚需进一步提升，上市公司投资的企业数量和专利数量与垃圾分类、处理实效脱节，中西部省（区、市）垃圾分类实效与东部相比还有很大提升空间，垃圾填埋处理比重依然较大，产业转化需要进一步加强。对比 46 个重点城市的投资和科技数据，发现二者有一定的相关性，但专利集中于北京、苏州、上海、广州等高等院校和科研机构较多的城市，而投资则在一线、二线城市分布更加均衡。

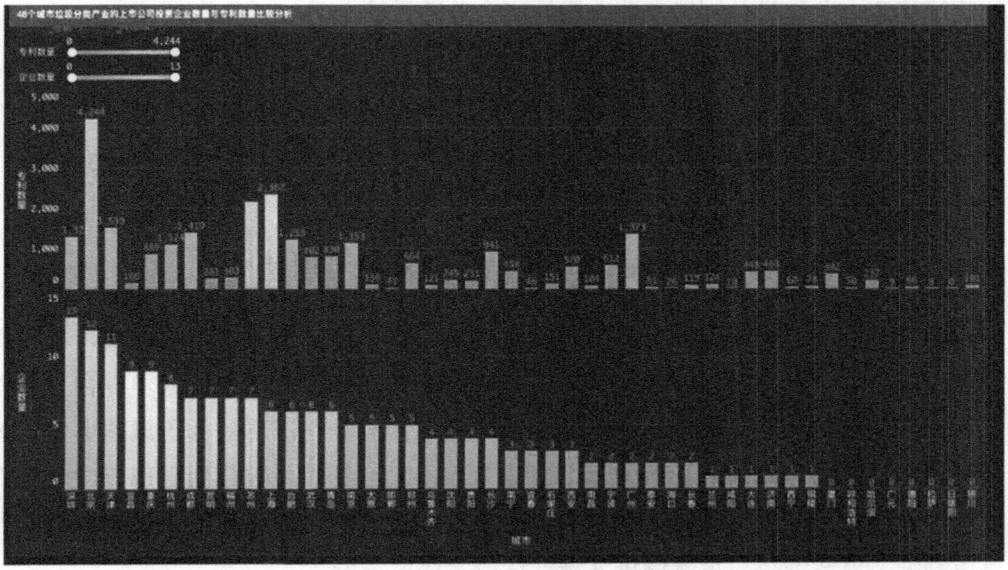

数据来源：参照系。

图 4.7　垃圾分类产业投资与科技

## 4.5　中国垃圾分类产业发展的路径选择

### 4.5.1　把握产业特征，加强产业发展顶层设计

第一，从产业的性质来看，我国垃圾分类产业是公共性与市场性相结合的产物。一方面，正是由于政府的主导，包括开展垃圾分类立法，制定具体的法规、制度、政策，合理规划投放、收运、处置设施，才促使公众践行垃圾分类，并确保了垃圾的分类投放、分类收运、分类处置；另一方面，产业是由一系列自主经营、自负盈亏、独立核算的社会经济组织构成的，按照市场经济的原则进行运作，提高了整个体系的效率，降低了全社会实施垃圾分类的总成本。

第二，从产业链来看，我国垃圾分类产业具有链长、面广的特征。垃圾分类产业涉及垃圾的分类投放、收运、处置全过程，还包括相关的科技开发、信息服务和设备制造等领域，涉及对象为有机废弃物、电子废弃物、废旧纺织品、废玻璃、废纸、废轮胎等多种类型、性质迥异的废弃物，产业的内涵和外延十分丰富。

第三，从市场主体来看，我国垃圾分类的从业企业类型多样，既有中央和各级地方政府管理的国有企业，也有民营企业和外资企业；既有“回收大军”转变来的传统回收企业，也有互联网基因的科技型回收企业；既有多年来长期坚守的专注型企业，也有大型的建筑施工企业、设备制造企业、房地产企业跨界切入。

第四，从发展态势来看，垃圾分类产业与人民日益增长的美好生活需要相吻合。发展垃圾分类产业，不仅能够解决“垃圾围城”和社区卫生等现实问题，对改善城市环境质量、提高资源利用效率、提升社会文明程度也具有重要意义，具有较大发展潜力，且目前已呈现快速发展的态势。

### 4.5.2 政策、技术、商业模式集成推动产业发展与创新

由于垃圾分类产业同时具有公共性和市场性，既需要政府参与，也需要市场进入，又存在产业链各个环节的技术性问题，因此它是一个系统工程，要形成一种合力，否则很容易出现问题。一个典型的案例是：上海的建筑废弃物在江苏的处置成本更低，按照市场规律，这些废弃物就有可能流入江苏去处理。废弃物的无害化处理应该由政府来承担费用，但是由于是跨省处置，政府公共财政补贴的价值链存在缺失。处理企业考虑到自身盈利性，就索性将垃圾倾倒进太湖，造成了环境污染。

因此，我国垃圾分类产业的健康发展主要取决于三大因素：一是政策，二是技术，三是商业模式。在具体实践中要将三者集合起来，在各城市中因地制宜地开展垃圾分类工作。例如，餐厨垃圾如果要采用厌氧产沼技术处理，技术投资大、运行成本高，在一些财政收入偏低的区域实现起来较为困难。因此，创新技术的应用要和商业模式匹配，并建立与之相适应的政策体系。在这个过程中要注意技术、政策和商业模式的平衡和协调。

从技术创新的角度来说，垃圾分类产业的发展需要通过技术创新打造物质流、价值流、环境流、信息流“四流”顺畅的现代化管理体系，防止垃圾在系统外循环。在前端，实现对垃圾分类投放、分类收集的全口径管理；在中端，通过整套固体废物物流体系实现垃圾分类转运，从而节约物流成本，提高物流效率；在末端，随着垃圾园区化处理模式的构建，无论是废旧物资还是生活垃圾，都应进入相应的处理设施，实现资源化利用或者无害化处置。要加快推进生活垃圾体系与废旧物资体系的融合，将废旧物资回收纳入垃圾分类体系。推动两个体系的融合，有利于将城市产生的所有固体废物纳入同一系统内处理，既可节约物流成本，减少设施建设用地，又可防止因垃圾在系统外循环而造成的“二次污染”。

从政策配套的角度来说，政府在顶层设计、政策制定、宏观调控方面必须发挥主导作用，构建保障机制。政策保障机制主要包括以下几方面：一是空间场地保障制度。加

快制定再生资源回收设施建设规划，落实属地责任，加快布局建设区域性再生资源分拣中心，并将其纳入市政基础设施用地保障体系，给予相应政策支持。二是减量补贴制度。如浙江永康已出台《农村生活垃圾分类减量化处理实施意见》及详细减量补贴政策，可总结提炼相关经验。三是特许经营权制度。优化特许经营权授予方式、重置权利义务关系、明确纠纷解决机制，消解民间资本进入的疑虑。四是生产者责任延伸制度。需要对 2016 年国务院推出的《生产者责任延伸制度推行方案》效果进行评估，在生态设计、使用再生原料、规范回收利用等关键环节进一步细化制度安排。五是绿色采购制度。对低值可回收物扩大财政购买服务，形成低值垃圾回收处理的长效运营机制。

从模式创新的角度来说，企业要在垃圾分类产业立足，还需要搭建能够保持盈利能力的运营模式，目前产业内现有的商业模式包括全产业链型商业模式、特许经营型商业模式、团队型商业模式、点价型商业模式、O2O 商业模式、再生银行型商业模式等。企业作为实现垃圾分类模式再造的市场力量，要在垃圾分类方面发挥主体作用，主动承担起市场主体责任和社会责任，构建起以保障城市环境安全、推进城乡环境服务均等化、改善生态环境为核心的现代化垃圾处理能力。

### 4.5.3 “无废城市”建设试点带动全产业链发展

2019 年 1 月，国务院办公厅印发《“无废城市”建设试点工作方案》（以下简称《方案》），提出要开展“无废城市”试点工作。“无废城市”是以创新、协调、绿色、开放、共享的新发展理念为引领，通过推动形成绿色发展方式和生活方式，持续推进固体废物源头减量和资源化利用，最大限度减少填埋量，将固体废物环境影响降至最低的城市发展模式，也是一种先进的城市管理理念。《方案》指出，我国将在全国范围内选择 10 个左右有条件、有基础、规模适当的城市，在全市域范围内开展“无废城市”建设试点。到 2020 年，系统构建“无废城市”建设指标体系，探索建立“无废城市”建设综合管理制度和技术体系，形成一批可复制、可推广的“无废城市”建设示范模式。《方案》明确了六项重点任务。一是强化顶层设计引领，发挥政府宏观指导作用。二是实施工业绿色生产，推动大宗工业固体废物贮存处置总量趋零增长。三是推行农业绿色生产，促进主要农业废弃物全量利用。四是践行绿色生活方式，推动生活垃圾源头减量和资源化利用。五是提升风险防控能力，强化危险废物全面安全管控。六是激发市场主体活力，培育产业发展新模式。为稳步推进“无废城市”建设试点工作，《方案》还提出了加强组织领导、加大资金支持、严格监管执法、强化宣传引导等保障措施。

2020 年 3 月，由生态环境部会同国家发展改革委、工信部、财政部、自然资源部等 18 个部门共同推动的“无废城市”建设试点，确定了包含深圳、重庆、河北雄安新区在内的“11+5”个试点城市和地区的实施方案。这意味着，对试点城市垃圾分类及处理的全产业链进行价值挖掘的黄金时代已然到来。在“无废城市”建设试点的推进下，整个行业的专业力量都在围绕相关问题进行研究，便于信息的获取、交流以及成果转化。无论是从规范化、标准化水平的提高，还是市场规模的扩大，“无废城市”建设对行业和企业都是利好的政策，固体废物处理市场将得到多方面的培育。对此，有不少企业已经有了认知和准备，提前进行全产业链的技术储备和投资布局。

与此同时，随着市场需求的扩大，领域扩展和突破带来的技术挑战也随之加大。“无废城市”建设对固体废物处理处置的技术要求特别是对环保的要求将越来越高。固体废物资源化利用从相关标准体系的研究制定到经济可行的技术等，都需要进一步的探索。

# 4.6 中国垃圾分类全产业链案例分析

## 4.6.1 启迪环境案例

### 4.6.1.1 公司简介

启迪环境科技发展股份有限公司（以下简称“启迪环境”）是一家在深圳主板上市的国有控股环境企业，是首批国家认定的高新技术企业（图 4.8）。启迪环境以“零碳无废建设者”为使命，遵循“产业+技术+资本”三螺旋的发展模式，将清华大学及国内外先进科研院校的技术成果通过全产业链协同优势实现高效能转化，通过技术集成创新打通能源与环保的边界，让更多科技走向市场，为生态环境服务。启迪环境集投资、研发、咨询、设计、建设、运营、系统集成、设备制造、互联网平台、绿色金融等于一体，拥有环境全产业链的规模布局。

图 4.8 启迪环境办公楼

启迪环境非常注重科技研发，在启迪控股“能源环保一体化”方针的指导下，启迪清洁能源研究院与启迪环境研究院联合组建启迪能源环境联合研究院，现已聘请 6 位环保领域的院士和 20 多位教授或专家成为技术委员会委员，与清华大学十余个院系形成直接合作，为清洁能源领域的技术发展提供多学科、协同性、前瞻性的研究支持。联合研究院以国家能源环境的发展为目标，立足清华大学及全球性的科研优势，打造覆盖清洁能源和节能环保领域的更全面、更权威的科技成果转化平台。将技术研发、成果转化、人才培养、金融服务与企业发展融为一体，通过技术集成打通能源与环保的边界，将技术成果转化为生产力，实现资产收益的提升，让更多科技走向市场，为环境产业服务。

#### 4.6.1.2　垃圾分类系统解决方案

我国经过改革开放以来 40 多年的发展，城市化步伐不断加快。随着城市人口增多，城市生活垃圾的总量也不断增加，给城市生活垃圾清运、管理和处理带来了巨大的压力。目前，大部分城市采用“集中收集—集中运输—集中处理”方式，不仅造成了大量可回收资源的浪费，也增加了垃圾的处理量和处理难度，导致人力、物力、土地等资源的浪费。

启迪环境采用最先进的物联网、互联网、RFID、GPS、IC 卡技术，建立一户一码实名制，实现溯源入户，并实现可回收物、厨余垃圾、有害垃圾的分类投放，使垃圾做到减量化、资源化、无害化，且实现垃圾分类收集、垃圾运输、垃圾后端处理的全程监管与追溯，保证垃圾处理和运输的效果和质量，提供科学的参考依据（图 4.9）。迄今启迪环境垃圾分类业务已覆盖全国 20 余个城市，包括上海、天津、杭州、苏州、蚌埠、南昌、湘潭、乌海等，服务人口 100 余万人。

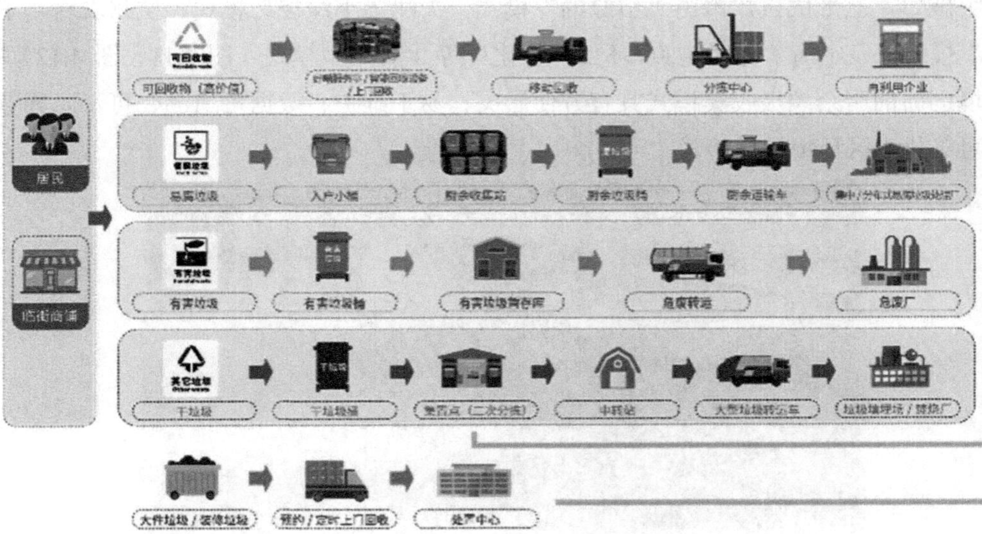


图 4.9　源头垃圾分类模式

（1）垃圾分类模式创新

启迪环境城镇垃圾分类遵循“大分流，细分类”的原则，同时利用物联网、互联网融合技术，实现可回收物、厨余垃圾等投放有源可溯，为智慧城市生态系统建设提供了技术和服务上的保障。

1）可回收物

针对可回收物回收的不同情况采用不同的分类回收模式，在 2 000 户左右的大社区，采用好嘞社区服务亭模式进行回收，每个亭有 1 名工作人员和一套智能回收机，兑换的积分可以兑现商品或提现。在与居民互动的同时，倡导居民进行垃圾分类并宣传分类的意义。针对小型社区，每 500～1 000 户配备 1 组智能回收设备，每名工作人员负责 5～10 组设备，定时定点回收（图 4.10）。

图 4.10　好嘞社区服务亭和智能回收箱

2）厨余垃圾

厨余垃圾在生活垃圾中的比重最大，也是最难彻底分出的部分，启迪环境以厨余垃圾为突破口，已形成杭州萧山“小绿桶”模式、天津“小绿袋”模式、杭州农村“干湿两桶”模式以及上海“定时定点+环卫一体化”等 4 种典型模式（图 4.11、图 4.12）。启迪环境创新的厨余垃圾收集模式具有方便居民、易于维护、数据可追溯、可消除异味蚊虫、可美化小区环境等优势。

图 4.11　厨余垃圾收集站

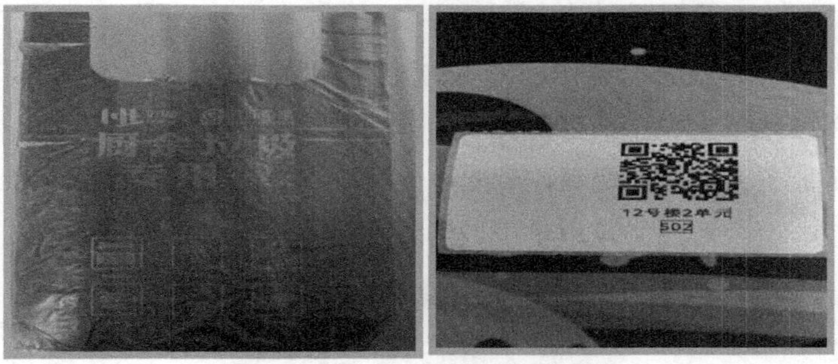


图 4.12　可降解垃圾袋及二维码

3）有害垃圾

将含有毒有害化学物质的垃圾收集后暂存于好嘞社区服务亭，收集后定期运至有资质的公司，并统一处理。

4）其他垃圾

除可回收物、有害垃圾、厨余垃圾之外的其他垃圾，可利用原有环卫体系，进入填埋场或焚烧厂进行处理。

5）垃圾分类衍生服务

好嘞社区服务人员在进行垃圾分类工作的同时，也向居民提供社区服务，为居民免费提供 Wi-Fi、饮用热水、儿童玩具、运动器材、便民工具、报纸杂志等（图 4.13）。通过各方面的服务，其逐渐成为社区居民户外活动的中心，拉近了与居民的距离，增强了居民的信任感，增加了居民对垃圾分类的知晓率与参与程度。

图 4.13　垃圾分类衍生服务

启迪环境以垃圾分类为抓手，针对垃圾分类广泛开展各类宣传活动，深化党员网格化参与垃圾分类工作，建立了党建服务体系和“假日学校”“道德讲堂”等各类宣传阵地；通过垃圾分类，可拓展出小区居民资源回收、收发快递等便民服务，并促进社区经济的发展。

（2）分布式厨余垃圾处理技术

启迪环境与国际科技公司合作，采用物理烘干或生物发酵处理技术，研发了多容量烘干减量机和多样化成套设备，设备特点为占地面积小、操作灵活、投资和运行成本低，固体产物可制成肥料或生物质燃料，节能环保又可资源再利用。该技术和设备适合社区、餐饮中心、学校、医院等厨余垃圾量少或运输不便的地方（图 4.14）。

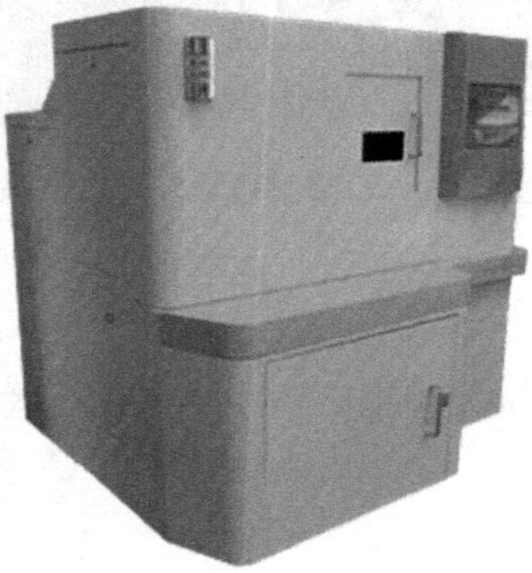

图 4.14　干燥法减量机

（3）全流程管理系统

启迪环境率先提出互联网环卫理念，并针对餐厨、大件/电子废弃物、可回收资源、不可回收资源、危险废物、建筑装修垃圾等不同种类的垃圾进行进一步系统开发，进行固体废物全生命周期管理及数据共享，极大地提升了废弃物的处置率、利用率，降低了对环境的影响，实现了业务协同，高效解决了环境治理问题，为打造真正的“无废城市”打下了坚实技术基础（图 4.15）。

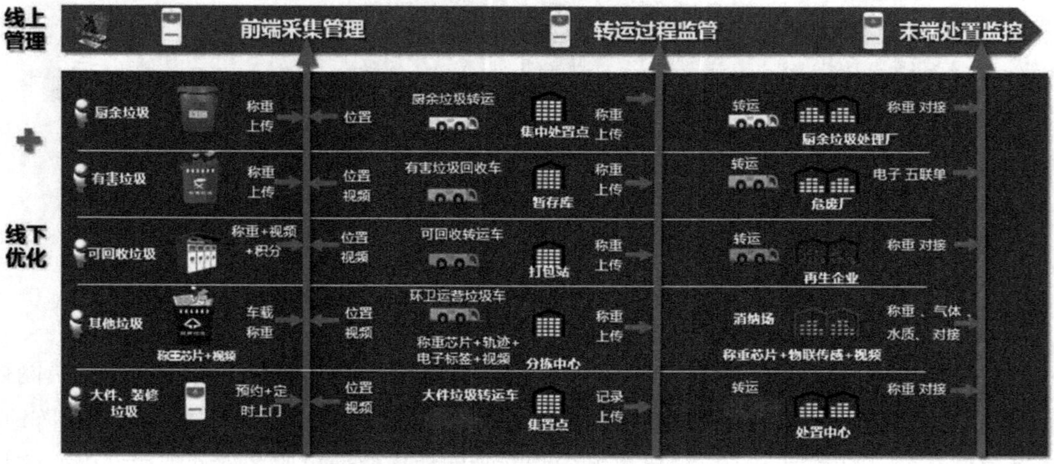


图 4.15　垃圾分类全流程监管系统

（4）生活垃圾分类全流程管理平台

启迪环境为实现对垃圾分类进行信息化管理，通过建立 IOT 物联采集标准化平台，向上实现各种行业垃圾分类应用的协同与共享，向下接入各种传感器、终端和网关，逐步建立生活垃圾分类的数据输入、输出的标准化，打造智慧城市标准化物联平台，搭建数据分析平台和溯源系统，实现对垃圾回收量数据、垃圾处置去向数据等全程实时监控以及数据共享，构建生活垃圾分类全流程管理平台（图 4.16）。

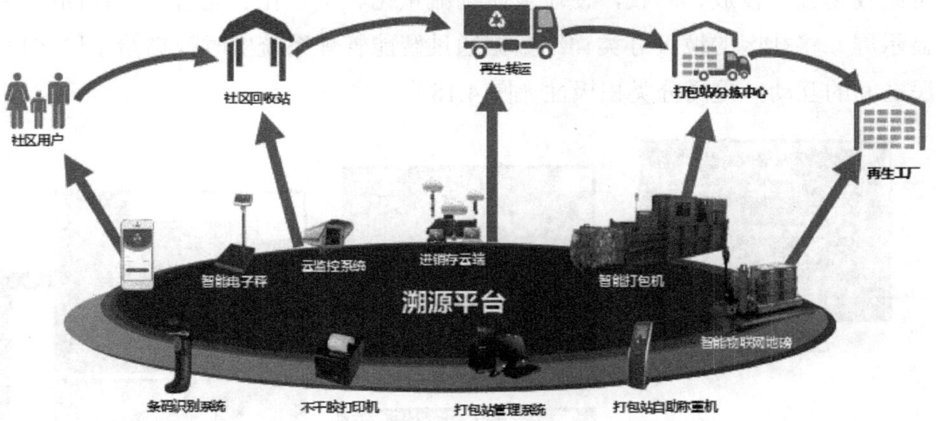


图 4.16　溯源系统示意图

#### 4.6.1.3　典型案例介绍

（1）杭州萧山“小绿桶”模式

入户厨余垃圾桶上的居民信息可转换为编码，通过厨余垃圾收集车配备的自动称重上传系统，记录各户厨余垃圾分类数据，并上传至云平台系统。根据收集的数据，可以准确计算小区内居民参与度、是否投放正确以及垃圾减量情况（图 4.17）。

图 4.17　“小绿桶”模式

目前，启迪环境已经在萧山区 300 余个小区实现了厨余垃圾分类收运，每日厨余垃圾收运量达数十吨。在这些小区中，垃圾分类示范小区占 28 个，达到拟创建示范小区总数的 88%。

（2）上海“定时定点+环卫一体化”模式

启迪环境在上海市徐泾镇利用物联网、互联网融合技术，实现可回收物投放的有源可溯。在社区显眼位置设置智能回收亭，建立“一户一码”实名制，通过智能技术手段实施可回收物分类投放、回收，使垃圾做到减量化、资源化、无害化。在回收亭旁配置滚动显示屏，将社区的垃圾分类详细数据通过智能管理系统实时反馈给小区居民，增加与居民之间的互动，提高分类积极性（图 4.18）。

图 4.18 定时定点模式

在厨余垃圾收集中，每个投放点配备一台智能设备，区域住户使用手机扫码、刷卡或者人脸识别进行投递，分类采集平台记录居民投放的垃圾数据信息。

目前，启迪环境以徐泾镇西郊家园作为“定时定点+环卫一体化”的试点小区建设，服务范围为西郊家园内 538 户，居民知晓率达 100%，参与率达 90%以上，日产垃圾量约 3 t，纯净度达 90%。

（3）全产业链布局

启迪环境在技术储备方面，遵循源头减量、资源利用、最终处置的废物处理优先顺序，构建了全覆盖固体废物处理技术体系（图 4.19）。依托系统垃圾分类技术、易腐垃圾源头就地减量技术等，实现源头减量；依托农业废弃物回收利用技术、建筑废弃物回收利用技术、餐厨回收利用技术、再生资源回收平台等，实现固体废物资源化利用；依托危险废物（医疗废物）处置、污水污泥处置、城区生活垃圾发电等较为成熟的项目能力，以及村镇分布式生活垃圾处理设备和厨余处置（包括病死动物协同处置）技术等，实现固体废物终端处置。启迪环境提供专业的固体废物全产业链解决方案，力求打通固体废物横向、纵向产业链，对全产业链降本增效，实现环境治理的综合效益最大化，成为“零碳城市”和“无废城市”的建设者。

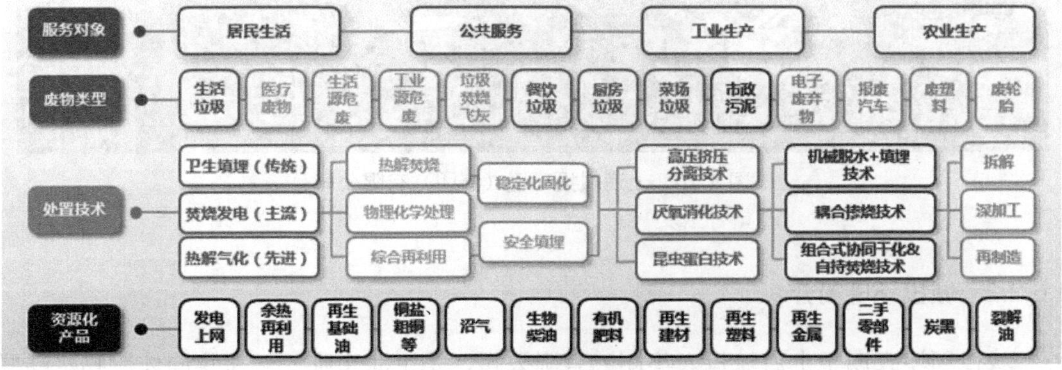


图 4.19　固体废物全产业链布局

## 4.6.2　城投环境案例

### 4.6.2.1　上海市生活垃圾全程分类体系建设案例

2019 年 7 月 1 日，《上海市生活垃圾管理条例》正式实施，上海市生活垃圾全程分类工作在全方位宣传、全社会监督以及全民热情的参与下，垃圾产业于 2019 年下半年发生了历史性变革，分类效果显而易见。

①总量减：全市平均每天分出可回收物增长了 4.3 倍、湿垃圾增长 88.8%、干垃圾减少 17.5%、有害垃圾增长 5 倍以上。

②比例调：市民垃圾分类意识高涨，干湿比例同比由 9∶1 骤增至 3∶1，垃圾品类发生巨变，倒逼全行业的收集、运输、处置发展路径。

③转换快：分类条例实施伊始，全市各区湿垃圾激增，中心城区尤为严重，收集、运输、处理全线告急。

在“垃圾分类就是新时尚”的引领下，在上海各主管部门的指导下，作为上海市生活垃圾全程分类体系建设的国家队和子弟兵，上海城投环境（集团）有限公司（以下简称“城投环境”或“公司”）聚焦生活垃圾的分类中转、分类压缩、分类运输、分类处置和再生资源回收利用，以国企的担当，以海派的新尚，以智慧的营运，着力构建“上海市生活垃圾全程分类保障系统”，推进完善的上海生活垃圾分类循环产业链，在垃圾革命中勇立潮头、敢破善立，倾力打造垃圾分类“上海模式”（图 4.20）。

图 4.20　上海城投环境（集团）有限公司

#### 4.6.2.2　城投环境简介

城投环境隶属于上海城投（集团）有限公司，是上海市唯一一家集固体废物水陆联运、末端综合处置、水域保洁保障、资源回收利用、有害固体废物处置于一体，携手临港新片区、辐射长三角一体化示范区的环境保障类国有骨干企业。公司下辖 18 家子公司、9 家分公司，2 200 余名职工承担了上海市 9 个中心城区生活垃圾的运输处置以及 7 个郊区的垃圾应急保障重任，已持续服务保障上海城市环境 64 年。目前，由两网融合回收网、市级生活垃圾集装箱水上转运系统、四大核心作业基地、多品类末端资源化利用设施构成的全程分类产业链，可收运、处置垃圾品类达 6 大类 24 种，每天达 1.5 万余 t，其分类环境保障服务惠及上海 2 400 万人口，切实发挥了生活垃圾全程分类工作的先行者、主力军和突击队的作用。

2019 年，城投环境全年转运生活垃圾 432.58 万 t（干垃圾 345.63 万 t，湿垃圾 86.95 万 t）。其中，分类条例实施后的下半年转运生活垃圾 212.8 万 t（干垃圾 146.8 万 t，湿垃圾 66 万 t），转运总量较 2018 年同期下降约 6.5%，而干垃圾转运量同比下降 35%，湿垃圾转运量较 2019 年上半年上升 3.15 倍，干湿垃圾比达到 2∶1。由此可见，上海市的生活垃圾源头减量、干湿垃圾分类效果显著。

经历了“全程分类”垃圾革命的洗礼，城投环境的管理和运营模式也发生了天翻地覆的变化：一是垃圾转运由单一混装混运向干、湿、餐饮三品类的专箱专运转变；二是末端处置由单一填埋向工厂化的综合利用转型；三是精细化运营由信息化管理向智慧化的精准管控华丽转身。与此同时，公司紧抓自贸区临港新片区、长三角一体化示范区的发展历史契机，向“无废城区”建设目标大跨步迈进。

#### 4.6.2.3　城投环境垃圾分类系统解决方案概述

为贯彻落实《上海市生活垃圾管理条例》，城投环境倾力打造上海生活垃圾全流程、全分类、全管控的智慧化信息体系，即“2+1 云平台”，充分发挥全产业链运营优势，以数字引领，依托大数据、大流量，贯穿“上海市生活垃圾全程分类保障系统”精准运营的全过程，持续探索“无废城市”建设。

（1）上海市生活垃圾全程分类保障系统

“上海市生活垃圾全程分类保障系统”主要包括三大功能，分别是前端整合、中端管控、末端托底。精准对接生活垃圾四分类的工艺处置需求，使上海生活垃圾从前端收集、中端转运到末端处置的分类循环产业链更加畅通。

①前端整合。即城市环卫系统与再生资源系统“两网融合”，实现垃圾分类后的减量化和资源化。公司通过多种方式自营、与属地化公司合作等，在各区以及内河水上建立回收服务点，实现可回收物前端收集的资源整合。前端分类回收的废旧物资转运至公司各集散分拣中心，分拣处理后送到相关品类的专业再生资源利用工厂进行深加工，实现资源化利用（图 4.21）。

图 4.21　漕河泾“两网融合”服务示范点

②中端管控。即确保生活垃圾物流收运体系规范有序运行，依托公司在上海中心城区南北两端的两个水路集装化转运基地——徐汇区徐浦基地和宝山区虎林基地，以及中心城区西面的陆路集装化转运基地——长宁区田度基地，通过改进压缩工艺、升级装备，实现干湿两类生活垃圾的分类中转、分类压缩、分类运输。同时，在宝山区虎林基地建设有害垃圾分拣中心以满足全民分类下的有害垃圾产生量的快速增长。在徐汇区、嘉定区搭建可回收物集散分拣中心，不同片区的低价值可回收物在这些分拣中心交易后进行进一步的处置。

③末端托底。即坚持上海固体废物处置托底保障的战略定位，科学规划老港生态环保基地，为多品种固体废物提供资源利用和处置方案，大幅提升末端资源化利用和无害

化处置能力，实现绿色循环经济。老港生态环保基地在干垃圾、湿垃圾、建筑垃圾、飞灰、污泥等多品种垃圾分类处置的基础上，积极打造再生资源循环利用示范基地，正谋划废塑料、废木加工 RDF 等循环利用再加工项目，确保技术先进、设备一流，实现环保性和经济效益相统一。

（2）上海生活垃圾智慧化信息体系的“2+1 云平台”

上海生活垃圾全流程、全分类、全管控的智慧化信息体系的“2+1 云平台”主要包括生活垃圾全程分类信息平台、园区管理云平台和业务管理云系统。

①数据云平台——生活垃圾全程分类信息平台。即通过互联网和物联网技术，建成上海市生活垃圾的分类、清运、处置的全流程可视化数据平台。该系统对生活垃圾分类清运处置进行实时数据展示、生活垃圾全程追踪溯源、垃圾品质在线识别三项主要功能，覆盖全市 16 个区，全程打通信息流，为生活垃圾源头收运、中转运输、末端处置提供“一站式”的动态管理。

②园区管理云平台——绿色老港生态数字平台。针对全市最大的老港生态环保基地，通过融合三维数字建模和高精度视觉技术的多元化交互展示系统，支持图像、视频、声音、三维模型等多种格式，深耕业务数据可视化，打造数字化 4D 老港生态平台。

③业务管理云系统——生活垃圾分类运输处置管控系统。主要针对公司全产业链的业务运营，通过翔实的环境运营数据、有效的管理模型与信息科技相结合，构建符合环境业务管理的信息系统，实现运营管理由可视化向智能化的跨越。

#### 4.6.2.4 城投环境垃圾分类全产业链布局

（1）全力推进“两网融合”，实现可回物资源循环利用

2019 年，城投环境与上海市中心城区徐汇区、郊区嘉定区签订战略合作协议，全面推进“两网融合”布点。在嘉定区已建成区布设场站 658 个，实现居民区全覆盖，党政机关、事业单位签约 411 家，中转站点已完成选址；在徐汇区 13 个试点街道设置 500 个服务点位，并打造 3 处复合型功能示范点。

1）探索运营模式，整合上游产业

“两网融合”作为一种新生事物，城投环境自进入该领域以来探索实践了多种运营模式。在掌握中端分拣环节的基础上，分别在徐汇区试点“前端回收企业特许经营”模式，在嘉定区试点“前端环卫企业回收”模式。下一步，公司将进一步发挥全产业链的管理与整合职能，逐步打造城投环境“两网融合”可回收物龙头企业的地位。

2）建立信息系统，打造智能管控

城投环境借助“生活垃圾全程分类信息平台”，建设可回收物信息子系统，实现全市主体企业可回收物数据的可靠性管理和统计。为进一步强化对可回收物的全流向管理的可追溯性，通过尾板衡、智能衡、车载 GPRS 系统以及与末端的交易数据，形成完整可

回物数据链条。搭建起数据可靠、流向明晰，可回溯、可实查的数据平台，为市政府相关政策决策提供数据支撑。同时，公司迭代研发智能交投箱。为吸引年轻群体参与垃圾分类，提升可回物交投“时尚”性，完善二代智能交投箱人脸识别、游客/二维码开箱投放等功能开发，提升科技含量与居民的接受程度。

3）加快场地布局，完成区域覆盖

城投环境在嘉定区的马陆集散中心于 2019 年 6 月建成投产，是公司第一座全品类再生资源集散场；徐汇区的徐浦基地“两网融合”分拣设施改建完成，公司积极推进龙吴路集散场建设，已形成区域再生资源“收拣运”体系的全覆盖。公司在加强硬件建设的同时做好软件提升，依托政府监管和社会监督，建立回收服务“五个公开”，并针对可回收物的分类打包标准、场地建设标准、设备配备标准、运营流程标准等，进行摸索总结，构建初步的体系标准（图 4.22）。

图 4.22　马陆集散中心分拣打包车间

（2）完善分类转运设施，确保生活垃圾专箱专运

生活垃圾分类收运系统是全程分类处理系统的主脉络，以“湿垃圾、干垃圾、可回收物、有害垃圾”四分类为标准，干湿分类为基础。公司依托虎林、徐浦、田度等主要的分类转运基地，构建起服务中心城区的转运网络。

1）提前完成分类设施改造

为适应生活垃圾分类压缩、转运需要，城投环境提前一年完成所属转运基地的 19 个竖式压缩设备的改造。同时，新配置 14 台车厢可卸式内集卡以及泊位自动分配系统，将进站车辆按照装载品类、重量自动分配，合理优化装箱效率，为垃圾精准分类夯实基础。另外，公司倡导绿色新能源的使用，2019 年年底有 8 艘 LNG 绿色能源集装化转运船舶、2 辆 LNG 绿色能源车投入使用，大大降低了氮氧化物和二氧化碳的排放量，环境效益、社会效益、经济效益明显提升（图 4.23）。

图 4.23　LNG 集装箱运输船舶通过黄浦江转运至老港末端处置基地

2）超计划配备分类集装箱

根据湿垃圾、餐饮垃圾等垃圾的不同性质和要求，采用专箱予以中转运输。根据《上海市生活垃圾全程分类体系建设行动计划（2018—2020）》要求，2019 年计划配置 90 个湿垃圾专用集装箱。城投环境未雨绸缪，实际配置湿垃圾箱达 430 个，餐饮垃圾箱达 135 个，超计划数 5 倍之多。确保公司 1 000 t/d 的餐饮垃圾、2 000 t/d 的湿垃圾的专用中转运输，实现专箱专用，着力提升生活垃圾分类集装运输能力（图 4.24）。

图 4.24　在作业码头对分类垃圾进行专箱专运

3）畅通分类垃圾的水路运输

市区垃圾集装水上运输的畅通与否会影响前端各中心城区的收运工作。在上海正式施行垃圾分类后，市民分类热情高涨，湿垃圾分出量暴增，市区垃圾收集、运输、处置全线告急。城投环境积极发挥托底保障作用，全面接收湿垃圾应急处置任务，利用信息平台功能，启动全产业链调度，实现全局联动，大幅提高分类运营效率，快速消纳市区大量积压湿垃圾。同时，全产业链调度经受了台风影响、桥梁改造、水闸维修等造成的长时间封航挑战，通过提前预判、多方协调，打通主业运营各环节，全员加班加点，全力以赴提高船只周转率，确保生活垃圾及时运输处置，居民区无垃圾堆积现象，保障了垃圾分类工作的顺利开展（图 4.25）。

图 4.25　水路集装转运码头

4）完善有害垃圾的收运处置

城投环境积极推进有害垃圾分类收运工作，受上海市绿化和市容管理局委托，负责全市 16 个区的有害垃圾清运工作。面对垃圾分类后有害垃圾数量激增的情况，公司适时调整原有的作业模式，收集点增设至 42 个，新增药品收集点 13 个，并扩大运力，按照“定期排班上门，达量预警应急”模式，每两周可将各收集点覆盖一遍，严格依据环保要求，对废荧光灯管、废电池、废温度计等进行专车收运；在末端处置环节，按照环保部门的规定，完成填写联单、网上备案等程序后，分品类由末端接收进行处置，确保有害垃圾收运处置环节安全可控（图 4.26）。

图 4.26 江镇有害垃圾分拣中心

针对八大类有害垃圾的不同特性，城投环境设计并制作了专用可密封收运容器，发放到有害垃圾存贮点，并对各区有害垃圾存贮点分别设置身份标识二维码，确保各区有害垃圾收运的统一性、规范化和可溯源（表 4.2）。

表 4.2 八大类有害垃圾名称

| 有害垃圾名称 | 分拣后的危险废物类别 | 废物代码 |
|---|---|---|
| 废旧镉电池和废氧化汞电池 | HW49 | 900-044-49 |
| 废荧光灯管 | HW29 | 900-023-29 |
| 废弃药品及其包装物 | HW03 | 900-002-03 |
| 废油漆和溶剂及其包装物 | HW49 | 900-041-49 |
| 废矿物油及其包装物 | HW08 | 900-249-08 |
| 废含汞温度计、废含汞血压计 | HW29 | 900-024-29 |
| 废杀虫剂、消毒剂及其包装物 | HW49 | 900-041-49 |
| 废胶片及废相纸 | HW16 | 900-019-16 |

（3）发挥末端托底作用，“变废为宝”实现资源循环利用

30 多年来，城投环境下属的老港固体废物处置基地一直是上海生活垃圾最重要的末端处置基地，肩负了上海市中心城区生活垃圾处置重任，也见证了上海城市发展的历史变迁。2019 年 9 月 9 日起，老港基地全面停止原生生活垃圾填埋处置业务，仅保留应急

处置功能，实现原生生活垃圾“零填埋”，开启了老港基地生活垃圾末端处置方式由粗放型填埋向无害化处理和资源化利用转变的新时代。

1）干垃圾全量焚烧

2019 年 6 月 28 日整套启动的上海老港再生能源利用中心二期项目是全球规模最大、全国配置最好、排放指标最严、同等规模单位造价最低的超大型干垃圾焚烧处置设施。经过 3 个月的试运转，2019 年 9 月 29 日，通过全厂 8 炉 3 机带负荷“72+24”验收，全厂实现满负荷生产，创下同类项目建设、调试期最短的纪录。结合一期项目 4 炉 2 机的平稳运行，老港再生能源利用中心一期、二期总处置能力达到入炉垃圾 9 000 t/d，年焚烧处置能力将历史性地突破 330 万 t，已占全市干垃圾处理总量的 1/2，年发电量从原来的每年 3 亿 kW·h 猛增至现在的 15 亿 kW·h，再生能源利用实现质的飞跃老港再生能源利用中心成为上海垃圾处置的新名片、新地标（图 4.27）。

图 4.27　老港再生能源利用中心二期

2）湿垃圾极速投产

2019 年年底实现满负荷运营的上海生物能源再利用中心（以下简称“生物能源中心”），是上海市规模最大的湿垃圾资源化处理设施（图 4.28）。于 2018 年年底开工建设，2019 年 10 月投产试运营，汇聚设计、建设、运营三方合力，提前半年建成并投入试运营，创造了从建设到调试再到全量运营的极快纪录，以 6 条餐饮与厨余垃圾处理线、设计 1 000 t/d 的处理规模，有效缓解了湿垃圾、餐饮垃圾处置缺口压力。同时，在稳定运行的基础上，借助老港基地资源协同的优势不断挖掘潜力，实际处理能力已达到 1 200 t/d，实现资源利用最大化和效益最大化。目前累计分离产出 1 500 t 毛油，为城市输送 200 万 $m^3$ 的绿色能源。同时，湿垃圾经预处理制成浆料后，再经厌氧处理，每吨可产沼气超过 100 $m^3$，所产沼气发电自用，实现资源循环利用。

图 4.28 上海生物能源再利用中心

除了干湿两类生活垃圾的末端处置设施，老港生态环保基地建有 3 000 t 的建筑垃圾处置设施，运营有全国处置能力最大的渗滤液处理设施，具有飞灰、污泥等多品种垃圾处置能力，是名副其实的上海垃圾末端托底保障基地。

#### 4.6.2.5 城投环境垃圾分类模式创新——全产业链运营的信息化、智慧化管控

信息系统从顶层设计出发，既要考虑城市管理层面的需求，又要考虑生活垃圾具体的实际业务，还要考虑一体化的上下贯通。城投环境倾力打造的上海生活垃圾全流程、全分类、全管控的智慧化信息体系“2+1 云平台”充分发挥了信息系统智慧化管控的最大能效，赋予了垃圾“数字生命”，实现了生活垃圾的全生命周期管理，达到了“上海生活垃圾全程分类保障体系”精准管控的目标，信息科技水平达到国内率先、国际领先。

（1）上海生活垃圾全程分类信息平台

为了实现垃圾分类的精细化管理，城投环境创新性地构建了覆盖全市的上海生活垃圾全程分类信息平台，用一个统一的、精确的、开放的平台来整合生活垃圾收运处置各环节。一改以往生活垃圾管理各环节自成体系、信息不畅、数据不精的旧局面。城投环境以与时俱进的思维，按照“在线管理，所见即所得”的理念，实时呈现全市生活垃圾的全程业务流，形成了一张流动的数据网。生活垃圾全程分类信息平台将各环节的数据接入、汇总，按照业务流程进行逻辑梳理，完整串联起全市垃圾处理的全部流程。同时，该平台为行业伙伴提供标准的数据接口及应用，已经成为上海城市生活垃圾处理的标准平台。现代城市治理在关注可管理性的同时，也更关注管理的及时性，该平台在设计之初就把数据的及时性作为关键目标，实时提供全市垃圾分类处理的精准信息、垃圾流转的实时物流走向、资源调配、作业实绩，为城市精细化管理提供了可靠的抓手。

垃圾在被赋予数据生命后，全程分类平台能够在任意时点对各区不同类型的垃圾追踪其走向、来源。结合采用 AI 技术设计的垃圾分类品质识别系统，智能判定垃圾分类质量，管理者可以据此判断垃圾分类工作执行情况，为推进垃圾分类提供有据可依的技术手段。

（2）绿色老港生态数字平台

城投环境通过融合三维数字建模和高精度视觉技术的多元化交互展示系统，支持图像、视频、声音、三维模型等多种格式，深耕业务数据可视化，打造数字化 4D 老港生态平台。该平台由数字展示中心、数字分析平台、运营管理平台组成，数字展示中心通过智慧大屏进行展示，数字分析平台通过 PC 电脑展示，运营管理平台展现老港基地精细化运营管理 6 个方面的综合指标，即“水管家”“气管家”“科管家”“游管家”“电管家”“安管家”。

（3）上海市生活垃圾运输处置管控系统

生活垃圾分类相较于过去的垃圾处理，品种更加细分，对运输、处置的工艺要求更加复杂，这也对企业提出了更高的要求。全程分类信息平台站在全局高度作为统一的信息平台，管控全市的垃圾处理；具体的收运、处置过程也需要信息系统辅助，才能真正达到精细化管理的要求。城投环境承担了上海市中心城区生活垃圾的转运处置，为进一步支撑全程分类信息平台的精细化管理，公司对自身核心业务进行全面的管理变革，对关键业务进行流程再造，独具匠心地打造了一套服务于垃圾中转运输、末端处置的业务平台，即上海市生活垃圾运输处置管控系统，有了这样深入底层业务管理的平台支撑后，将使全程分类信息平台更具有生命力（图 4.29）。

图 4.29　上海市生活垃圾运输处置管控系统

上海生活垃圾分类运输处置管控系统将翔实的运营数据、有效的管理模型和信息科技相结合，构建出了符合城投环境特色的环境业务管理信息系统，对码头中转、集装箱运输、末端处置全过程实现了计算机化的管理，有序地编制了各岗位的作业任务、集装箱的调度计划，安排了不同种类垃圾的处置渠道。高效智能的信息化控制系统将有力促进企业管理效率的提升：一是由原事后追踪到事前分析预测和事中控制的转变；二是由原离散作业方式向精益生产和智慧生产模式的蜕变。

#### 4.6.2.6 总结与展望

上海作为全国生活垃圾全程分类工作试点城市，肩负着探索创新分类模式的神圣使命。而城投环境是保障上海城市环境运营安全的骨干企业，在宣传发动、结构调整、装备升级、信息管控、贯通全产业链等方面均做了充分准备，得以快速适应分类要求，从容面对垃圾革命带来的诸多困难和挑战。2020 年 7 月 1 日，《上海市垃圾分类管理条例》实施一周年之际，城投环境总结提炼成功经验，以更前瞻的视角、更精细的运维、更深入的探索，不断完善上海生活垃圾全流程、全分类、全管控的智慧化信息体系，持续打造垃圾分类“上海模式”。

# 第5章　中国城市垃圾分类评价

## 5.1　中国城市垃圾分类评价概述

根据习近平总书记关于生活垃圾分类工作的重要指示，2017年以来，上海、广州、南京、厦门等多个城市已经开展了垃圾分类的制度建设与工作部署。住房和城乡建设部提出到2020年，全国46个重点城市基本建成生活垃圾分类处理系统。到2025年，全国地级及以上城市基本建成生活垃圾分类处理系统。为了达成上述目标，必须对各地垃圾分类的绩效作出客观全面的评价。政府及学术界为此分别提出了多种垃圾分类评价体系与考核办法，概述如下。

早在2016年9月29日，国家发展改革委、住建部发布《"十三五"全国城镇生活垃圾无害化处理设施建设规划》，提出了垃圾处理设施的建设评价指标体系。这一指标体系由7个指标构成，包括生活垃圾无害化处理率、全国城镇生活垃圾无害化处理设施能力、原生垃圾"零填埋"、城镇生活垃圾焚烧处理设施能力占无害化处理总能力的比例、城市生活垃圾回收利用率、餐厨垃圾分类收运后实现无害化处理和资源化利用的城镇比例。这一指标体系可以明确引导生活垃圾焚烧处理、资源回收利用和餐厨垃圾资源化利用。但是这一指标体系在完备性、综合性、动态性和适用性方面不够完善，主要体现在不能反映处理设施能力是否满足处理需求和处理设施配置是否优化。专家提议建立更为科学的指标体系，引进生活垃圾处理满足度和生活垃圾处理设施配置离散度等新指标。

2018年6月14日，住建部发布了《城市生活垃圾分类工作考核暂行办法》，对包含北京、上海在内的46个城市的生活垃圾分类工作进行考核，主要考核体制机制建设、示范片区建设、设施建设、分类作业、组织动员、教育工作、公共机构、宣传工作、信息报送、加减分项等10个方面，该办法实行季度考评，已成为考核地方政府垃圾分类工作的重要依据。

上海是新一轮垃圾分类工作的先行城市，《上海市生活垃圾管理条例》已于2019年7月1日起施行。该条例通过法律的强制性推动垃圾分类，包括固化共识性的管理要求、明确各类责任主体、强制源头减量、落实分类体系的全程监管。该条例实施后，湿垃圾清运量明显上升，干垃圾减少，可回收物增加，干垃圾焚烧炉渣率降低，危险废物飞灰排放量降低，末端处置环节危险废物产生量明显下降，上海“垃圾革命”初见成效。但仍存在一些问题，如垃圾分类标准设置的合理性有待商榷，缺乏完整科学的、可持续的监管激励机制等。

作为国内首家以大数据和创新科技驱动垃圾分类产业升级业务的高科技公司，上海昱晗数据科技有限公司（以下简称“青物联”）从产业运营的角度提出了一套区域性垃圾分类指标。该指标包括垃圾分类覆盖率、知晓率、参与率、准确率、减量化、资源化和无害化等 7 项指数，可用于衡量省（区、市）等区域垃圾分类工作的开展和落实情况，为区域性垃圾分类工作评价及产业规划发展提供有效的数据反馈和决策支撑。

除分类评价指标外，青物联还提出了对垃圾分类投放、收运和处置等环节进行实时监管与溯源管理的办法。其中分类投放过程的监管指标涉及教育宣传、投放行为和投放信用。分类收运过程的分析指标包括垃圾种类分布、设备投放及分布、垃圾存放环境监测、垃圾运力调度监测、垃圾运输路线规划等。在垃圾处置溯源管理方面，则根据垃圾物质流的产量趋势，对末端处置设施和处置能力作出合理安排规划，并通过业务链流程对各个环节进行溯源管理与系统优化。以上评价和监管体系所需的数据指标皆可通过青物联的垃圾分类大数据运营平台与信息化地图实时获取，从而实现垃圾分类的数字化与智能化，并与政府及社会来源的数据交叉对照，提升分类评价体系的科学性与精准性。

有学者从科学研究的角度分析考察了评价垃圾分类的绩效评价方法与指标，认为简单的垃圾分类绩效评价体系已不能满足当前垃圾分类的评价需求，并立足垃圾分类的实践情况，建立了针对大中城市的垃圾分类成熟期绩效评价模型。该模型主要包括前端分类投放、垃圾物化分析、垃圾处置情况、社会协同、政府监督等 5 项一级指标以及分类投放率、垃圾热值、厨房垃圾处理率、政策保障等 19 项二级指标。该指标体系内涵全面，数据丰富，但未从社会的管理成本、城市的清洁度等方面来反映垃圾分类工作，部分数据的来源缺乏直接的统计支撑。

有学者分析了目前生活垃圾分类收集评价指标存在的不足，提出了包括分类误差率、分类潜力和资源回收潜力在内的新的指标体系。该指标体系解决了不同城市的分类收集效果横向比较的问题，但是指标维度不够全面。

有学者对上海垃圾强制分类治理案例进行了深入分析后提出，生活垃圾治理必须运用城市矿产和循环经济的治理理念、全员参与的公共治理模式，建立全生命周期和全产业链的供应链体系，运用信息化手段全面升级的垃圾管理流程，支持基于现代生化技术的垃圾资源化研发，培育政府管制下的市场化产业主体等。同时，垃圾治理的成效必须接受各方面的监督和评价，以促进垃圾治理的优化。

还有学者着重分析了沈阳市居民社区的垃圾分类试点情况，构建了涵盖公众知晓率、公众参与率、容器配置率、容器完好率、分类收集正确率、资源回收率等 6 项指标的评价体系，采用综合评价方法对沈阳市生活垃圾分类收集进展效果进行了评价。该指标可以较为客观地反映沈阳市居民生活垃圾分类试点成效，但是否能够推广应用到其他城市，还有待考察。

# 5.2　现有垃圾分类指标评价体系

## 5.2.1　住房和城乡建设部垃圾分类指标评价体系

### 5.2.1.1　背景与概述

为深入贯彻习近平总书记关于生活垃圾分类工作重要指示精神，加快推进生活垃圾分类工作，住建部按照《国务院办公厅关于转发国家发展改革委住房城乡建设部生活垃圾分类制度实施方案的通知》《住房城乡建设部关于加快推进部分重点城市生活垃圾分类工作的通知》有关要求，于 2018 年 6 月 14 日发布了《城市生活垃圾分类工作考核暂行办法》，对包含北京、上海在内的 46 个城市的生活垃圾分类工作进行考核，主要考核体制机制建设、示范片区建设、设施建设、分类作业、组织动员、教育工作、公共机构、宣传工作、信息报送、加减分项 10 个方面。住房和城乡建设部负责每季度对城市生活垃圾分类工作进行考核，向各城市人民政府通报考核情况，并根据实际情况，适时向社会公布考核结果。住房和城乡建设部不定期对各城市生活垃圾分类工作开展实地调研督导，抽查工作进展情况。对在考核工作中瞒报、谎报和造假的，扣除相应分数，情况严重的取消考核成绩，予以通报批评，并依据有关规定追究相关责任。

### 5.2.1.2　原则与特点

①考核内容全面。考核内容主要包括引导居民自觉开展生活垃圾分类、加强生活垃圾分类配套体系建设、强化组织领导和工作保障等工作进展情况及取得的成效。

②考核方式多样。考核方式主要包括材料核查和实地抽查，材料核查重点是各城市报送材料的完整性、真实性，实地抽查重点是各城市垃圾分类工作取得的实际效果。

③形成了长效考核机制。住房和城乡建设部要求各城市要在每月 5 日前，通过城市生活垃圾分类工作信息在线报送系统报送上月生活垃圾分类工作进展信息；在每年 1 月、4 月、7 月、10 月的 10 日前报送上季度生活垃圾分类工作自查报告，围绕考核内容逐条梳理工作任务完成情况，充分反映工作成效和亮点。

### 5.2.1.3　指标与评价

城市生活垃圾分类工作考核细则见表 5.1。

**表 5.1 住房和城乡建设部城市生活垃圾分类工作考核细则**

| 序号 | 考核内容 | 分值 | 分项 | 评分细则 |
|---|---|---|---|---|
| 1 | 体制机制建设 | 14 | ①市委、市政府认真学习贯彻习近平总书记关于生活垃圾分类的重要指示精神（2 分） | ①根据组织学习、研究制定落实措施情况酌情给分 |
| | | | ② 2017 年以后公布或修订公布生活垃圾分类地方性法规（2 分） | ② 2017 年以后公布或修订公布生活垃圾分类地方性法规的得 2 分 |
| | | | ③制定工作方案，建立年度工作计划制度并有效执行（2 分） | ③未制定工作方案、未建立年度工作计划制度的不得分；根据工作方案和年度工作计划执行情况酌情给分 |
| | | | ④建立市、区两级生活垃圾分类工作协调机制（2 分） | ④市、区两级建立生活垃圾分类工作协调机制的分别得 1 分 |
| | | | ⑤建立稳定持续的资金投入保障机制（4 分） | ⑤未建立资金投入保障机制的不得分；根据资金投入情况酌情给分 |
| | | | ⑥建立考核制度并有效执行（2 分） | ⑥未建立考核制度的不得分；根据考核制度执行情况酌情给分 |
| 2 | 示范片区建设 | 20 | ①制定生活垃圾分类示范片区标准（2 分） | ①未制定示范片区标准的不得分 |
| | | | ②建立示范片区基础台账，内容包括：分类投放、收集、运输、处理责任主体；分类投放、收集、运输、处理作业形式、作业时间等；厨余垃圾、有害垃圾、可回收物、其他垃圾的数量、分类准确率等（5 分） | ②未建立基础台账的不得分；根据台账编制情况酌情给分 |
| | | | ③达到标准的居民户数占全市总户数的比例不断提高（9 分） | ③示范片区居民户数占比达到全国平均水平或达到 30%得 3 分；每递增 10%加 1 分，每递减 10%扣 1 分 |
| | | | ④其他垃圾中不混入厨余垃圾、有害垃圾（4 分） | ④发现生活垃圾混合投放的每处次扣 0.5 分 |
| 3 | 设施建设 | 15 | ①居住区厨余垃圾、有害垃圾、可回收物和其他垃圾投放设施标识清楚，投放设施完备（3 分） | ①居住区生活垃圾投放设施占比达到 50%、70%、90%的分别得 1 分、2 分、3 分 |
| | | | ②厨余垃圾、有害垃圾分类运输车辆完备，统一标识（3 分） | ②未配备厨余垃圾、有害垃圾分类运输车辆的不得分；根据分类运输车辆配备、标识情况酌情给分 |
| | | | ③厨余垃圾处理设施完备（3 分） | ③没有厨余垃圾处理设施的不得分；根据设施处理能力和产生量匹配情况酌情给分 |
| | | | ④有害垃圾处理设施完备（3 分） | ④没有有害垃圾处理设施的不得分；根据设施处理能力和产生量匹配情况酌情给分 |
| | | | ⑤可回收物回收、运输和处理设施完备（3 分） | ⑤可回收物回收站点布局合理，回收、运输能力和产生量基本匹配的得 2 分；设施处理能力和产生量基本匹配的得 1 分 |

| 序号 | 考核内容 | 分值 | 分项 | 评分细则 |
|---|---|---|---|---|
| 4 | 分类作业 | 13 | ①有害垃圾投放管理规范（3 分） | ①根据废电池、废荧光灯管、废温度计、废血压计、废药品、废油漆、废杀虫剂等有害垃圾投放管理情况酌情给分 |
| | | | ②可回收物回收及时规范运行（2 分） | ②根据上门回收、App 预约等方式回收可回收物情况酌情给分 |
| | | | ③厨余垃圾投放收运规范，投放点干净整洁（4 分） | ③厨余垃圾未实现单独收运、日产日清的不得分；根据密闭收集和投放点干净整洁情况酌情给分 |
| | | | ④小型垃圾转运站、压缩站、清洁站等操作规范，群众无投诉（4 分） | ④根据小型垃圾转运站、压缩站、清洁站等规范操作情况酌情给分；群众投诉 1 次并查实的扣 0.5 分 |
| 5 | 组织动员 | 13 | ①将垃圾分类工作纳入基层党建工作（3 分） | ①根据将垃圾分类工作纳入基层党建工作情况酌情给分 |
| | | | ②党员领导干部带头实施垃圾分类（3 分） | ②根据党员领导干部带头实施垃圾分类情况酌情给分 |
| | | | ③组织志愿者参与垃圾分类工作（3 分） | ③根据组织志愿者参与垃圾分类工作情况酌情给分 |
| | | | ④开展入户宣传，引导居民积极参与（3 分） | ④根据组织开展入户宣传情况酌情给分 |
| | | | ⑤建立垃圾分类奖惩榜、公示榜等激励督促制度（1 分） | ⑤未建立垃圾分类奖惩榜、公示榜等激励督促制度的不得分 |
| 6 | 教育工作 | 12 | ①分别编制幼儿园、小学、中学版生活垃圾分类教材或知识读本（3 分） | ①未编制教材或知识读本的不得分；根据教材推广使用情况酌情给分 |
| | | | ②将垃圾分类教育纳入教育体系，在全市推开（4 分） | ②未纳入教育体系的不得分；在全市占比达到 30%、50%、70%、90%的分别得 1 分、2 分、3 分、4 分 |
| | | | ③开展学校、家庭、社区互动实践活动（4 分） | ③根据互动实践活动开展情况酌情给分 |
| | | | ④建立并实施校园垃圾分类检查考评制度（1 分） | ④未建立检查考评制度的不得分 |
| 7 | 公共机构 | 5 | ①制定并实施公共机构生活垃圾分类工作方案（3 分） | ①未制定工作方案的不得分；根据实施情况酌情给分 |
| | | | ②建立公共机构生活垃圾分类基础台账，内容包括：分类投放、收集、运输、处理责任主体；分类投放、收集、运输、处理作业形式、作业时间等；厨余垃圾、有害垃圾、可回收物、其他垃圾的数量、分类准确率等（2 分） | ②未建立基础台账的不得分；根据台账编制情况酌情给分 |
| 8 | 宣传工作 | 5 | ①每月在当地主流媒体开展宣传活动（2 分） | ①主流媒体未开展宣传的不得分；每开展一次得 1 分 |
| | | | ②每月开展主题宣传活动（2 分） | ②每月未开展主题宣传活动的不得分；开展一次得 1 分（含市、区） |
| | | | ③利用微信公众号、自媒体等手段开展宣传（1 分） | ③根据利用微信公众号、自媒体等手段开展宣传情况酌情给分 |

| 序号 | 考核内容 | 分值 | 分项 | 评分细则 |
| --- | --- | --- | --- | --- |
| 9 | 信息报送 | 3 | ①每月 5 日前通过在线系统报送信息（1 分） | ①未按要求报送的不得分 |
| | | | ②内容翔实，数据准确（2 分） | ②报送内容缺项和不准确的各扣 1 分 |
| 10 | 加分项 | | ①建立与垃圾分类挂钩的收费制度并有效实施（3 分） | ①建立与垃圾分类挂钩的收费制度的得 2 分；有效实施的得 1 分 |
| | | | ②工作中有创新性举措（2 分） | ②根据创新性举措酌情给分 |
| 11 | 减分项 | | ①被主流媒体曝光并被查实的，或被省（市）以上主管部门通报批评的（–2 分） | ①同一事项被曝光并被查实或被通报批评的，每次减 2 分 |
| | | | ②发现弄虚作假的 | ②发现弄虚作假的扣除相应考核项分数，严重的取消考核成绩并通报批评 |

#### 5.2.1.4 实施与进展

该指标体系推出以来，对垃圾分类工作有着积极的推动作用，是垃圾分类工作的巨大进步，有效推动了地方政府开展垃圾分类；体现了垃圾分类全过程管理，对不同环节提出了要求；指标覆盖面广，突破了垃圾分类只考核环卫部门的局限，动员多方参与；是目前在全国范围内长期实际采用的衡量城市垃圾分类水平的唯一指标评价体系。

### 5.2.2 基于“垃圾分类指数”的垃圾分类指标评价体系

#### 5.2.2.1 背景与概述

“垃圾分类，越分越多”成为目前我国垃圾分类工作面临的尴尬之一，进入终端——填埋或焚烧的垃圾量有增无减，使得垃圾分类偏离了“初心”。为打破这种局面，需要出台相应的、可量化的标准。基于此，兰亚军提出侧重于衡量垃圾分类前端实施效果的“垃圾分类指数”指标，并提出基于该指标的垃圾分类指标评价体系，以期中国垃圾分类工作迈入“注重实际效果”阶段，从“高速度发展”向“高质量发展”转变。

#### 5.2.2.2 特点与原则

建立在“垃圾分类指数”基础上的垃圾分类指标评价体系有以下三方面特点。

第一，目标指引。垃圾分类的根本目标是减量化、资源化。减量化是指通过垃圾分类倒逼源头减量，即少产生垃圾；资源化即已产生的垃圾经过分类资源化处理后不再进入填埋场或焚烧发电厂，分类后的焚烧处理也应该是资源化处理。其中，减量化应该特指源头减量，即少产生垃圾。已产生的垃圾经过分类处理后，不再进入填埋场或焚烧发电厂，有些地方称为后端减量，为避免歧义，应该称之为资源化。另外，需要说明的是，垃圾分类只是将已产生的垃圾分门别类，本身并不能实现垃圾源头减量，但可以通过垃圾分类，制定相关法律法规和制度设计，倒逼人们尽可能少产生垃圾。

第二，结果导向。根据国务院办公厅《关于转发国家发展改革委　住房城乡建设部生活垃圾分类制度实施方案的通知》（国办发〔2017〕26 号），“到 2020 年年底，基本建立垃圾分类相关法律法规和标准体系，形成可复制、可推广的生活垃圾分类模式，在实施生活垃圾强制分类的城市，生活垃圾回收利用率达到 35%以上”。此处的 35%是一个量化的目标，此后住建部也发文明确说明，该回收利用率不包括垃圾焚烧的量。具体的计算公式是：生活垃圾回收利用率=（生活垃圾中再生资源回收量+单独收集并资源化利用的有机垃圾量）/生活垃圾处理量×100%。统计生活垃圾回收利用率面临两个问题：一是再生资源的统计问题。因为我国的再生资源主要是市场导向，且归商务部门管理；又因“两网融合”的速度在加快，行业人员的流动性很大。另外，很多回收站、分拣厂不在商务部门的监管之下，没有数据，所以总量的多少并没有一个确切的数据。二是数量少报、瞒报的问题导致再生资源的数量“水分过大”。为了便于可量化、可操作，应该按减量率计算，即减少进入终端处理——填埋场和焚烧发电厂的量来计算。这部分减量由财政支付相关补贴，因此数据较为清晰可得。从这个数据来看，35%的目标定得相对较高，应该在垃圾自然增长率的基础上，根据各地经济发展水平设定一定的减量目标，如每年减量3%～6%。

第三，效率为先。如果源头并没有减少垃圾的产生，进入后端处理厂的垃圾依然在快速增长，那么即便用上了再高科技、智能化的设备也并不能解决问题。有些地方由于使用“高大上”的智能回收设备，成本过高，仅仅是回收可回收垃圾成本就达几千元或上万元每吨，因此这种模式不可持续。为达到预定的减量目标，就需要政府、企业、社会、居民全部行动起来、协同参与，使成本最低化、效率最大化。

建立在“垃圾分类指数”基础上的评价体系应遵循以下三方面原则。

第一，垃圾分类考核“631”法则。在垃圾分类考核指标中，“垃圾分类指数”的权重占 60%，结果指标应比过程指标更得到重视。财政资金使用效率应占 30%的权重，如果按照目前某些地方分出 1 t 可回收垃圾需花费财政资金达几千元甚至上万元，那么该地垃圾分类工作肯定是不可持续的。最后，基本设施、制度设计等应占 10%的权重。

第二，相关因素相互制约，以防虚报。按现在再生资源回收的量来计算，一方面，统计数据本身不准确；另一方面，数据真实性有待核实。因此建议采取两个指标显示垃圾分类的效果，一是是否有相应的配套设施，二是进入后端处理的量是否相应减少了。如果进入后端的量减少了，处理费就应该相应减少。如此一方面可以避免夸大、虚报成绩，另一方面更注重实际效果。

第三，垃圾分类指数的权重应随着时间推移而加大。垃圾分类需要有发展眼光、过程思维，目前阶段垃圾分类指数可能只占 60%，还要考虑制度设计、设施建设等因素，但随着时间的推移，垃圾分类指数的权重应该越来越高。

#### 5.2.2.3 内容与评价

垃圾分类指数（WSI）[①]是一个区域（区或县）垃圾分类实际效果的评价指标。垃圾分类指数的应用范围是以区或县为行政单位，而一个市的垃圾分类指数即所辖区县的垃圾分类指数加权平均值。

垃圾分类指数具体表示如式（5.1）所示：

$$w=\frac{S_0\times(1+x\%\times N)-S_1}{S_0\times(1+x\%\times N)}\times\frac{F_{参与}}{F_{总数}} \tag{5.1}$$

式中：$W$——垃圾分类指数；

$S_0$——某一个区县在开展垃圾分类之前的产生量（进入填埋场或焚烧厂的垃圾量）；

$x$——某一个区县生活垃圾自然增量率（以月计算）；

$N$——开展垃圾分类的时间（以月计算）；

$S_1$——开展了 $N$ 个月后进入填埋场或焚烧厂的垃圾量；

$F_{参与}$——实际参与垃圾分类的户数（每周至少有一次厨余垃圾或可回收垃圾交投）；

$F_{总数}$——某一个区县的总人口户数。

案例说明：

A 县城镇人口 30 万人（10 万户），在确定开展垃圾分类之前，一天产生生活垃圾 260 t（均填埋处理）。根据近 3 年的数据，测得该县每年垃圾自然增长率为 8.4%，每月为 0.7%。6 个月后，参与垃圾分类的人数量为 2 万户，测得每天产生量为 220 t，那么垃圾分类指数为：

$$w=\frac{S_0\times(1+x\%\times N)-S_1}{S_0\times(1+x\%\times N)}\times\frac{F_{参与}}{F_{总数}}=\frac{260\times(1+0.7\%\times 6)-220}{260\times(1+0.7\%\times 6)}\times\frac{20\,000}{100\,000}\approx 0.038$$

#### 5.2.2.4 实施与进展

垃圾分类指数是一个比较合理和科学评价前端垃圾分类效果的指标，但由于现在还只是在小规模、小范围内进行试点，且数据可得性存在一些问题，如果要向全国大面积推广，尚需完善和优化。

### 5.2.3 垃圾分类指标评价体系的比较

#### 5.2.3.1 评价主体

住建部垃圾分类指标体系的评估主体是住建部，住建部为中央政府部门机构，所以

① 垃圾分类指数为 0～1，指数越大说明垃圾分类开展得越好。

住建部垃圾分类指标体系具有较强的权威性。中央政府部门机构作为评价主体对各省份进行评价，可以有效指导各个省份的垃圾分类工作和有效约束各个省份在垃圾分类工作上不作为、乱作为、懒政的行为。该评价指标体系的出台，对垃圾分类工作有着积极的推动作用，是一个巨大的进步。

垃圾分类指数评价主体目前还不明确，现在还只是在小规模、小范围内进行试点，还不具有在全国范围内推广的条件。

#### 5.2.3.2　评价指标体系的侧重点

住建部垃圾分类指标体系侧重垃圾分类的全过程管理和多主体管理。住建部垃圾分类指标体系体现了垃圾分类的全过程管理，如对生活垃圾的投放、收集、运输、处理等不同环节都提出了相应的指标。同时，住建部垃圾分类指标体系体现了多主体管理，突破了垃圾分类只考核环卫部门的局限，动员了多主体参与，如在体制机制建设一级指标中设置了建立市、区两级生活垃圾分类工作协调机制这个二级指标。但是住建部垃圾分类指标体系偏重过程，对源头分类实效、末端分类处置落实考核权重不够，效果导向不足。例如，住建部垃圾分类指标体系中过程性的指标比较多，结果性的指标比较少；定性的指标比较多，定量的指标比较少。

垃圾分类指数指标侧重生活垃圾前端分类的效果，将城市生活垃圾减量程度这一直接体现城市生活垃圾分类效果的原则引入指标中，有利于中国城市生活垃圾分类工作迈入注重实际效果阶段，从高速度发展向高质量发展转变。但是，垃圾分类指数指标也在适应性方面面临一定的挑战。因为长期以来，城市生活垃圾分类的工作重心大部分在宣传程度、居民对城市生活垃圾分类的知晓率及城市生活垃圾收集、运输和处理设备情况这些偏重过程性的指标，城市生活垃圾分类评价方式从偏重过程转到偏向效果，在适应程度方面面临一定的挑战。同时，垃圾分类指数指标偏向结果导向也存在一些缺点，如对居民自主意愿可能考虑较少。强制城市生活垃圾分类对城市管理的成本造成一定的负担，在形成城市生活垃圾分类长效机制方面存在一定的负效应。

#### 5.2.3.3　评价指标体系的公平性

住建部垃圾分类指标体系的公平性有待加强。虽然住建部垃圾分类指标体系是目前全国范围内长期实际采用的衡量城市生活垃圾分类水平的唯一评价指标体系，但是在各省份的考核标准和考核方式上没有体现出一定的差异性，不利于各省份因地制宜地制定本省份的城市生活垃圾目标和方案。各省份在经济发展程度、财政资金充裕程度、人口数量和城市面积等指标上存在一定的差异性，如果各省份的考核标准和考核方式上没有体现出一定的差异性，不利于各省份的城市生活垃圾分类长期可持续运行。如因为经济较发达和财政资金较充裕的省份在城市生活垃圾分类的资金投入方面具有更大的空间，所以如果不同省份之间考核标准一样，较多资金投入的省份的动力可能会减少，较少资金投入的省份可能会为了在短期内达成考核目标而减少在其他方面的资金投入，这不利于该省份城市生活垃圾分类的长期可持续运行。

垃圾分类指数指标中的城市生活垃圾减量程度是以各区县实施城市生活垃圾分类之前的数据为基础计算得出的，城市生活垃圾居民参与程度是以各区县的总人口户数为基础计算得出的，所以垃圾分类指数指标在对不同的省份进行城市生活垃圾分类评价时具有较好的公平性，同时倡导地方根据实际情况因地制宜选择正确方法（表 5.2）。

**表 5.2　垃圾分类指标评价体系优缺点对比**

| 指标评价体系名称 | 优点 | 缺点 |
|---|---|---|
| 垃圾分类指数 | ①注重结果导向。更注重垃圾减量化、资源化的实际效果。<br>②坚持公平原则。该指标体系较为公平，倡导地方根据实际情况因地制宜选择正确方法。<br>③具有突破性。该指数正面解决垃圾分类多年来一直“原地踏步”的问题 | ①结果导向是“双刃剑”。对居民自主意愿考虑较少；在宣传、摆桶、知晓率、参与率等方面考虑较少。<br>②不适应的问题。因为长期以来，垃圾分类工作的重心大都在注重宣传、摆桶，以及知晓率、参与率等过程性指标，一下转到实际效果指标上来，在目前发展阶段容易引发不适应的问题。<br>③测试范围小。该指数在小范围里做过测试，仍需要完善和优化 |
| 住建部垃圾分类指标体系 | ①具有权威性，能够有效推动地方政府开展垃圾分类。<br>②体现垃圾分类全过程管理，对不同环节提出要求。<br>③指标覆盖面广，突破垃圾分类只考核环卫部门的局限，动员多方参与。<br>④是目前全国范围内长期实际采用的衡量城市垃圾分类水平的唯一指标评价体系。<br>⑤对垃圾分类工作有着积极的推动作用，是垃圾分类工作的巨大进步 | ①部分指标衡量办法不够明确，难以衡量。<br>②偏重过程，定量指标少。对源头分类实效、末端分类处置落实考核权重不够，效果导向不足。<br>③时效性不足，应根据垃圾分类不同发展阶段，适当调整考核内容。<br>④考核结果应用不足，缺少相关奖惩举措。<br>⑤信息公开指标有改进余地，如提出垃圾处理厂排放数据实时公开等指标 |

## 5.3　与垃圾分类相关的城市治理评价指标体系

### 5.3.1　国家卫生城市标准

#### 5.3.1.1　背景与概述

由全国爱国卫生运动委员会办公室（以下简称“全国爱卫办”）实施的国家卫生城市

评选是全国重要的城市评选活动之一。在国家出台的关于国家卫生城市评选的评价体系文件中，最重要的是《国家卫生城市标准》和《国家卫生城市考核命名和监督管理办法》两个文件，前者规范了国家卫生城市的标准，后者规范了整个活动的流程。

为适应新时期爱国卫生工作的需要，全国爱卫办每过一段时间就会对《国家卫生城市标准》进行修订，最近一次修订是在 2014 年，形成了《国家卫生城市标准》(2014 版)。该标准已于 2015 年 1 月 1 日起施行。

#### 5.3.1.2　原则与特点

《国家卫生城市标准》对城市的爱国卫生组织管理、健康教育和健康促进、市容环境卫生、环境保护、重点场所卫生、食品和生活饮用水安全、公共卫生与医疗服务、病媒生物预防控制这 8 个部分的工作提出了评估要求，设置了 40 条标准。最近一次修订后，该指标体系呈现出以下五方面的特点。

第一，瘦身减负，突出重点。对不易考核及易造成基层负担的指标进行了兼并整合，突出了爱卫机构建设和疾控中心基础设施建设、公共卫生与医疗服务、基层医疗卫生机构标准化建设，并提出了病媒生物预防控制的内容。

第二，依法管理，明确标准。共涉及 9 部法律法规及多个国家标准。

第三，关注民生，提高要求。设置了全民健身、控烟，数字城管、生活垃圾分类和餐厨垃圾管理，秸秆禁烧和综合利用，学校卫生、职业卫生，慢性病防控、精神疾病救治等内容。提高了城市空气、绿化、保洁时间、生活垃圾和污水处理等指标要求。

第四，数出有据，便于评估。该指标体系探索建立检查考核与日常工作相结合、专家评审与社会监督相结合的工作机制。

第五，内涵丰富，齐抓共管。包含卫生、环保、住建、工商、教育、水利、体育、安监和食药监等部门的工作内容。

#### 5.3.1.3　有关垃圾分类工作的指标描述

该指标体系中有关垃圾分类的指标设置在“市容环境卫生”“环境保护”这两大类别下，包含以下 10 个方面的指标。

第一，市容环境卫生达到《城市容貌标准》要求。建成数字化城管系统，并正常运行。城市主次干道和街巷路面平整，主要街道无乱张贴、乱涂写、乱设摊点情况，无乱扔、乱吐现象，废物箱等垃圾收集容器配置齐全，城区无卫生死角。城市河道、湖泊等水面清洁，岸坡整洁，无垃圾杂物。建成区绿化覆盖率≥36%，人均公园绿地面积≥8.5 $m^2$。城市功能照明完善，城市道路装灯率达到 100%。

第二，生活垃圾收集运输体系完善，垃圾、粪便收集运输容器、车辆等设备设施全面实现密闭化，垃圾、粪便日产日清。主要街道保洁时间不低于 16 h，一般街道保洁时间不低于 12 h。建筑工地管理符合《建筑施工现场环境与卫生标准》要求。待建工地管理到位，规范围挡，无乱倒垃圾和乱搭乱建现象。

第三，生活垃圾、污水、粪便无害化处理设施建设、管理和污染防治符合国家有关法律、法规及标准要求。推行生活垃圾分类收集处理，餐厨垃圾初步实现分类处理和管理，建筑垃圾得到有效处置。省会城市和计划单列市实现生活垃圾全部无害化处理，生活污水全部收集和集中处理；其他城市和直辖市所辖行政区生活垃圾无害化处理率≥90%，生活污水集中处理率≥85%。

第四，生活垃圾转运站、公共厕所等环卫设施符合《城镇环境卫生设施设置标准》《城市公共厕所卫生标准》等要求，数量充足，布局合理，管理规范。城市主次干道、车站、机场、港口、旅游景点等公共场所的公厕不低于二类标准。

第五，集贸市场管理规范，配备卫生管理和保洁人员，环卫设施齐全。临时便民市场采取有效管理措施，保证周边市容环境卫生、交通秩序和群众正常生活秩序。达到《标准化菜市场设置与管理规范》要求的农副产品市场比例≥70%。

第六，活禽销售市场的卫生管理规范，设立相对独立的经营区域，按照动物防疫有关要求，实行隔离宰杀，落实定期休市和清洗消毒制度，对废弃物实施规范处理。

第七，社区和单位建有卫生管理组织和相关制度，卫生状况良好，环卫设施完善，垃圾日产日清，公共厕所符合卫生要求。道路平坦，绿化美化，无违章建筑，无占道经营现象。市场、饮食摊点等商业服务设施设置合理，管理规范。

第八，城中村及城乡接合部配备专人负责卫生保洁，环卫设施布局合理，垃圾密闭收集运输，日产日清，清运率 100%。有污水排放设施。公厕数量达标，符合卫生要求。路面硬化平整，无非法小广告，无乱搭乱建、乱堆乱摆、乱停乱放、乱贴乱画、乱扔乱倒现象。无违规饲养畜禽。

第九，贯彻落实《秸秆禁烧和综合利用管理办法》，秸秆综合利用率达到 100%，杜绝秸秆焚烧现象。

第十，医疗废弃物统一由有资质的医疗废弃物处置单位处置，无医疗机构自行处置医疗废物情况。医源性污水的处理排放符合国家有关要求。

#### 5.3.1.4　实施与进展

截至 2018 年 12 月，全国爱卫会依据该标准评估体系共命名了 93 个国家卫生城市和 236 个国家卫生县城（乡镇），前者数量约占全国城市总数的 1/6。

该指标体系还在不断完善，在这个过程中遵循以下原则：第一，与时俱进，不断丰富创建指标内涵；第二，适应行业标准的工作指标变更；第三，适应分类指导和部门分工调整；第四，为卫生防病中心工作服务；第五，注重城乡协调和辐射带动作用。

## 5.3.2　绿色发展指标体系

### 5.3.2.1　背景与概述

党的十八大将生态文明建设纳入中国特色社会主义建设“五位一体”总体布局。以习近平同志为核心的党中央对生态文明建设作出全面部署，提出创新、协调、绿色、开放、共享新发展理念，要求深入实施可持续发展战略，推动形成绿色发展方式和生活方式，促进实现绿色富国、绿色惠民。同时，中国经济已由高速增长阶段转向高质量发展阶段，在这一背景下，构建与高质量发展相适应的统计体系尤为关键。

在此背景下，中共中央、国务院先后印发《关于加快推进生态文明建设的意见》《生态文明体制改革总体方案》《生态文明建设目标评价考核办法》，国家发展改革委等印发了《生态文明建设考核目标体系》和《绿色发展指标体系》，即“一个办法、两个体系”，建立了生态文明建设目标评价考核的制度规范。

该指标体系包括资源利用、环境治理、环境质量、生态保护、增长质量、绿色生活、公众满意程度 7 个一级指标和 56 个二级指标。

“资源利用”重点反映能源、水资源、建设用地的总量与强度双控要求和资源利用效率，目的是引导地区提高资源节约集约循环使用，提高资源使用效益，减少排放，包括 14 个指标。其中，能源消费有关指标 4 个，用水有关指标 4 个，用地有关指标 3 个，资源循环利用有关指标 3 个，指标分布大体均衡，并兼顾了速度与效率、工业与农业、城市与农村相关指标的代表性。

“环境治理”重点反映主要污染物、危险废物、生活垃圾和污水治理以及污染治理投资等情况，包括 8 个指标。其中 4 个为“十三五”规划约束性指标，3 个为重要污染物治理指标，1 个为环境治理投入力度指标。

“环境质量”重点反映大气、水、土壤和海洋的环境质量状况，包括 10 个指标。其中 2 个反映空气质量，2 个反映地表水质量，3 个分别反映江河湖泊、饮用水水源地和近岸海域的水质，3 个反映耕地质量。由于反映耕地质量的指标数据十分缺乏，暂时用单位耕地面积化肥和农药使用量来间接反映耕地质量的变化情况。

“生态保护”重点反映森林、草原、湿地、海洋、自然岸线、自然保护区、水土流失、土地沙化和矿山恢复等生态系统的保护与治理，包括 10 个指标。

“增长质量”重点从宏观经济的增速、效率、效益、结构和动力等方面反映经济增长的质量，以体现绿色与发展的协调统一，包括 5 个指标。

“绿色生活”重点从公共机构、绿色产品推广使用、绿色出行、建筑、绿地、农村自来水和卫生厕所等方面反映绿色生活方式的转变以及生活环境的改善，体现绿色生活方式的倡导引领作用，包括 8 个指标。

“公众满意程度”重点反映公众对生态环境质量的满意程度，不仅调查公众对空气质量、饮用水、公园、绿化、绿色出行、污水和危险废物及垃圾处理等的满意程度，还将噪声、光污染、电磁辐射等环境状况纳入满意度调查。

该指标体系采用综合指数法计算，以2015年为基期，结合“十三五”规划纲要目标和相关部门规划目标，计算绿色发展总指数以及资源利用指数、环境治理指数、环境质量指数、生态保护指数、增长质量指数、绿色生活指数等6个分类指数。通过计算全国及各省、自治区、直辖市的总指数和分类指数，反映国家及各地区的绿色发展状况，并将评价结果纳入生态文明建设目标考核评分体系。

该指标的权数共分三类：第一类是“十三五”规划纲要中规定的有关约束性指标；第二类是“十三五”规划纲要和《中共中央、国务院关于加快推进生态文明建设的意见》提出的主要监测评价指标；第三类为其他有关绿色发展的重要监测评价指标。三类指标的权数之比为3∶2∶1。6个一级指标的权数分别由其所包含的二级指标权数汇总生成。这样的权数分配，由于约束性指标的权数较重，增强了绿色发展指标体系与生态文明建设考核目标体系的兼容性和协调一致性。

#### 5.3.2.2 原则与特点

绿色发展指标体系的制定基本思路是全面反映绿色新发展理念的本质内涵，系统体现生态文明建设的具体要求，重点突出“十三五”规划约束性指标的作用。指标体系有以下4个特点。

一是紧扣落实党中央、国务院决策部署，突出“十三五”规划纲要和生态文明建设重要文件提出的目标任务要求进行监测评价。指标选择主要参考《关于加快推进生态文明建设的意见》《国民经济和社会发展第十三个五年规划纲要》以及其他有关资源环境生态专项规划目标任务进行。

二是强调山水林田湖为统一的生命共同体，聚焦资源节约集约循环利用、污染治理和生态保护等重点问题，关注体现人与自然和谐共生，注重发挥其引领导向作用。

三是兼顾指标选择的科学性与可行性、代表性与可比性，并考虑各地区发展的差异性，全面客观地反映绿色发展的总体进展情况。

四是引入公众对环境质量满意度调查指标，以体现人民群众对绿色发展的获得感。良好生态环境是最公平的公共产品、最普惠的民生福祉。

#### 5.3.2.3 有关垃圾分类的指标描述

该指标体系中与垃圾分类有关的二级指标设置在“资源利用”“环境治理”这两个一级指标下，包含以下四方面指标。

一为一般工业固体废物综合利用率。计量单位为“%”，指标类型为“其他绿色发展重要监测评价指标”，指标权数为 0.92%，数据来源为环境保护部、工业和信息化部。

二为农作物秸秆综合利用率。计量单位为“%”，指标类型为“其他绿色发展重要监测评价指标”，指标权数为 0.92%，数据来源为农业部。

三为危险废物处置利用率。计量单位为“%”，指标类型为“其他绿色发展重要监测评价指标”，指标权数为 0.92%，数据来源为环境保护部。

四为生活垃圾无害化处理率。计量单位为“%”，指标类型为“《国民经济和社会发展第十三个五年规划纲要》和《中共中央、国务院关于加快推进生态文明建设的意见》等提出的主要监测评价指标”，指标权数为 1.83%，数据来源为住房和城乡建设部。

#### 5.3.2.4　实施与进展

绿色发展评价主要是配合生态文明建设目标考核工作对各地绿色发展状况进行评价，采取年度评价与五年考核相衔接的方式。年度评价依据《绿色发展指标体系》计算各地区绿色发展指数，以综合反映各地区绿色发展总体进展情况，年度评价结果将纳入五年考核评分体系。目前，各省份相继制定本地区绿色发展指标体系，国家统计局每年发布生态文明建设年度评价，国家统计局也将年度评价作为今后长期开展的一项常规工作。

### 5.3.3　“无废城市”指标体系

#### 5.3.3.1　背景与概述

“无废城市”是一种新的城市发展和管理模式，强调以绿色低碳循环发展方式和生活方式为主导，最大限度地推进固体废物源头减量、资源化利用和无害化处置，减少固体废物对环境的影响。2018 年年底，国务院办公厅印发了《“无废城市”建设试点工作方案》，明确提出“无废城市”以大宗工业固体废物、主要农业废弃物、生活垃圾、建筑垃圾和危险废物等为重点，以实现整个城市固体废物产生量最小、资源化利用充分和处置安全为最终目标。

为进一步明确“无废城市”建设的战略目标，保障建设工作的实效性，引导城市开展试点工作，2019 年 5 月，生态环境部印发了《“无废城市”建设指标体系（试行）》，为正确评价“无废城市”发展建设的现状提供了量化指标（表 5.3）。该指标体系以固体废物减量化和资源化利用为核心，由一级指标、二级指标和三级指标组成，其中一级指标 5 个、二级指标 18 个、三级指标 59 个。三级指标又分为 3 类：第 1 类（表中标注★）为必选指标，共 22 项，是所有试点城市均需开展调查的指标；第 2 类为可选指标，共 37 项，试点城市结合城市类型、特点及试点任务安排选择对应指标；第 3 类为自选指标，由试点城市结合自身发展定位、发展阶段、资源禀赋、产业结构、经济技术基础等差异性自行设置，为完善我国固体废物统计制度提供支撑。各项指标数据主要来源于现有统计调查数据，或专项调查数据，用于反映城市试点建设成效和发展趋势。试点城市结合自身城市发展定位、试点建设实际需求等，科学设定各项指标 2020 年目标值，但不应低于国家、所在省（区、市）的要求。

表 5.3 “无废城市”建设指标体系（试行）

| 序号 | 一级指标 | 二级指标 | 三级指标 | 数据来源* |
|---|---|---|---|---|
| 1 | 固体废物源头减量 | 工业源头减量 | 工业固体废物产生强度★ | 市生态环境局、市统计局 |
| 2 | | | 实施清洁生产工业企业占比★ | 市生态环境局、市发展改革委 |
| 3 | | | 开展绿色工厂建设的企业数量 | 市工信局 |
| 4 | | | 开展生态工业园区建设、循环化改造的工业园区数量★ | 市生态环境局、市发展改革委 |
| 5 | | | 开展绿色矿山建设的矿山数量 | 市自然资源局 |
| 6 | | 农业源头减量 | 开展生态农业示范县、种养结合循环农业示范县建设数量 | 市农业农村局 |
| 7 | | | 农药、化肥使用量 | 市农业农村局、市统计局 |
| 8 | | | 绿色食品、有机农产品种植推广面积占比 | 市农业农村局 |
| 9 | | 建筑业源头减量 | 绿色建筑占新建建筑的比例 | 市住建局 |
| 10 | | 生活领域源头减量 | 人均生活垃圾日产生量★ | 市住建局、市农业农村局 |
| 11 | | | 生活垃圾分类收运系统覆盖率 | 市住建局、市发展改革委、市农业农村局 |
| 12 | | | 开展“无废城市细胞”建设的单位数量（机关、企事业单位、饭店、商场、集贸市场、社区、村镇、家庭） | 各相关部门 |
| 13 | | | 快递绿色包装使用比例 | 市邮政管理局 |
| 14 | 固体废物资源化利用 | 工业固体废物资源化利用 | 一般工业固体废物综合利用率★ | 市生态环境局 |
| 15 | | | 工业危险废物综合利用率 | 市生态环境局 |
| 16 | | 农业废弃物资源化利用 | 农业废弃物收储运体系覆盖率★ | 市农业农村局 |
| 17 | | | 秸秆综合利用率 | 市农业农村局 |
| 18 | | | 畜禽粪污综合利用率 | 市农业农村局 |
| 19 | | | 地膜回收率 | 市农业农村局 |
| 20 | | 建筑垃圾资源化利用 | 建筑垃圾综合利用率★ | 市住建局 |
| 21 | | 生活领域固体废物资源化利用 | 生活垃圾回收利用率★ | 市住建局 |
| 22 | | | 再生资源回收量增长率 | 市商务局 |
| 23 | | | 餐厨垃圾回收利用量增长率 | 市住建局、市发展改革委 |
| 24 | | | 主要废弃产品回收利用量增长率 | 根据产品所属行业确定相关部门 |
| 25 | | | 医疗卫生机构可回收物资源回收率★ | 市卫生健康委、市商务局 |

| 序号 | 一级指标 | 二级指标 | 三级指标 | 数据来源* |
|---|---|---|---|---|
| 26 | 固体废物最终处置 | 危险废物安全处置 | 工业危险废物安全处置量★ | 市生态环境局 |
| 27 | | | 医疗废物收集处置体系覆盖率★ | 市卫生健康委 |
| 28 | | | 社会源危险废物收集处置体系覆盖率 | 涉及社会源危险废物的主管部门 |
| 29 | | 一般工业固体废物贮存处置 | 一般工业固体废物贮存处置量★ | 市生态环境局 |
| 30 | | | 开展大宗工业固体废物堆存场所（含尾矿库）综合整治的堆场数量占比 | 市自然资源局、市生态环境局、市应急管理局 |
| 31 | | 农业废弃物处置 | 病死猪集中专业无害化处理率 | 市农业农村局 |
| 32 | | | 农药包装废弃物回收处置量 | 市农业农村局、市生态环境局 |
| 33 | | 建筑垃圾消纳处置 | 建筑垃圾消纳量 | 市住建局 |
| 34 | | 生活领域固体废物处置 | 生活垃圾填埋量★ | 市住建局、市农业农村局 |
| 35 | | | 农村卫生厕所普及率★ | 市农业农村局 |
| 36 | | | 有害垃圾收集处置体系覆盖率 | 市住建局 |
| 37 | | | 非正规垃圾填埋场整治完成率 | 市住建局 |
| 38 | 保障能力 | 制度体系建设 | “无废城市”建设地方性法规或政策性文件制定★ | 负责“无废城市”建设的协调机构 |
| 39 | | | “无废城市”建设协调机制 | 负责“无废城市”建设的协调机构 |
| 40 | | | “无废城市”建设成效纳入政绩考核情况★ | 市委组织部门、监察部门 |
| 41 | | 市场体系建设 | 固体废物回收利用处置投资占环境污染治理投资总额比重★ | 市生态环境局 |
| 42 | | | 纳入企业环境信用评价范围的固体废物相关企业数量占比 | 市生态环境局 |
| 43 | | | 危险废物经营单位环境污染责任保险覆盖率 | 市生态环境局、市银保监局或地方金融监管局 |
| 44 | | | “无废城市”建设相关项目绿色信贷余额 | 市银保监局或地方金融监管局 |
| 45 | | | 固体废物回收利用处置骨干企业数量★ | 市发展改革委、市商务局、市工信局、市生态环境局 |
| 46 | | | 资源循环利用产业工业增加值占区域生产总值的比重 | 市统计局 |
| 47 | | 技术体系建设 | 大宗工业固体废物减量化、资源化、无害化技术示范 | 市工信局、市发展改革委 |
| 48 | | | 农业废弃物全量利用技术示范 | 市农业农村局 |
| 49 | | | 生活垃圾减量化和资源化技术示范★ | 市住建局 |
| 50 | | | 危险废物全面安全管控技术示范★ | 市生态环境局 |
| 51 | | | 固体废物回收利用处置关键技术工艺、设备研发及应用示范 | 市科技局 |

| 序号 | 一级指标 | 二级指标 | 三级指标 | 数据来源* |
|---|---|---|---|---|
| 52 | 保障能力 | 监管体系建设 | 固体废物监管能力建设 | 负责“无废城市”建设的协调机构 |
| 53 | | | 危险废物规范化管理抽查合格率 | 市生态环境局 |
| 54 | | | 发现、处置、侦破固体废物环境污染刑事案件数量★ | 市公安局、市生态环境局 |
| 55 | | | 固体废物相关环境污染事件数量 | 市生态环境局 |
| 56 | | | 涉固体废物信访、投诉、举报案件办结率 | 市生态环境局 |
| 57 | 群众获得感 | 群众获得感 | “无废城市”建设宣传教育培训普及率 | 第三方调查 |
| 58 | | | 政府、企事业单位、公众对“无废城市”建设的参与程度 | 第三方调查 |
| 59 | | | 公众对“无废城市”建设成效的满意程度★ | 第三方调查 |

注：★表示必选指标；* 可由试点城市根据具体情况调整涉及的主管部门。

#### 5.3.3.2 原则与特点

“无废城市”建设试点工作是我国固体废物领域生态文明体制改革的一个组成部分，其指标体系构建的原则和特点可以总结为以下 8 个方面。

一是导向性。开展“无废城市”状况评价，具有目的导向性和“指挥棒”作用，旨在促进中国“无废城市”建设和运营管理，尤其是促进城市固体废物管理的转型升级，以尽可能少的资源消耗和污染物排放，完成我国工业化和城市化的历史任务。

二是数据的可获得性。如果收集不到基础数据，即使有了评价指标体系乃至成熟的评价方法，意义也不大。一般而言，科学研究需要第一手数据，可通过实验等途径来获得数据；社会科学一般通过数据采集并加以分析研究得出结论；统计、评价等时一般采用二手数据，并建立指标体系进行评价。

三是权威性。无论采取什么样的途径获取数据，都应该是真实的或者是权威的。即使是通过调查、走访等途径获得的第一手数据，也应当是真实的而不是编造的。当然，即使采自统计年鉴的数据，也存在数据的调整问题，或者其他原因的修订问题，世界各国无一例外。

四是可重现性。一组数据换了评价主体也能获得，不会因为行为主体的改变而出现数据的颠覆性变化。这一点对于科学研究尤为重要。对建立评价指标或指标体系，不管是权威人物还是普通公众，都不能编造数据，应当重视数据的重现性。

五是量纲一致性。这在采用众多数据进行某种评价时尤为重要。采用一组数据评价某一件事情时，要么用一手数据，要么用经过处理的无量纲数据；无论如何，均应使研究或评价采用的数据是同一个量纲的，而不能有些是原始数据，有些是经过计算的数据。那样的话，由于某类数据的权重有了叠加，得出的结果难免有失偏颇。

六是可比性。采用的评价数据应当尽可能连续获得，这样评价结果才具可比性。采用的数据必须前后一致，今年采集的这组数据，明年还能采集到同样指标的一组数据；不能今年用这样的数据，明年就采集不到了。采用连续的数据，评价得出的结果可以用于判断评价对象的变化情况（是变好了、没有变或变坏了）。

七是非相关性。对一组数据，尽可能减少数据之间的相关性；如果相关系数大，会带来某类数据的权重增加，不利于结论的可靠性。用数学的语言表述就是，两组数据之间的相关性至少应该小于 0.7，理论上应该不大于 0.5。我国生态文明建设指标、绿色发展指标可作为“无废城市”指标体系的参照，在指标选取和评价时应避免采用相关性较大的指标。

八是完整性。为评价某件事情的发展或问题，应将与此类事情有关的情况尽可能纳入评价指标体系，使评价结果具有公正性。

#### 5.3.3.3　有关垃圾分类的指标描述

“无废城市”与资源综合利用和循环经济密切相关。但该指标体系中不仅包括城市固体废弃物减量化、资源化和无害化的衡量指标，还包括大宗工业固体废物、主要农业废物、建筑垃圾和危险废物等相关衡量指标。因此其外延比生活垃圾分类及利用的概念更广泛。

该指标体系中与城市生活垃圾分类有关的三级指标分别设置在一级指标“固体废物源头减量”下的二级指标“生活领域源头减量”下，一级指标“固体废物资源化利用”下的二级指标“生活领域固体废物资源化利用”下，一级指标“固体废物最终处置”下的二级指标“危险废物安全处置”和“生活领域固体废物处置”下，一级指标“保障能力”下的二级指标“技术体系建设”下，包含以下 15 个方面的指标。

一是人均生活垃圾日产生量。

①指标解释：指每人每日的生活垃圾产生量。该指标是反映生活领域固体废物减量工作成效的综合性指标，是城市开展生活垃圾收运处置基础设施规划建设的基本依据。试点期间，该指标可根据生活垃圾日清运量、收运系统覆盖率和常住人口计算得到。

②计算方法：人均生活垃圾日产生量=生活垃圾日清运量÷（生活垃圾收运系统覆盖率×城乡常住人口）。

③发展趋势：该指标应随着生活垃圾清运系统覆盖率的不断提升、垃圾源头分类的不断推进，逐步降低并趋于合理水平。

④数据来源：市住建局、市农业农村局。

二是生活垃圾分类收运系统覆盖率。

①指标解释：指城市和农村地区开展生活垃圾分类收集、分类运输的社区和行政村数量占社区和行政村总数的比率。该指标用于推动试点城市生活垃圾分类收运系统实现城乡全覆盖，促进有价值物质的回收利用、减少生活垃圾源头产生量。

②计算方法：生活垃圾分类收运系统覆盖率=开展生活垃圾分类收运的社区和行政村数量÷社区和行政村总数×100%。

③发展趋势：生活垃圾分类收运系统覆盖率应达到 100%。

④数据来源：市住建局、市发展改革委、市农业农村局。

三是生活垃圾回收利用率。

①指标解释：指生活垃圾进入焚烧和填埋设施之前，可回收物和易腐垃圾的回收利用量占生活垃圾产生量的百分率。试点期间，生活垃圾产生量可根据生活垃圾清运量和收运系统覆盖率计算得到。该指标用于提高生活垃圾中可回收物和易腐垃圾的回收利用水平，减少生活垃圾焚烧和填埋量。

②计算方法：生活垃圾回收利用率=生活垃圾回收利用量÷生活垃圾产生量×100%。

生活垃圾产生量=生活垃圾清运量÷生活垃圾收运系统覆盖率。

③发展趋势：该指标应不断提高并趋于合理水平。

④数据来源：市住建局。

四是再生资源回收量增长率。

①指标解释：指当年再生资源回收量相对于上一年再生资源回收量的增长率。再生资源类别包括报废汽车、废弃电器电子产品、废钢铁、废铜、废铝、废铅蓄电池、废塑料、废纸、废玻璃、废油、废旧轮胎等。该指标用于促进再生资源回收利用水平提升。

②计算方法：再生资源回收量增长率=（当年再生资源回收量－上一年再生资源回收量）÷上一年再生资源回收量×100%。

③发展趋势：试点期间，该指标应大于零。

④数据来源：市商务局。

五是餐厨垃圾回收利用量增长率。

①指标解释：指城市建成区餐饮业当年餐厨垃圾回收利用量相对于上一年餐厨垃圾回收利用量的增长率。餐饮业统计对象为全市建成区内餐饮业、机关企事业食堂等。该指标用于促进餐厨垃圾回收利用水平提升，推动实现餐厨垃圾全部回收利用。

②计算方法：餐厨垃圾回收利用量增长率=（当年餐厨垃圾回收利用量－上一年餐厨垃圾回收利用量）÷上一年餐厨垃圾回收利用量×100%。

③发展趋势：试点期间，该指标应大于零。

④数据来源：市住建局、市发展改革委。

六是主要废弃产品回收利用量增长率。

①指标解释：指当年纳入管理的废铅蓄电池、废动力电池、废弃电器电子产品、包装废物等典型废弃产品分类回收网点的回收量相对于上一年回收量的增长率。具体产品种类由城市根据情况自行确定。

②计算方法：主要废弃产品回收量增长率=（当年主要废弃产品回收量－上一年主要废弃产品回收量）÷上一年主要废弃产品回收量×100%。

③发展趋势：试点期间，该指标应大于零。

④数据来源：根据产品所属行业确定相关部门。

七是医疗卫生机构可回收物资源回收率。

①指标解释：指医疗卫生机构可回收物的回收量与可回收物产生量的比值。医疗机构可回收物主要包括未经患者血液、体液、排泄物等污染的输液瓶（袋），塑料类包装袋、包装盒、包装箱、纸张，纸质外包装物，废弃电器电子产品，经过擦拭或熏蒸方式消毒处理后废弃的病床、轮椅、输液架等。该指标用于提高医疗卫生机构可回收物的回收水平。

②计算方法：医疗卫生机构可回收物资源回收率=可回收物的回收量÷可回收物产生量×100%。

③发展趋势：未来该指标应不断提高并趋于合理水平。

④数据来源：市卫生健康委、市商务局。

八是医疗废物收集处置体系覆盖率。

①指标解释：指城市纳入医疗废物收运管理范围（包括城市和农村地区），并由持有医疗废物经营许可证单位进行处置的医疗卫生机构占医疗卫生机构总数的百分比。该指标用于推动和引领提高医疗废物收集能力。

②计算方法：医疗废物收集处置体系覆盖率=纳入医疗废物收集处置体系的医疗卫生机构数量÷医疗卫生机构总数×100%。

③发展趋势：该指标应不断提高并最终实现全覆盖。

④数据来源：市卫生健康委。

九是社会源危险废物收集处置体系覆盖率。

①指标解释：指纳入危险废物收集处置体系的社会源危险废物产生单位（试点期间可以高校及研究机构实验室、汽修企业为主）数量占社会源危险废物产生单位总数的百分比。

②计算方法：社会源危险废物收集处置体系覆盖率=纳入危险废物收集处置体系的社会源危险废物产生单位数量÷社会源危险废物产生单位总数×100%。

③发展趋势：未来该指标应不断提高并最终实现全覆盖。

④数据来源：涉及社会源危险废物的主管部门。

十是生活垃圾填埋量。

①指标解释：指全市域（包括城市和农村）范围内采用填埋方式处置生活垃圾的总量。该指标用于促进生活垃圾填埋量不断降低，最终实现“零填埋”。

②发展趋势：该指标是严格控制指标，在合理、适度分类的前提下，生活垃圾填埋量应不断降低并最终趋近于零。

③数据来源：市住建局、市农业农村局。

十一是有害垃圾收集处置体系覆盖率。

①指标解释：指城市建成区内纳入有害垃圾分类收集、分类运输、分类处置体系的居民小区数量占居民小区总数的百分比。根据《生活垃圾分类制度实施方案》，有害垃圾主要包括：废电池（镉镍电池、氧化汞电池、铅蓄电池等），废荧光灯管（日光灯管、节能灯等），废温度计，废血压计，废药品及其包装物，废油漆、溶剂及其包装物，废杀虫剂、消毒剂及其包装物，废胶片及废相纸等。

②计算方法：有害垃圾收集处置体系覆盖率=纳入有害垃圾收集处置体系的居民小区数量÷居民小区总数×100%。

③发展趋势：该指标应不断提高并最终实现全覆盖。

④数据来源：市住建局。

十二是生活垃圾减量化和资源化技术示范。

①指标解释：指城市在生活垃圾减量化和资源化方面，形成的可在全国、全省或一定区域内推广、复制的技术示范。例如，结合城市生活垃圾处理和处置现实需求与长远趋势，在垃圾填埋减量、利用等方面形成的技术示范。

②数据来源：市住建局。

十三是危险废物全面安全管控技术示范。

①指标解释：指城市在危险废物全面安全管控方面，形成的可在全国、全省或一定区域内推广、复制的技术示范。例如，在危险废物源头减量、预处理、综合利用、终端处置等全过程的安全管控技术等。

②数据来源：市生态环境局。

十四是固体废物回收利用处置关键技术工艺、设备研发及应用示范。

①指标解释：指企业、科研单位、高等院校等开展固体废物减量化、资源化、无害化相关关键技术工艺和设备研发及工程应用示范数量。

②数据来源：市科技局。

十五是危险废物规范化管理抽查合格率。

①指标解释：指按照《“十三五”全国危险废物规范化管理督查考核工作方案》和《危险废物规范化管理指标体系》，对全市域范围内的危险废物产生单位和经营单位进行规范化管理抽查考核评估得到的合格率。

②计算方法：产生单位危险废物规范化管理合格率=（经抽查考核达标的危险废物产生单位数量+ 0.7×经考核基本达标的危险废物产生单位数量）÷纳入危险废物产生单位规范化管理抽查考核单位数量×100%；经营单位危险废物规范化管理合格率=（经抽查考核达标的危险废物经营单位数量+ 0.7×经考核基本达标的危险废物经营单位数量）÷纳入危险废物经营单位规范化管理抽查考核数量×100%。

③发展趋势：该指标应不断提高。

④数据来源：市生态环境局。

#### 5.3.3.4　实施与进展

根据国务院办公厅印发的《“无废城市”建设试点工作方案》，到 2020 年，将系统构建“无废城市”建设指标体系，探索建立“无废城市”建设综合管理制度和技术体系，形成一批可复制、可推广的“无废城市”建设示范模式。2020 年 3 月，“11+5”个试点城市和地区的“无废城市”建设试点实施方案最终定稿。

## 5.4　中国垃圾分类新评价体系

### 5.4.1　评价体系构建

基于对现有各种环境治理和垃圾分类指标的全面总结与深入分析，研究提出了一组新的中国城市垃圾分类评价指标，本指标具有如下特征：

第一，系统综合、突出重点。研究构建了涵盖两类一级指标和 16 项二级指标的综合评价体系。评价既坚持结果导向，重在衡量各城市垃圾分类的治理能力与成效，同时又兼顾反映了垃圾分类的支持体系以及产业和社会影响力。

第二，科学有据、切实可行。采用科学方法设置并分解评价指标，能够真实描述垃圾分类实践，回应群众的关切。指标数据来自文献统计与社会调查，并与青物联等企业的业务数据相核对，数据来源真实可靠，有据可查。

第三，普遍适用、反映绩效。评价指标能够适用于全国不同省份的各大中小城市，评价结果能够客观地反映垃圾分类工作的绩效差异，从而为环境治理提供参考信息和决策依据。

第四，与时俱进、持续更新。垃圾分类评价将依据年度数据逐年开展，评价指标具备一定的灵活性和可扩展性，能够随着垃圾分类工作的动态演进而加以更新，更好地满足政策需求。

中国城市垃圾分类评价指标体系具体设置了反映源头减量、分类收运、分类处置、分类资源化、制度建设和社会参与的 16 项二级指标（表 5.4）。其中源头减量指标 2 项，包括人均生活垃圾清运量、垃圾清运量年变化率；分类收运指标 4 项，包括垃圾分类社区覆盖率、垃圾分类机构覆盖率、垃圾分类收集点密度和垃圾分类运输车辆密度；分类处置指标 4 项，包括垃圾无害化处理率、垃圾焚烧处理率、混合垃圾处理比率和有害垃圾分类处置率；分类资源化指标 2 项，包括厨余垃圾分类资源化率、可回收物分类资源化率；制度建设指标 2 项，包括垃圾分类制度建设成效以及垃圾分类制度执行成效；社会参与指标 2 项，包括垃圾分类社会知晓率、垃圾分类社会满意度。

**表 5.4 中国城市垃圾分类评价指标**

| 一级指标 | 二级指标 | 数据来源 |
|---|---|---|
| 源头减量 | 人均生活垃圾清运量 | 住建部和地方统计 |
| | 垃圾清运量年变化率 | 住建部和地方统计 |
| 分类收运 | 垃圾分类社区覆盖率 | 地方统计、业务数据、抽样调查 |
| | 垃圾分类机构覆盖率 | 地方统计、业务数据、抽样调查 |
| | 垃圾分类收集点密度 | 地方统计、业务数据、抽样调查 |
| | 垃圾分类运输车辆密度 | 住建部和地方统计、业务数据 |
| 分类处置 | 垃圾无害化处理率 | 住建部和地方统计 |
| | 垃圾焚烧处理率 | 住建部和地方统计 |
| | 混合垃圾处理比率 | 地方统计、业务数据、抽样调查 |
| | 有害垃圾分类处置率 | 地方统计、业务数据、抽样调查 |
| 分类资源化 | 厨余垃圾分类资源化率 | 地方统计、业务数据、抽样调查 |
| | 可回收物分类资源化率 | 地方统计、业务数据、抽样调查 |
| 制度建设 | 垃圾分类制度建设成效 | 专家评价 |
| | 垃圾分类制度执行成效 | 专家评价和社会抽样调查 |
| 社会参与 | 垃圾分类社会知晓率 | 社会抽样调查 |
| | 垃圾分类社会满意度 | 社会抽样调查 |

各二级指标说明如下：

①人均生活垃圾清运量按照各城市常住人口计算，为逆向指标，数值低者为佳。数据来自住建部以及各地方的统计资料。

②垃圾清运量年变化率指各城市当年垃圾清运总量相较上一年的增加率或降低率，为逆向指标，降低者为佳。数据来自住建部及地方统计。

③垃圾分类社区覆盖率指各城市所有社区中垃圾分类达标社区所占的比重，为正向指标，数值高者为佳。数据主要来自地方统计以及青物联等企业的业务数据或抽样调查。

④垃圾分类机构覆盖率指各城市所有企业和公共机构中垃圾分类达标机构所占的比重，为正向指标。数据主要来自地方统计以及青物联等企业的业务数据或抽样调查。

⑤垃圾分类收集点密度指各城市每万人口的垃圾分类收集点数量，为正向指标。数

据主要来自地方统计以及青物联等企业的业务数据或抽样调查。

⑥垃圾分类运输车辆密度指各城市每万人口的垃圾分类运输车辆保有量，为正向指标。数据来自住建部和地方统计以及青物联等企业的业务数据。

⑦垃圾无害化处理率指各城市生活垃圾无害化处理量与垃圾清运量的比值，为正向指标。数据来自住建部和地方统计。

⑧垃圾焚烧处理率指各城市生活垃圾焚烧处理量与垃圾清运量的比值，为正向指标。数据来自住建部和地方统计。

⑨混合垃圾处理比率指各城市未分类混合垃圾占生活垃圾无害化处理量的比值，为逆向指标。数据主要来自地方统计以及相关企业的业务数据或抽样调查。

⑩有害垃圾分类处置率指各城市有害垃圾分类安全处置量与有害垃圾分类清运量的比值，为正向指标。数据主要来自地方统计以及相关企业的业务数据或抽样调查。

⑪厨余垃圾分类资源化率指各城市厨余垃圾分类资源化利用量与厨余垃圾分类清运量的比值，为正向指标。数据主要来自地方统计以及相关企业的业务数据或抽样调查。

⑫可回收物分类资源化率指各城市可回收物分类资源化利用量与可回收物分类清运量的比值，为正向指标。数据主要来自地方统计以及相关企业的业务数据或抽样调查。

⑬垃圾分类制度建设成效指各城市垃圾分类地方立法与政府规章的建设情况，为正向指标。将依据专家调查和文献调研结果予以评价。

⑭垃圾分类制度执行成效指各城市垃圾分类地方性法规和规章的执行情况，为正向指标。将依据专家调查和社会抽样调查结果予以评价。

⑮垃圾分类社会知晓率指各城市社会调查中正确了解垃圾分类标准的人数占调查总人数的比例，为正向指标。将通过社会调查抽样结果进行计算。

⑯垃圾分类社会满意度指各城市社会调查中对垃圾分类工作表示满意的人数占调查总人数的比例，为正向指标。将通过社会调查抽样结果进行计算。

综合国家和地方统计、企业业务数据、抽样调查和专家意见等多种信息来源，分析各指标数据的变化范围和分布规律，在此基础上对指标数据进行规范化处理，赋予 0～100 的规范化分值。所有指标的平均分即作为城市垃圾分类的评价依据。为简便起见，各二级指标不再区分权重。

此外，研究还提出了反映垃圾分类相关产业发展、科技创新以及舆论反响的 3 项参考指标。参考指标暂不纳入城市垃圾分类评分，具体介绍如下：

①垃圾分类上市企业密度指各城市每百万人口中与生活垃圾治理和资源化利用相关的上市企业数量。数据来自上市企业数据库。

②垃圾分类发明专利密度指各城市每万人口中与生活垃圾治理和资源化利用相关的发明专利累积数量。数据来自中国专利信息数据库。

③垃圾分类舆情关注度指各城市传统媒体和自媒体中的关于垃圾分类的报道频次与

该城市常住人口之比。通过舆情大数据抽样估算。

### 5.4.2 数据分析

由于各城市垃圾分类的工作刚刚启动，关于分类收运、分类资源化、制度建设以及社会参与的指标数据还有所欠缺，在此仅对垃圾分类的部分评价指标和参考指标数据作一陈述，不进行具体的评分与排序。

中国 46 个垃圾分类试点城市 2018 年的部分评价指标数据如表 5.5 所示，包括人均生活垃圾清运量、垃圾清运量年变化率、垃圾分类运输车辆密度、垃圾无害化处理率、垃圾焚烧处理率等 5 项指标。从人均生活垃圾清运量来看，其分布范围在 151～567 kg/（人·a），46 个城市的平均值为 346 kg/（人·a），乌鲁木齐、西宁、深圳等城市的人均年清运量超过 500 kg，而德阳、铜陵、广元等城市则不到 200 kg。2018 年 46 个试点城市的生活垃圾清运总量较上年增长了 4.7%，其中西宁、青岛等城市增幅明显，而长沙和呼和浩特的清运量则有所下降。

表 5.5　2018 年中国城市垃圾分类的部分评价指标数据

| 序号 | 城市 | 人均生活垃圾清运量/[kg/（人·a）] | 垃圾清运量年变化率/% | 运输车辆密度/（台/万人） | 垃圾无害化处理率/% | 垃圾焚烧处理率/% |
|---|---|---|---|---|---|---|
| 1 | 北京 | 453 | 5.4 | 100 | 41.0 | 5.9 |
| 2 | 天津 | 189 | −3.9 | 94.5 | 46.3 | 3.5 |
| 3 | 石家庄 | 219 | 8.4 | 100 | 65.1 | 2.9 |
| 4 | 邯郸 | 191 | 5.2 | 100 | 0 | 1.9 |
| 5 | 太原 | 342 | −7.0 | 100 | 33.5 | 5.3 |
| 6 | 呼和浩特 | 298 | −19.5 | 100 | 92.8 | 5.4 |
| 7 | 沈阳 | 320 | 6.7 | 100 | 0 | 6.4 |
| 8 | 大连 | 326 | 2.5 | 100 | 46.8 | 2.7 |
| 9 | 长春 | 337 | 5.4 | 97.1 | 19.6 | 6.8 |
| 10 | 哈尔滨 | 264 | −1.6 | 91.7 | 37.4 | 5.6 |
| 11 | 上海 | 406 | 9.4 | 100 | 39.2 | 3.5 |
| 12 | 南京 | 421 | 9.2 | 100 | 94.9 | 3.1 |
| 13 | 苏州 | 479 | −9.1 | 100 | 69.7 | 6.5 |
| 14 | 杭州 | 357 | 5.2 | 100 | 53.2 | 1.7 |
| 15 | 宁波 | 282 | 5.0 | 100 | 84.1 | 1.8 |
| 16 | 合肥 | 290 | −3.0 | 100 | 70.8 | 1.7 |
| 17 | 铜陵 | 163 | 29.5 | 100 | 94.6 | 2.6 |
| 18 | 福州 | 459 | 3.8 | 100 | 45.2 | 2.4 |
| 19 | 厦门 | 357 | 5.1 | 100 | 33.2 | 3.2 |
| 20 | 南昌 | 295 | −0.4 | 100 | 7.7 | 4.3 |
| 21 | 宜春 | 185 | 19.4 | 100 | 0 | 1.2 |

| 序号 | 城市 | 人均生活垃圾清运量/[kg/（人·a）] | 垃圾清运量年变化率/% | 运输车辆密度/（台/万人） | 垃圾无害化处理率/% | 垃圾焚烧处理率/% |
|---|---|---|---|---|---|---|
| 22 | 济南 | 327 | 5.0 | 100 | 55.7 | 3.6 |
| 23 | 青岛 | 423 | 29.0 | 100 | 42.1 | 9.8 |
| 24 | 泰安 | 266 | 18.2 | 100 | 93.1 | 2.9 |
| 25 | 郑州 | 326 | 6.7 | 100 | 19.4 | 9.9 |
| 26 | 武汉 | 325 | 2.6 | 100 | 62.3 | 4.7 |
| 27 | 宜昌 | 293 | 7.1 | 100 | 0 | 2.9 |
| 28 | 长沙 | 533 | –29.4 | 100 | 80.5 | 4.6 |
| 29 | 广州 | 319 | 6.0 | 100 | 29.0 | 3.2 |
| 30 | 深圳 | 539 | 13.5 | 100 | 36.0 | 2.6 |
| 31 | 南宁 | 240 | –1.0 | 100 | 58.8 | 9.1 |
| 32 | 海口 | 423 | 9.9 | 100 | 70.6 | 14.6 |
| 33 | 重庆 | 183 | 3.7 | 100 | 46.8 | 1.4 |
| 34 | 成都 | 433 | 0.9 | 100 | 53.0 | 3.7 |
| 35 | 德阳 | 151 | –16.8 | 100 | 4.7 | 4.4 |
| 36 | 广元 | 164 | –5.3 | 100 | 76.7 | 1.8 |
| 37 | 贵阳 | 376 | 5.9 | 97.8 | 21.2 | 5.7 |
| 38 | 昆明 | 430 | 8.6 | 99.6 | 93.9 | 5.0 |
| 39 | 拉萨 | 523 | 13.3 | 96.8 | 82.6 | 4.8 |
| 40 | 日喀则 | 165 | 1.7 | 95.0 | 0 | 1.5 |
| 41 | 西安 | 492 | 10.6 | 99.8 | 0 | 3.8 |
| 42 | 咸阳 | 305 | 17.9 | 94.5 | 0 | 1.6 |
| 43 | 兰州 | 396 | 6.3 | 99.4 | 80.0 | 11.6 |
| 44 | 西宁 | 555 | 81.2 | 96.0 | 0 | 2.6 |
| 45 | 银川 | 303 | –0.3 | 100 | 85.5 | 9.9 |
| 46 | 乌鲁木齐 | 567 | 5.2 | 100 | 0 | 15.0 |
|  | 平均 | 346 | 4.7 | 99.5 | 43.8 | 4.3 |

垃圾运输车辆保有量方面，46 个城市的平均值为 4.3 台/万人，乌鲁木齐、海口和兰州等 3 个城市的保有量最高，均超过 10 台/万人。垃圾处置指标显示，所有城市的垃圾无害化处理率都已超过 90%，其中 35 个已达到 100%。但垃圾焚烧处理率还相对偏低，只有 20 个城市的焚烧处理率大于 50%。南京、昆明和呼和浩特等城市焚烧处理率最高，都超过了 90%，已接近实现垃圾“零填埋”。

本章还统计了垃圾分类的 3 项参考指标数据，详见表 5.6，其中垃圾分类舆情关注度为 2019 年第 4 季度的抽样统计数值，垃圾分类上市企业密度及垃圾分类发明专利密度则为 2019 年年末的统计核算值。统计显示，从事垃圾分类治理和资源化利用的国内上市企业及其投资的一级子公司、二级子公司共有 179 家，其中 13 家注册在深圳，12 家在北京，11 家在天津。但考虑人口规模差异，每百万人口上市企业密度最高的城市依次为宜昌、宜春和福州。从发明专利的分布情况看，北京、上海和苏州的发明专利数最高，分别为4 244项、2 362项和2 175项。每万人发明专利累积最多的城市则为苏州（4.21项/万人）、长沙（2.51项/万人）以及合肥（2.18项/万人）。传媒（包括自媒体）对垃圾分类的关注和报道主要集中在大城市和旅游城市，上海和北京的2019年单季舆情关注频次超过20万次，武汉、厦门、广州超过10万次。拉萨的万人舆情关注度指标达到1 064次，大幅领先其他城市，其次则为厦门（235次/万人）和南昌（202次/万人）。

表5.6　2019年中国城市垃圾分类的参考指标数据

| 序号 | 城市 | 垃圾分类上市企业数量/家 | 垃圾分类上市企业密度/（家/100万人） | 垃圾分类发明专利数量/项 | 垃圾分类发明专利密度/（项/万人） | 垃圾分类舆情关注频次/次 | 垃圾分类舆情关注度/（次/万人） |
|---|---|---|---|---|---|---|---|
| 1 | 北京 | 12 | 0.56 | 4 244 | 1.97 | 227 258 | 105 |
| 2 | 天津 | 11 | 0.71 | 1 539 | 0.99 | 31 657 | 20 |
| 3 | 石家庄 | 3 | 0.59 | 151 | 0.3 | 4 875 | 10 |
| 4 | 邯郸 | 5 | 1.24 | 41 | 0.1 | 2 809 | 7 |
| 5 | 太原 | 5 | 1 | 136 | 0.27 | 6 872 | 14 |
| 6 | 呼和浩特 | 0 | 0 | 50 | 0.21 | 2 964 | 13 |
| 7 | 沈阳 | 4 | 0.52 | 245 | 0.32 | 9 599 | 13 |
| 8 | 大连 | 1 | 0.23 | 448 | 1.02 | 7 599 | 17 |
| 9 | 长春 | 2 | 0.37 | 119 | 0.22 | 7 509 | 14 |
| 10 | 哈尔滨 | 0 | 0 | 232 | 0.37 | 6 005 | 10 |
| 11 | 上海 | 5 | 0.21 | 2 362 | 0.97 | 248 805 | 103 |
| 12 | 南京 | 5 | 0.68 | 1 153 | 1.56 | 31 039 | 42 |
| 13 | 苏州 | 7 | 1.35 | 2 175 | 4.21 | 18 508 | 36 |
| 14 | 杭州 | 8 | 0.77 | 1 124 | 1.09 | 89 498 | 87 |
| 15 | 宁波 | 2 | 0.35 | 612 | 1.08 | 65 481 | 116 |
| 16 | 合肥 | 6 | 1.05 | 1 253 | 2.18 | 13 254 | 23 |
| 17 | 铜陵 | 1 | 0.91 | 78 | 0.71 | 3 287 | 30 |
| 18 | 福州 | 7 | 1.95 | 303 | 0.85 | 14 982 | 42 |
| 19 | 厦门 | 0 | 0 | 392 | 0.7 | 131 000 | 235 |
| 20 | 南昌 | 2 | 0.54 | 104 | 0.28 | 75 267 | 202 |
| 21 | 宜春 | 3 | 2.27 | 46 | 0.35 | 3 397 | 26 |
| 22 | 济南 | 1 | 0.17 | 463 | 0.81 | 14 357 | 25 |
| 23 | 青岛 | 6 | 0.94 | 830 | 1.31 | 26 374 | 42 |
| 24 | 泰安 | 2 | 1.06 | 51 | 0.27 | 4 865 | 26 |
| 25 | 郑州 | 5 | 0.65 | 664 | 0.86 | 20 588 | 27 |
| 26 | 武汉 | 6 | 0.48 | 802 | 0.64 | 135 901 | 109 |
| 27 | 宜昌 | 9 | 6.37 | 166 | 1.18 | 5 147 | 36 |
| 28 | 长沙 | 4 | 1.07 | 941 | 2.51 | 20 460 | 55 |
| 29 | 广州 | 2 | 0.11 | 1 373 | 0.79 | 105 039 | 60 |

| 序号 | 城市 | 垃圾分类上市企业数量/家 | 垃圾分类上市企业密度/（家/100 万人） | 垃圾分类发明专利数量/项 | 垃圾分类发明专利密度/（项/万人） | 垃圾分类舆情关注频次/次 | 垃圾分类舆情关注度/（次/万人） |
|---|---|---|---|---|---|---|---|
| 30 | 深圳 | 13 | 1 | 1 322 | 1.01 | 91 079 | 70 |
| 31 | 南宁 | 3 | 0.57 | 458 | 0.87 | 8 970 | 17 |
| 32 | 海口 | 2 | 0.72 | 26 | 0.09 | 5 646 | 20 |
| 33 | 重庆 | 9 | 0.3 | 889 | 0.3 | 43 292 | 14 |
| 34 | 成都 | 7 | 0.68 | 1 419 | 1.37 | 32 344 | 31 |
| 35 | 德阳 | 0 | 0 | 66 | 0.58 | 2 756 | 24 |
| 36 | 广元 | 0 | 0 | 9 | 0.08 | 1 643 | 15 |
| 37 | 贵阳 | 4 | 1.17 | 231 | 0.67 | 6 040 | 18 |
| 38 | 昆明 | 7 | 1.51 | 281 | 0.61 | 9 847 | 21 |
| 39 | 拉萨 | 0 | 0 | 8 | 0.12 | 70 136 | 1 064 |
| 40 | 日喀则 | 0 | 0 | 0 | 0 | 707 | 20 |
| 41 | 西安 | 3 | 0.35 | 570 | 0.66 | 22 937 | 27 |
| 42 | 咸阳 | 1 | 0.93 | 19 | 0.18 | 2 838 | 26 |
| 43 | 兰州 | 1 | 0.38 | 124 | 0.47 | 8 591 | 33 |
| 44 | 西宁 | 1 | 0.66 | 60 | 0.4 | 3 056 | 20 |
| 45 | 银川 | 0 | 0 | 101 | 0.64 | 3 584 | 23 |
| 46 | 乌鲁木齐 | 4 | 1.4 | 121 | 0.42 | 3 159 | 11 |
|  | 46 城市汇总 | 179 | 0.6 | 27 801 | 0.93 | 1 651 021 | 55 |

注：垃圾分类舆情关注数据为 2019 年第 4 季度的抽样统计值，垃圾分类上市企业数量及发明专利数量为截至 2019 年年末的统计值。

# 第 6 章　中国垃圾分类商业模式创新

## 6.1　中国垃圾分类运作模式

### 6.1.1　垃圾处置企业向前端延伸模式

后端垃圾焚烧企业向前端业务拓展，进入前端的垃圾分类收集和运输市场。发挥焚烧企业在处置上的绝对优势，可对区域全品类垃圾进行收集、运输和处置。

### 6.1.2　环卫企业向后端延伸模式

由环卫企业介入垃圾分类、可回收垃圾回收、资源加工利用，其优势是利用环卫保洁人力和场地设施等资源承担垃圾分类、回收业务，增加可回收垃圾的分选、加工功能，有利于降低成本，提高协同效率。

### 6.1.3　环卫一体化模式

这种运营模式是由一家运营主体承担垃圾分类、环卫清运、路面保洁、资源回收加工、厨余垃圾资源化利用。政府通常采用 PPP 方式，通过购买服务，由运营主体为政府提供生活垃圾一揽子解决方案，是全方位、高效率的“两网衔接”。

### 6.1.4　再生资源企业跨界转型模式

由再生资源企业承担垃圾分类、网点布局、可回收垃圾的回收加工、厨余垃圾的资源化利用，实现传统再生资源企业向环境服务跨界转型。这种模式的优势是再生资源企业可以发挥自身强项，布设线下线上回收网络和打造后端加工利用链条。

### 6.1.5　互联网企业市场化运营模式

互联网企业通过完全市场化的手段，采用智能回收机或者是二维码回收袋的模式回收塑料、纸类、金属等可回收物，通过再生资源收集、运输和处置，达到一定收运规模，实现市场化服务。

### 6.1.6　政府主导打造样板模式

政府主管部门全面介入分类、站场、网点设置、主体企业选择以及后端加工利用的布局，财政资金提供强力支撑。这种模式起效快，适合初期试点。可参考广州越秀区、上海松江区和苏州环卫处的做法。

### 6.1.7　分布式处理模式

运营主体在前端实现干湿分类，在中端与环卫网络高度融合，利用环卫系统分布在城区的垃圾压缩房和中转场，进行改造升级，增加设备，用来加工厨余垃圾和可回收垃圾，达到“一场两用”。其特点是就近、分散处理厨余垃圾，处理中小型化，变垃圾集中处理为分散式处理。其好处是降低物流和场地成本，缩短垃圾运距，减少运输过程中的“跑冒滴漏”现象。

### 6.1.8　单品种全产业链模式

建立单品种回收网络和专业化加工生产基地，打造专业化回收、加工、利用和终端产品制造全产业链。这种模式适合废纺、废玻璃、大件垃圾等低值可回收物。

## 6.2　中国垃圾分类商业模式企业案例

### 6.2.1　杭州虎哥回收

虎哥回收为浙江九仓再生资源开发有限公司（简称“九仓再生”）针对城市居民生活垃圾分类和再生资源回收，通过互联网、物联网、大数据与信息管理公共平台等现代信息手段，开发的集线上全链条互联、线下物流过程信息采集和跟踪、末端分选与再生利用于一体的“互联网+生活垃圾分类+绿色回收”综合服务平台。

（1）运营模式

虎哥回收主要针对居民生活区的干垃圾。由虎哥回收自行设计、制造的干垃圾回收袋套在干垃圾回收支架上，每个回收袋的设计容量平均为可装纳约 15 kg 干垃圾，由社区统一组织，虎哥回收工作人员向居民发放干垃圾专用回收袋以及垃圾分类手册，并指导居民分类投放。居民根据生活垃圾干湿两分使用手册的回收目录，将干垃圾投放至垃圾袋中。当干垃圾回收袋装满后，居民可以通过虎哥回收 App、虎哥回收微信服务号、400 热线电话、服务站服务电话或者登陆虎哥回收官方网站等方式，一键呼叫虎哥回收上门服务。当场封口、称重、扫码上传，居民按照 0.8 元/kg 回收垃圾获得环保金，环保金可用于在虎哥回收便利店换购商品（图 6.1）。

图 6.1　虎哥回收情景展示

袋装垃圾和大件垃圾在虎哥回收服务站集中存放，每日由虎哥回收清运车清运至虎哥回收总仓。所有车辆采用 GPS 实时信息跟踪。对转运至虎哥回收总仓的垃圾进行集中精细分选分类，分类后的垃圾作为再生原料，分别被输送到不同的再生企业进行加工利用。

虎哥回收指导居民在家中将垃圾干湿两分，明确提出包括厨房垃圾、厕所垃圾、液体、果皮在内的 35 种易腐易烂及受污染垃圾由居民自行处理，其他干垃圾统统回收（表 6.1）。

表 6.1　虎哥回收社区生活垃圾分类回收方式

| 序号 | 类别 | 小类 | 回收方式 | 计价方式 |
|---|---|---|---|---|
| 1 | 大件垃圾 | 废旧家电 | 单件回收 | 每件 10～200 元不等的环保金 |
| 2 | | 废健身器材类 | | 免费上门回收、代为处理 |
| 3 | | 废旧家具类 | | |
| 4 | | 废厨电类 | | |
| 5 | | 废车类 | | |
| 6 | | 废装修建材类 | | |
| 7 | 小件垃圾 | 有害垃圾类 | 虎哥回收专用垃圾袋打包回收 | 0.8 元/kg 的环保金 |
| 8 | | 废旧金属类 | | |
| 9 | | 废旧小电器电子产品类 | | |
| 10 | | 废塑料类 | | |
| 11 | | 废旧包装类 | | |
| 12 | | 废玻璃类 | | |
| 13 | | 废书旧纸类 | | |
| 14 | | 废旧纺织类 | | |

虎哥回收以 1 000～1 500 户的建成小区为 1 个单位，在每个小区由小区提供 40 $m^2$ 空间作为垃圾分类虎哥回收服务站，人员配置为“3+2+1”模式（即配备 3 名“虎哥”、2 名“虎妈”和 1 名“虎妹”。“虎哥”负责小区内干垃圾的回收和清运，“虎妈”是垃圾分类宣传员，“虎妹”为便利店负责人）。一方面是为了保证“一虎百应”，另一方面是为了贯通垃圾分类回收的渠道。截至 2019 年 1 月 6 日，虎哥回收在杭州市余杭区和浙江省湖州市安吉县共设立服务站点 144 个，投入 80 辆专用清运车（一次性购入 200 辆，余杭区投入 65 辆，安吉县投入 15 辆），建设了 3 万多 $m^2$ 的分选总仓，覆盖户达 229 123 户，通过“互联网+物联网”模式打通了一条从“家庭垃圾袋—小区服务站—清运车—分选总仓”的垃圾“高速公路”。借助这条垃圾“高速公路”，保证了干垃圾不过夜、不出小区，实现了生活垃圾源头分类、收运和分选处置的全过程智慧管理。

（2）运营成效

虎哥回收干垃圾户均 0.9～1.1 kg/d。按照平均每户 3 人、每人日产垃圾 1.3 kg 计算，平均源头减量约 26%。根据虎哥回收统计数据，截至 2018 年 12 月 18 日，虎哥回收 2018 年回收量为 53 560 t，平均日收 152 t，全年 55 480 t。2018 年第三季度、第四季度的减量达到了 250 t/d 以上。当宣传持续推进，参与率逐步提高，减量稳定后，按照小件垃圾占比 60%（5.4 万 t）和大件垃圾占比 40%（3.6 万 t）估算，一个完整年的运行减量至少达到 9 万 t。采用“虎哥回收模式”可为余杭区财政节省 1 亿元/a，同时居民获得用于鼓励垃圾分类的环保金达到 4 320 万元。当余杭区 40 万户城镇居民全覆盖后，每天减少垃圾的焚烧量达到 500 t 以上，全年减量超过 18 万 t。由此带来的社会环境效益巨大。

①环境效益：相当于减少 500 t/d 的垃圾焚烧厂 1 座，避免了焚烧厂建设带来的土地占用、维稳等问题。

②资源效益：垃圾被资源化利用，避免了资源浪费，且避免了在焚烧或填埋处置过程中存在的环境风险问题。

③促进就业：解决了 2 000 个以上社会劳动力就业的问题。

④治安稳定：2 000 余个“虎哥”“虎妈”起到了小区平安巡防的功能，促进了社会稳定。

⑤市容市貌：避免了“低小散”个体户带来的市容市貌影响，减少了政府管理成本。

⑥回收体系：在垃圾分类的同时，也建立了一套规范的再生资源回收体系，避免了政府的重复投资建设。

### 6.2.2 南京志达

南京志达环保科技有限公司（以下简称“南京志达”）是一家专注于垃圾分类、打造城市生活垃圾综合处理全新产业链的环保企业。南京志达的环保理念和垃圾分类回收方案已经成功应用于南京、重庆、四川等多个省市，为政府提供城市生活垃圾分类、垃圾智能回收等全套运营解决方案。

（1）运营模式

以政府为主导。主要体现在政府为该模式的运作提供了资源支持，这些支持措施包括：①提供一处面积为 1 600 $m^2$ 的仓库，用于放置回收的垃圾；②在某小区提供一套两居室住宅，作为该公司的办公地点；在另一小区提供一间住房，用于摆放宣传材料、示范物品的场地；③根据实际参与垃圾分类的居民户数，提供每户 200 元/a 的补贴；④当工作需要小区物业、学校等机构配合时，区政府和街道出面协调。

企业为负责主体。南京志达具体负责垃圾分类回收工作的开展，包括组织开展宣传活动，垃圾的回收、分类和循环处理等具体的操作性事务。

公众积极参与。志达公司通过积分或垃圾兑换实物的方式激励公众进行垃圾分类，将分类好的垃圾送至固定回收点进行实物兑换，提出了“会分类，惠生活”的倡议。

以市场化为原则。企业和政府就垃圾分类市场化运作签订合同，约定项目范围、项目内容、项目考核指标。企业作为被委托方，做好项目的落实推进，对考核指标负责；政府作为委托方，有义务提供相关配套服务、设施，以及帮助企业协调工作中与其他部门、社会团体、企业等的业务沟通问题。

“互联网+”实现垃圾分类智能化管理。2014 年 10 月，南京志达开始筹备搭建垃圾分类数字化管理系统——慧系统，并于 2015 年 5 月投入试运行，该系统是“互联网+”与垃圾分类工作结合的新尝试。“慧系统”在尧化街道各小区进行试点，从开始时被部分居民排斥到后来习惯使用，该系统为垃圾分类工作提供了科学、便捷的支持，积累了大量的数据和信息。系统数据显示，目前已有 10 万户家庭主动办理慧卡。慧系统由软件系统及硬件系统组成，其中软件系统由后台系统、数据分析系统、App 回收系统三部分组成；硬件系统由慧卡（居民垃圾分类积分卡-IC 卡）、厨余 3G 一体机、专用数据秤、专用蓝牙读卡器、移动端 5 部分组成，共同构成智能化垃圾分类积分系统（图 6.2）。

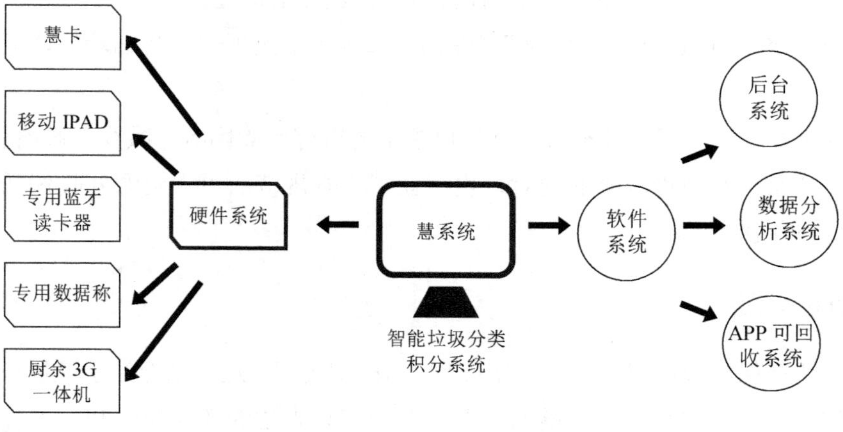


图 6.2　志达慧系统

（2）运营成效

南京志达于 2014 年 4 月在尧化街道率先落地推行垃圾分类活动，陆续有 27 个小区进行垃圾分类市场化试点，试点覆盖 22 955 户居民，占全街道居民总户数的 80%，垃圾分类知晓率、参与率、正确率分别达到 95%、60%、90%。累计分类回收再生资源 10 785.67 t、厨余垃圾 17 676.34 t、低值再生资源 877.66 t、有毒有害垃圾 3.31 t，回收手机 2.5 万余部，实现垃圾减量 28 462.01 t。

### 6.2.3　广州分类得

分类得公司是一家从垃圾分类切入城市环境管理的企业。通过已掌握的一套发动群众参与社会事务的动力机制，分类得公司以虚拟结合实体的社区便民服务为发展起点和终点，同时提供城乡科学发展、新文明建设等企业运作公共服务落地项目。

（1）运营模式

2013 年，分类得公司与荔湾区西村街联合在街道辖区内先行先试地深入实践“政府引导、企业运作、街道组织、群众参与”的垃圾分类工作机制，共同构筑了一个促进街道垃圾分类和资源化分流的工作平台，实现了街道垃圾资源化数字管理及形成可减量模式的目标。

在广州市政府相关部门的许可下，通过平台将私人回收者（摇铃大军）有效组织起来，通过培训择优上岗。在划定回收者经营区域的同时，强制回收低价值废弃物，并申请政府补贴，通过分类得公司运作平台，对低价值废弃物进行合理补贴。

分类得公司采取企业行为宣传垃圾分类，让更多居民知晓垃圾分类；通过对居民小区以及 787 家辖区内的单位进行调查，获得了完整的西村街道垃圾分类台账数据。在台账数据引导下，垃圾分类促进中心可更科学地研究某一类垃圾分处理政策，并及时嫁接低值可回收物企业，前往街道收集分拣好的各类生活垃圾。成熟模式大范围推广后，可使收集到的低值可回收物增加，有利于实施大规模的分类收运，避免分类投放后不能分类收运。低值可回收物增加并形成稳定规模后，能引来需要这些可回收物作为原料的企业采购，形成完整的垃圾分类产业经济链条。分类得公司积极拓展低价值废弃物末端处理市场，为低价值废弃物的再生利用提供出路。

（2）运营成效

在整个西村街，包括废旧木料和玻璃在内的低值可回收物的回收量从最初的每月 10 多吨提升至近百吨。据统计，西村街每天产生生活垃圾约 60 t、可回收厨余垃圾 3 t 及低值可回收物 2 t，减少了送去填埋或焚烧的垃圾量，实现垃圾减量 8.3%。广州垃圾分类促进中心组织人力对全街路面商铺的生活废弃物排放种类、数量等进行摸底调查，逐步厘清各单位、各类型垃圾的产出与流向，再结合日常从一线服务队员处收集的对各户居民垃圾回收种类与数量的详细记录，最终形成整个西村街垃圾产出的分类数据库——全广州第一个垃圾分类数据库。

### 6.2.4 上海田强

上海田强环保科技股份有限公司（以下简称“田强环保”）成立于 2011 年，是一家以废塑料回收、分类、分解、造粒基础及塑料改性、研发、销售服务为一体的企业，是全球多家知名企业的专业供应商。其产品被广泛应用于汽车配件、家电行业、物流运输、康复器材、农业灌溉、箱包配件、防水卷材、建筑工程等领域。

（1）运营模式

2016 年 6 月，田强环保发起美家园爱回收项目，该项目通过利用 IOT 技术和移动互联网技术，结合我国农村现状，探索出了一条适合当下农村垃圾分类的新模式。通过多种技术手段（参与方便、利益引导）吸引村民参与垃圾分类，同时不断降低垃圾分类运营企业运作成本、提高工作效率，这样使美家园爱回收项目能够在低成本、高效率的模式下长期开展垃圾分类工作。该项目已经在上海奉贤区庄行镇吕桥村开展试点工作。

垃圾分类业务运转主要分 3 个业务模块——村民/居民的分类投放、收运企业的分类收集和分类运输、末端垃圾处理厂的分类处理。在分类投放、分类收集环节，通过使用公司自主研发的专业 PDA 设备、带有 Rfid 电子标签的垃圾桶和配套的蓝牙秤设备，快速记录村民的垃圾分类相关信息（垃圾成分、分类投放情况等），平台自动根据村民垃圾分类情况给予合理的积分奖励，鼓励村民积极参与。在分类运输环节，通过对历史数据分析优化得出最佳的排车路线和车辆选择，降低运输成本。在分类处理环节，公司根据回收的垃圾种类来决定垃圾的去向。由于公司是专业废旧塑料处理企业，所以公司会对回收的废旧塑料进行环保处理以变废为宝，会将其他种类的垃圾转运到具备相应环保资质的企业处理，这样保障了回收的垃圾能够得到妥善处理。

美家园爱回收项目所研发的软硬件产品设计主体思路是依据美国的再生银行模式的。居民参与垃圾分类，工作人员使用专业智能手持终端和智能电子秤快速记录居民每一次的垃圾分类情况，根据当地的实际情况对村民进行积分或现金奖励，引导村民长期稳定地开展垃圾分类工作。

经过试点工作的不断深入，运营模式不断优化，公司成功摸索出一套适合农村垃圾分类的新型运营模式。该模式运营成本低、回收效率高、村民积极响应，是一套科学的、可以复制推广的模式。

（2）运营成效

截至 2019 年，已建成回收服务点 130 个，日平均回收量 60 t，全镇共收集可回收物 7 400 t；中转站 2 个，占地面积 25 亩，日最高处置量 120 t，2019 年 9 月处置量达 2 200 t。小区垃圾分类支持率、正确投放率均达到 95%以上。利用互联网和物联网技术，以村收集、镇转运、末端企业对接，实现垃圾源头减量、全过程分类、末端无害化资源化再利用，实现垃圾变废为宝，全过程可追溯管理。

### 6.2.5 北京爱分类

北京爱分类科技有限公司坐落于中关村科技园昌平园区，致力于垃圾分类与智慧回收全产业链的打造，是垃圾分类与再生资源两网融合专业运营商，同时也是城市综合环境治理与垃圾处理综合服务方案的提供商。

（1）运营模式

目前，该公司主要的市场业务是北京昌平区和朝阳区党政机关、社区等的环境整体优化处理解决方案。

爱分类推行简单的干湿两分，湿垃圾指含水量高的厨余垃圾，主要包括瓜果皮核、剩饭剩菜、枯枝败叶、过期食品等；干垃圾指基本不含水分的小件垃圾（厕所垃圾除外），包括旧书本、旧衣物、旧玩具、塑料瓶、易拉罐等。

社区居民可以通过关注爱分类微信公众号，开通专属环保账户。对生活中产生的干垃圾，爱分类平台都可以上门分类回收。平台还可以为用户定期更新可以循环利用的干垃圾存放袋，并且提供一键预约、上门分类回收的服务，让垃圾分类更轻松，真正做到足不出户，轻松交投。

具体的两种形式如下：

①每天 8：30—17：30，拨打客服热线 400-686-5958，预约上门时间（包括周末）。

②关注爱分类微信号，一键预约，填写地址、电话和时间，专业回收人员会在指定时间内上门。

用户通过平台交投的干垃圾无论附加值高低，用户都可以得到统一的 0.8 元/kg 的奖励，交投厨余垃圾亦可获得相应的环保积分。

环保金即时打到用户专属环保账户。1 环保金相当于 1 元人民币，用户可以在平台自有商城上兑换米、面、粮、油、抽纸等生活必需品或者京东购物卡。后期还会与周边商超展开合作，更大限度地方便用户生活。爱分类与东关南里菜篮子直营店达成合作，居民可出示平台二维码进行消费，没有微信的用户也可通过手机号码进行消费。

（2）运营成效

2017 年年底，昌平区城北街道开始引入爱分类模式开展垃圾分类试点工作。2019 年上半年，爱分类又向昌平区城北街道、城南街道共计 173 个小区、近 10 万户家庭进行推广，包括高低负值的生活垃圾源，预计生活垃圾总体减量率能够达到 30%以上，资源利用率达到 95%以上。

数万户家庭已被引导形成了垃圾严格干湿分类的习惯。比如北京东关南里小区自从开展湿垃圾定点交投一年、小件干垃圾免费上门回收半年以来，垃圾整体减量 40%，资源利用率由 40%增长到 95%，使用爱分类的居民垃圾投放准确率为 95%，城市垃圾精细化管理支出节省 30%。

近年来，爱分类公司举办垃圾分类宣传活动累计 1 200 场，科普中心参观人数 15 000 人次，累计服务 20 多个街道，累计上门宣传 552 865 次，覆盖服务人数 390 000 人。累计垃圾年减量 221 680 t。

### 6.2.6 成都奥北

成都奥北环保科技有限公司成立于 2017 年 3 月，创始人和主要团队成员来自国内首个提出基于二维码实名制鼓励居民参与垃圾分类的企业——成都绿色地球。

（1）运营模式

居民个人参与回收，需要首先关注“奥北环保”公众号，点击小程序认证手机号并购买回收袋（10 元 1 个），在自助投放点绑定并领取回收袋。再将 14 种垃圾分门别类放进与账户绑定的回收袋中，要求干净、干燥、无异味，体积大的要压扁。工作人员到投递点回收，并按照市场价给相应用户支付收益。满回收袋被回收以后，用户可以免费领取空袋。如有不当投递，则会扣除收益。不当投递指投递了不可回收物，以及不干净、不干燥或有异味的垃圾。不当投递的收益扣除以月为单位结算，第一次扣除 0.8 元，第二次扣除 1.6 元，第三次扣除 2.4 元，以此类推。收益可随时提现到微信钱包（图 6.3）。

图 6.3　奥北自助投放点

回收后，对参与者按市场价补贴，补贴可随时提现到微信钱包。机构参与回收的情况（包括每个品种的重量、收益）都会直接展现在其首页上，并进行排行。

（2）运营效果

奥北环保从 2017 年 8 月推行该模式至今，已经覆盖了成都和西安的 20 个社区，以及 140 多个学校和政府单位，会员数超过 2 万人，每月回收约 40 t 分类垃圾。

## 6.2.7　杭州联运环境

杭州联运环境是一家致力于环境产业项目咨询、策划、建设、运营和维护的现代化、专业型的上市企业。同时，也是一家环境项目综合运营提供商，业务范围涉及垃圾分类、再生资源回收、智慧环卫等，形成了集项目规划、项目运营、项目宣传、项目评估于一体的完整的垃圾分类产业体系。

（1）运营模式

针对垃圾分类工作中存在的痛点及难点，联运环境开发了一套“四化六定”新模式。“四化”主要是减量化、无害化、资源化、全民化；“六定”是定点、定质、定设、定管、定量、定时。定点即根据小区的基础条件、居民人数和投放习惯等因素，考虑投放点位的个数和数量。定质即根据政府考核要求和标准，实现对垃圾分类桶效和正确率的精细化管理。提升分类桶效、居民参与率和人均减量等数据，满足政府考核要求的同时，为未来“以质论价”实现差异化征费提供基础保证。定设即根据特定的条件，对垃圾分类的设施设备进行规范化的设置，同时结合二维码扫码、语音识别等手段，引导居民做到垃圾分类自愿分、分得好。定管即通过数据化的手段和溯源机制，结合居民的积分账户管理，实现对垃圾的前端分类投放及末端收运处置的全过程、全主体、全事务管理。对于垃圾分类切实做到可溯源、有据可查，实现精细化操作。定量即联运环境联的智能设备带有自动称重功能，对居民投放垃圾有重量的采集，形成数据信息库，进而有效管理每个账户。可以实现量化数据分析，为进一步完善和优化管理与考核提供保障，为未来实现“按量收费”提供基础保障。定时即和传统意义上的定时不一样。根据居民的投放习惯，可以自由地设定时间，满足 24 小时不间断投放。人性化设定垃圾投放设备时间窗口，实现了投放便捷与集中管理相结合；智能化设定垃圾投放设备时间窗口，实现降低人工成本与提升效率相结合。

联运环境还建立了垃圾分类互联网平台，开发了一大批应用于环境运营及垃圾分类的科技产品和服务，包括智慧环卫云平台、智慧公路云平台、智慧市政云平台、智慧垃圾分类云平台等产品以及配套的硬件设备和服务，形成了一套大数据云平台、智能运营终端、手持移动终端和人工操作“四位一体”的软硬件产品和系统性的环境项目运营解决方案，实现了“互联网+”的线上线下运营。该平台目前已经达到了百万级的链接、10 万级的并发，拥有领先的图像识别、AI 深度学习等功能。

智能投放设备可以实现识别绿色可降解专用厨余垃圾袋，整个过程不用破袋，联运环境采取的是厨余处理集中破袋方式，在运输过程中杜绝了“跑冒滴漏”的情况，为以后计重收费奠定了基础。

（2）运营成效

覆盖了全国 27 个省份，用户数量接近 1 000 万户，项目数量达 879 个，市场占有率位居同行领先。不仅如此，公司有严格的、科学的项目管理体系，在对项目高效规范运行的同时，更积累了丰富的经验。经过一段时间的项目运营，“四化六定”模式所覆盖小区的垃圾分类正确率稳定在90%以上，在短时间内取得了良好的分类成效。

### 6.2.8 宁波搭把手回收

宁波搭把手回收是宁波供销再生资源科技有限公司主营的关于垃圾前端分类减量、再生资源回收利用的大型社会服务项目。在政府指导和各参与方的共同努力下，该“绿色智慧型”的再生资源回收体系打通线上线下回收行业生态圈，将广大群众、企事业单位、商业综合、废品回收商、再生资源自用产业、垃圾处理单位等有机整合，打造一套完整的再生资源回收利用生态链，极大地减少填埋焚烧垃圾量，解决垃圾回收“最后一公里”的难题。

（1）运营模式

①便民利民，多种分类回收设施满足城乡分类需求，实现全品类回收。“搭把手”模式在垃圾分类前端设置了三类回收设施：“智能回收站”，适用于没有再生资源用房且空地较小的社区、学校及公共场所，安装采用先进工业物联网技术的智能回收设备，提供包括纸类、塑料、织物、玻璃、饮料瓶等多种小件可回收物的回收功能，设备信息化和智能化程度高，具备操作便捷、分类投放、自动称重、自动计价、现金提取等功能，实现24 h全天候服务。“人工回收站”方面，利用“社区再生资源规划用房”或利用旧集装箱改装为“集装箱式回收站”，实现“人工+智能”的回收服务。“物流回收”方面，针对大件资源、大件垃圾（包括废旧家具类、废旧家电类），采用配备智能回收设备的回收车辆进行定时定点上门回收。通过上述三种回收设施，实现全品类的精细化分类及回收以及城乡可回收收运体系的一体化覆盖（图6.4）。

②去中间化，以利驱动，实现源头精细化分类。市民通过手机终端智慧App、微信小程序等，实现所有高低价值可回收物的“有偿投售”，提高了居民分类投售可回收物的体验感和积极性，有效促进了生活垃圾的源头分类和减量效果。

③智慧物流系统和集约化分拣中心直接打通产生端与利用端通道。一是打造了一套智能回收物流体系，目前已投入近100辆智能回收车辆，所有车辆统一外观形象、采用特殊识别系统、配备智能终端设备，并且通过“车联网”技术，可以实时接收互联网平台回收订单信息，从而实现数据信息无缝高效衔接。二是配套建设了区域综合分拣中心，每个区县（市）根据人口总量配套建设综合分拣中心，一般占地面积10亩[①]左右，日中转能力为50 t。

① 1亩≈666.67 $m^2$。

图 6.4　资源 e 站

④智慧化物流清运，即“满即清”，始终以正常状态满足老百姓不同的投售时间需求。企业自建“搭把手”回收智慧物流清运体系，通过智能设备满仓预警（即“满即清”）、平台自动派单、车辆就近接单、物流线路优化等功能，降低清运成本、提高清运效率，使终端回收设备始终以正常状态满足市民随时投售的需求。

（2）运营成效

回收量持续增长，垃圾前端分类减量效果明显。自 2018 年 12 月姜山镇试点正式运营以来，“搭把手”已累计完成 2.6 万人次的投放回收，累计回收量达 1 600 多 t。每天近 18 t，其中分类优秀的居民小区日均回收量已超过了 100 kg。从回收类别来看，生活垃圾分类可回收物中回收量比重占前三位的依次是大件垃圾、废纸张和废织物，占比分别是 59%、19%和 10%；大件垃圾、废玻璃、废织物、废泡沫等低价值可回收物比重高达 60%，通过“搭把手”体系全部实现资源化综合利用，垃圾减量效果明显。

居民主动参与垃圾分类的热度持续上升。根据大数据分析，自体系智能信息化平台于 2018 年 12 月上线运营以来，累计参与生活垃圾前端分类、有偿投售的居民达 2.6 万人次，分类投售正确率超过 90%。

实景宣教助力垃圾分类意识提升。分拣中心投入运营以来，共组织接待幼儿园、中小学、社区居民、各级政府机关单位教育互动、参观体验、会议交流超过 1 200 余人次，大大提高了对宁波垃圾分类工作的宣传力度，成为“垃圾分类+资源回收”两网融合的形象和成果展示窗口。

形成综合性强的运营团队。目前，集设计研发、智能回收箱制造、收运分拣于一体的“搭把手”综合经营体系已基本形成。整个体系现有管理与技术团队 160 余人，大专以上学历 122 人；系统开发人员 28 名，智能设备制造人员 82 人，一线加盟回收清运工人 53 人。

## 6.3 中国垃圾分类商业模式创新路径

以上垃圾分类企业的运作方式虽各有不同，却存在以下共性，可为垃圾分类在全国范围内的推广提供借鉴。

（1）便民为先，提供合理经济刺激

便利和实惠是垃圾分类企业的两大优势。便利主要体现在两方面：一是分类方便。“虎哥回收”“爱分类”等企业要求干湿两分，对居民而言容易理解、容易操作。同时提供预约服务，居民通过 App 预约回收人员上门回收，缩小居民参与垃圾分类的时间成本。“联运”“搭把手”等采用 24 h 不间断投放的手段，从时间的角度提供了巨大的便利。二是提供经济刺激。几乎每家企业均为参与分类回收的用户提供了经济刺激，回收的垃圾能够直接或间接换取经济奖励。由此不仅提升了居民参与垃圾分类的主动性，也从根本上保证了居民参与的持续性。

（2）各主体多方位配合

垃圾分类环节庞复，历经投放、分拣、运输、再利用等多个环节，凭借居民或政府单一主体难以实现。而垃圾分类企业能够打通垃圾分类回收链条，使垃圾分类各主体相互配合，实现分类回收效果。在杭州虎哥回收的运营模式中，“虎妈”入户，“虎哥回收”上门，打通垃圾分类的“最后一米”。广州“分类得”和南京 “志达”等深入实践“政府引导、企业运作、群众参与”的垃圾分类工作机制，高效配合，取得一定成效。宁波 “搭把手”则是将广大群众、企事业单位、商业综合、废品回收商、再生资源自用产业、垃圾处理单位等有机整合，打造一套完整的再生资源回收利用生态链。

（3）解决低值废弃物的出路问题

低值废弃物指的是回收收益较低的废弃物，由于其资源价值低、回收成本高，一直处于再生资源回收与垃圾处理的交叉范围内，一方面回收主体缺少回收利用的积极性，另一方面加重了城市垃圾运输处理的负担。而“虎哥回收”“分类得”“奥北”等企业回收的干垃圾里包含了所有“高值+低值废弃物”，这些废弃物回收后，居民同样能够获得积分奖励。由此激活了居民回收低值废弃物的积极性，解决了低值废弃物的出路问题。

（4）大数据平台打通物质流

大数据使垃圾分类回收更为精细化。各类相关数据能够从曾经的模糊控制变为精准控制，形成精准的本体数据，形成每一个垃圾收集点的数据，为垃圾分类减量提供良好的数据判断。通过大数据实现物质流的实时监控，打通物质流，市场也能清晰地判断出垃圾中再生资源的品类和数量。同时，精细的分类也能为下游的回收加工企业带来丰富的利润，过去很多不会被回收的垃圾，也因此创造了新的价值。

（5）互联网+模式为载体

近年来，互联网应用逐渐进入资源垃圾回收行业。“互联网+”推动垃圾分类回收治理体系的作用在全国逐渐凸显出来。“互联网+”垃圾分类回收最大的优势在于它能有效地解决信息不对称的问题，实现线上信息流和线下物流的统一。更重要的是，互联网还改变了整个废品回收产业的生态，废品回收不再是简单的交易，而是升级成为一种社会服务。且以前一直处于无序状态的城市废品回收，在互联网技术的加持下正变得更加高效、规范和透明：在前端，通过 App 积分兑换等有效手段激励居民主动参与垃圾分类；在中端，废品品类、数量、地点分布被实时监控；在后端，垃圾流向资源化利用等信息一目了然。

不难发现，当前市场上垃圾分类服务主要集中在智能垃圾回收方面，垃圾回收系统记录用户姓名、积分、联系方式、回收记录等，用户用积分兑换物品，实现源头的可回收垃圾分拣。几乎每家企业都接入了微信公众号作为分类回收记录载体，通过个人账户给予用户积分。

随着互联网技术的不断成熟和发展，“互联网+”垃圾分类回收的模式取得了一定的成效，并具有可推广性。“互联网+”分类便利，群众容易接受，居民参与率高。手机 App 或公众号操作方便，反馈实惠，居民的生活垃圾分类积极性从被动变为主动，实现了生活垃圾显著的减量效果。

# 第 7 章　中国垃圾分类城市案例

## 7.1　上海市垃圾分类案例

普遍推行生活垃圾分类制度，关乎民生和社会的可持续发展。习近平总书记高度重视垃圾分类工作，2016 年作出重要指示，明确要求“北京、上海等城市要向国际水平看齐，率先建立生活垃圾强制分类制度，为全国作出表率”。2018 年 11 月，习近平总书记在考察上海期间，又强调“垃圾分类工作就是新时尚。垃圾综合处理需要全民参与，上海要把这项工作抓紧抓实办好”。

### 7.1.1　阶段性成效

目前，围绕“有害垃圾、可回收物、湿垃圾、干垃圾”四分类，上海已初步形成“党建引领、规划先行、政府推动、市场运作、社会参与”的生活垃圾分类工作新格局，截至 2020 年年底，取得的阶段性成效主要表现在以下方面：

一是系统性明显提升。加强全程分类体系建设，制（修）订了一批法规规章以及产业、环境等配套政策。

二是覆盖面明显扩大。提前一年实现“全市整区域覆盖”，对照居住区垃圾分类“五有”达标标准，全市 1.3 万余个居住区（村），垃圾分类达标率由 2018 年年底的 15%提高到 2019 年的 90%，2020 年居住区和单位分类达标率双双达到 95%。

三是实效性明显提高。2020 年，全市湿垃圾（含居住区、餐厨垃圾）分类处理量达到 9 504 t/d，可回收物分类量达到 6 375 t/d。

四是承载力明显增强。规范化改造分类投放点 2.1 万余个，建成可回收物回收服务点 1.5 万余个、中转站 201 个、集散场 10 个，全市干垃圾焚烧和湿垃圾处理能力达到 2.8 万 t/d，基本实现原生生活垃圾零填埋。

## 7.1.2 上海市垃圾分类工作的实践经验

### 7.1.2.1 领导高度重视，明确战略定位

上海市委、市政府把垃圾分类作为推动上海高质量发展、创造高品质生活的重要内容。

主要领导亲自抓。上海市委、市政府领导重视垃圾分类工作。市委书记李强同志先后 10 余次对垃圾分类工作作出重要批示，并从分类投放到分类处置多环节、多次实地视察垃圾分类工作，强调“生活垃圾分类工作意义重大，且十分迫切。要加强顶层设计，注重方案可操作性，真心把好事办好”“要下大决心推进生活垃圾分类，更好发挥社区基层和自治组织作用，采取更加有效的措施，推动形成良好的垃圾分类习惯”。市委副书记、市长应勇同志将垃圾分类列为“不忘初心”主题教育专题调研项目，多次赴实地研究对策，反复强调“加快提升生活垃圾末端功能化利用和无害化处理的能力，在上海当下远比建几幢楼重要得多”。市委、市政府主要领导的高度重视为全市推进垃圾分类提供了强大动力。

聚焦重点全市抓。市人大加强立法工作，在《上海市生活垃圾管理条例》（以下简称《条例》）经全市代表大会通过后，垃圾分类工作随即列入当年年度重点监督项目。市政协也连续两年将垃圾分类列为重点调研项目。2018 年 2 月，上海召集上至市委、下至居委的万余人动员大会，全面围绕《条例》建章立制，配套了 20 余项制度，社会治理、文明创建、城市精细化管理、污染防治攻坚战等市委、市政府确定的重点工作都明确把垃圾分类作为重要内容。在上海提升城市能级和核心竞争力的发展大局中，垃圾分类已成为上海建设品质生活新高地的基本要求。

合纵连横系统抓。全市成立了由 30 个委办局和 16 个区政府组成的全市生活垃圾分类减量推进工作联席会议。党政齐抓共管，各级党委副书记和政府分管领导“双牵头”，形成市、区、街镇、村居四级组织系统。同时，将垃圾分类纳入地区领导班子考核体系。全市党政机关率先垂范，党员干部自觉带头，为在全市推动垃圾分类发挥了重要作用；依托公共机构节能工作联席会议，积极推进机关、学校、医院等公共机构生活垃圾强制分类。2017 年以来，持续开展党政机关专项检查，并将检查结果纳入后勤事务管理考核。

### 7.1.2.2 创新体制机制，有效破解难题

垃圾分类是一项新的事业，没有创新就没有突破，上海通过体制机制创新解决垃圾分类的难点、痛点和堵点。

落实四级联动。市区联动，做强街镇，压实各方责任。全市建立了从市委市政府、区委区政府、街镇党委和政府，直至村居委党支部的垃圾分类组织系统。成立了市、区、

街镇三级生活垃圾分类减量推进工作联席会议。党政齐抓共管，市、区、街镇的副书记和分管领导“双牵头”，推进效果明显。同时，还将垃圾分类纳入市委、市政府重点督办工作，以及市对区的领导班子考核体系。

注重整区推进。在形成一批典型小区、典型案例的基础上，注重复制推广，加强区、街镇的整区域推进，推动“盆景”向“风景”转变，提升区域的整体水平和综合效益。全市率先在长宁、静安、杨浦、松江、奉贤、崇明6个区直至全市16个区。整区域推进的模式整合了资源、优化了系统、提高了实效，形成了一批可复制、可推广的好经验，为上海实现垃圾分类全覆盖打下了坚实基础。

采取分类补贴。深化跨区补偿等政策措施，突出“引逼机制”。生活垃圾导出区对导入区的环境补偿费从每吨50元提高到每吨100元。针对生活垃圾末端处置设施落地难的瓶颈，制定了“早开工、多受益；晚开工、少受益”的湿垃圾设施建设补贴政策：2018年三季度前开工的，市对区补贴36万元/t；2018年年底前开工的，市对区补贴30万元/t；2018年以后开工的，市对区补贴24万元/t。政策创新有效激励各区破解“邻避现象”，以前每年只能开工一个项目，2018年实现了8个生活垃圾处理项目开工；2020年上半年实现全市生活垃圾三年行动计划所有项目的全面开工。

实施双向监督。建立面向公众的垃圾分类混装混运举报平台，实现产生源头与收运企业、收运与中转企业、中转与处置企业的互相监督。对各区分类收运、居住区分类驳运的情况，开展定期台账检查和不定期现场抽查。对拒不配合的物业企业依法予以处罚，对混装混运情况严重的环卫收运企业实行市场退出。

搭建信息平台。充分利用物联网和大数据等技术，通过智能监控、智能称重、GPS定位等设备，建立生活垃圾全程分类体系信息化监管平台，加强分类收集、运输、处置全过程品质监控，推动生活垃圾的源头追溯以及流量、流向的全过程监管。

#### 7.1.2.3 坚持全程管控，强化系统推进

垃圾分类涉及分类投放、分类收集、分类运输、分类处置等环节，管理链条长，协调难度大。上海统筹兼顾前端、中端、末端，努力构建环环相扣的管理体系。

前端增强社会认同度。简化家庭分类模式，明确居民家庭按照“一严禁、一鼓励、两分类”的要求开展垃圾分类，推广适应上海分类标准的家用垃圾桶和垃圾袋。固化以“定时定点为主、楼层设桶为辅”的垃圾分类模式，定时定点分类投放的时间和点位，由社区的居委、物业、业委会“三驾马车”协商。深化绿色账户，以“分类可积分、积分可兑换、兑换可获益”为理念，完善激励措施，促进市民养成垃圾分类习惯。

中端完善设施适配度。全面规范生活垃圾各环节标识和作业管理，落实分类驳运责任，坚决杜绝混装混运。建成湿垃圾、干垃圾、有害垃圾等分类清晰的生活垃圾清运系统，完善水上集运系统，运输能力达到1.8万t/d。改造中转设施，重构可回收物专项收

运系统，初步形成“两网融合”点、站、场回收利用体系。

末端加大投入保障度。全市末端分类处理设施建设全面提速，处理能力有效增长。到 2019 年年底，全市已建成生活垃圾处理设施 18 座，其中，焚烧厂 10 座（19 300 t/d），湿垃圾处理能力 5 050 t/d。到 2020 年，上海生活垃圾综合处理能力达到 3.28 万 t/d，湿垃圾处置能力 7 000 t/d。

#### 7.1.2.4　推动社会参与，形成共治格局

垃圾分类是社会治理的重要组成部分，是城市文明的基本内容，只有人人“自觉分、愿意分”，垃圾分类才会真正成为长效机制。

社会共治“大协同”。上海把垃圾分类纳入基层党组织工作职责，形成党建引领、居民自治、居委协调、物业参与“四位一体”工作格局。举办“垃圾分类定向赛”等活动，将“垃圾分类+”作为社区建设的重要抓手。充分发挥社会组织、志愿者的作用，积极推进公益活动，截至目前全市垃圾分类志愿者约 3 万名、绿色账户扫描志愿者约 1 万名，社会组织和团体上百个。

媒体宣传“大氛围”。上海市政府召开新闻发布会和媒体通气会，加强政策解读。市委宣传部牵头推进，形成全方位、多层面、密集型的宣传网络，每月开展垃圾分类“主题宣传日”活动，上海电视台黄金时段每天持续播放公益宣传片，“上海发布”微信公众号开设公益广告专栏，让垃圾分类理念进社区、进村宅、进学校、进医院、进机关、进企业、进公园。

教育培训“大推动”。制定宣传指导手册。推出专题访谈，2018 年全市有 6 位区长与市民对话互动。坚持党建引领，推动社会全面动员。市级机关党工委发出垃圾分类倡议书，市建设交通工作党委启动“绿色生活新时尚，垃圾分类我带头”主题党日活动月。全市中小学将垃圾分类作为“开学第一课”，市教委将垃圾分类知识纳入上海市初中学业水平考试。全市举办宣传活动 2 万余场，发放宣传资料 4 500 余万份。全市街道、乡镇完成入户宣传 980 余万户。

#### 7.1.2.5　突出制度保障，确保长效管理

法治是基础，制度是保障，标准是依托，上海通过依法治理，强化托底保障，提升垃圾分类的规范性。

开门立法求共识。2017 年，市人大常委会将生活垃圾管理立法列为重点调研项目，成立了由市人大常委会和市政府相关领导为双组长的立法调研小组，聚焦生活垃圾治理的实践和地方立法面临的难点问题深入开展调研，形成了立法的框架思路。2018 年以来，围绕“全生命周期管理、全过程综合治理、全社会普遍参与”的立法思想，重点研究约束手段和执法可行性、分类投放管理责任人制度、垃圾源头减量、末端资源化、管理智

能化等问题，广泛征求意见。《条例》经全市人民代表大会的审议方式，在立法环节就实现了对市民垃圾分类意识的强化。

加强考核重实效。每月对各区、各街镇垃圾分类容器配置、社区宣传、分类驳运、自我检查、品质抽查等相关指标进行抽查和评估，建立对各区、各街镇的生活垃圾分类实效的满意度测评制度，有关结果在报刊等媒体上予以公布，主动接受社会舆论监督。充分发挥广大文明督导员的作用，开展垃圾分类专项监督。

严格执法动真格。率先在中心城区启动生活垃圾强制分类执法行动，对执行不力的物业、环卫收运企业等依法处罚，情况严重的实行市场退出。持续开展单位执法行动，2019 年 7 月至 2020 年 4 月，全市共出动城管执法人员 27.1 万人次，开展执法检查 12.3 万次，依法查处违规案件 7 662 起，教育劝阻相对人 49 945 起，责令当事人整改 30 013 起。

### 7.1.3 基层案例

#### 7.1.3.1 区县案例——宝山区

宝山区生活垃圾分类减量推进工作联席会议办公室于 2019 年 3 月 17 日发布《2020 年宝山区生活垃圾分类工作方案》，明确垃圾分类工作的四大工作目标和三大主要任务。

（1）四大工作目标

2020 年全区生活垃圾分类工作明确四大目标。

一是巩固提升生活垃圾分类实效。创成“上海市生活垃圾分类示范区”，努力实现“双一百”，即居住区和单位生活垃圾分类实效达标 100%，街镇达到“示范街镇”标准 100%；可回收物日均回收量达到 500 t 以上，湿垃圾日均分出量达到 680 t 以上，干垃圾日均处置量控制在 1 350 t 以下，垃圾资源回收利用率达到 35%以上。

二是着力完善分类体系建设。进一步做实区、镇（街道）生活垃圾分类工作联席会议制度，加大日常综合协调和监督指导力度，推动“管行业管垃圾分类”，形成条块结合、属地负责格局；优化可回收物“点站场”体系功能布局，完成 2 200 个居住区投放点功能提升；完成 260 个可回收物服务点、12 个中转站提升改造；加快宝山区再生能源利用中心建设。

三是突破垃圾分类重点难点问题。加强辖区高校、医院、交通枢纽、公共场所等薄弱环节的分类实效；完善长效机制，进一步落实分类投放管理责任人责任；采取“科技+管理”模式，破解周末、假期等误时投放点管理，探索社区季节性垃圾预约收集机制，配置投放点洗手台并截污纳管；解决菜场、农村湿垃圾处置设备环评达标、有机肥协同处理等难题，形成可复制、可推广的操作规程。

四是实现垃圾分类创新实践新模式。创新以垃圾分类为切入点的社区自治共治新模式，推动各街镇（园区）开展以社区通（园区通）为宣传阵地，实施以垃圾分类为主题的自治项目，紧密结合大调研、社区治理创新实践，形成党建引领下多途径、有实效的居民区垃圾分类新模式。

（2）三大主要任务

1）提升分类实效，全面实现达标示范

提高源头分类，促进分类实效达标。宝山区深入开展生活垃圾分类达标示范街镇创建活动，落实属地责任，将垃圾分类工作压实到责任人。按照沪分减联办〔2019〕16 号文“五有一良好”（即有设施设备、有宣传告知、有物流去向、有长效管理、有分类实效、环境整洁度良好）的标准，进一步推进居住区、单位、公共场所生活垃圾投放规范化。用好在职党员双报到制度，提高在职党员在社区垃圾分类中的示范和引领作用；通过促进源头分类实效的各项举措，以结果为导向，以实效为目标，切实提高湿垃圾、可回收物的分类量和准确率。各街镇（园区）共同完成市级下达考核指标，可回收物日均回收量达到 500 t 以上，湿垃圾日均分出量达到 680 t 以上，干垃圾日均处置量控制在 1 350 t 以下，垃圾资源回收利用率达到 35%以上。

加强统筹协调，完善检查绩效测评。宝山区落实各街镇（园区）属地责任，发挥基层党组织核心作用，完善以居（村）党组织为核心，居（村）委、业委、物业、志愿者“多位一体”的协同推进机制，发挥居民自治功能，落实物业分类投放管理责任，调动居民的积极性和主动性。扎实推进分类“示范街镇”创建，根据市级具体测评指标体系，采用更加科学的抽样和检查方法，严格按照“双随机”“四不两直”原则，区每天检查、每月反馈、市每半年公示频率，落实第三方专业机构实效综合测评，同步做好管理人员的现场复核。严格落实“示范街镇”复评退出机制，对复评不合格的“示范街镇”按照“一次警告、二次退出”的流程予以取消“示范街镇”称号，并收缴补贴资金。完善生活垃圾分类实效综合测评机制，积极争取市、区人大代表、政协委员支持，落实上下联动机制，强化执法检查工作，扩大测评参与面，开展互评，将社会监督员、联办重点成员单位的工作人员评价、“黄马甲”专管员检查反馈等纳入综合测评，确保检查结果客观公正。

加快功能改造，切实改善投放环境。居民区、企事业单位、楼宇园区、沿街商铺按照“定点要坚持，定时要灵活，撤桶要鼓励，破袋要引导”的要求，坚持因地制宜推行定时定点分类投放制度，坚持精细化管理，切实做到“一小区一方案”。因地制宜做好定时定点投放，适度延长定时投放时间、合理设置误时投放点，制定配套误时投放点管理规定，采用智能“监控+监督”反馈等手段，对小包垃圾落地进行制度化的长效管理。探索破袋投放，进一步营造“方便大家分、引导大家分”的分类投放环境，完善分类投放点设备配套，居住区所有投放点应当配备破袋工具、配套设置洗手池等便民设施，落实居民投放点洗手池排水的就近纳入污水管网排放，并作为实效测评内容。在具备条件的居住区推广“白菜拉拉袋”等小发明、小创新，方便居民分类投放。针对湿垃圾破袋投放和湿垃圾存储期间的异味控制问题，制定投放点管理规范，要求定时投放结束后湿垃圾桶必须密闭存放并喷洒除臭剂；误时投放点要及时清理，湿垃圾容器应及时密闭；垃圾箱房或生活垃圾储存点需确保容器关盖储存。在有条件的居住区和单位探索高温季节垃圾箱房低温存储。在市政道路及公共区域，以“逐步减少”为原则优化废物箱设置，全覆盖落实废物箱分类收集，全覆盖推进沿街商铺定时定点分类收集。指导标准化菜场按照《条例》规定配置湿垃圾就地处理设施。

严格执法监督，落实管理责任。落实全程分类全覆盖执法检查，以执法成效保证垃圾分类实效。区城管执法局落实日常执法检查，对混装混运行为“零容忍”，对违规运输企业依法严惩。坚决落实好“对不符合标准垃圾拒绝清运”制度，对分类不符合标准的各类生活垃圾，一律拒绝收运，倒逼产生源头提升分类质量。发挥街镇（园区）网格管理平台和城管社区工作室的作用，积极落实居住区、企事业单位的分类投放管理责任人职责。区机管局、绿化市容局、教育局、国资委、卫生健康委、城管执法局、文化和旅游局等部门落实每季度公共机构垃圾分类专项督查，并逐步推动将执法检查情况纳入企事业单位诚信记录、文明单位评选、星级菜场评选等评价体系。鼓励各街镇（园区）设立单位分类“信用榜”。围绕示范街镇考核指标，以实效为衡量标准，强化监督考核机制。组织第三方对全区居民区开展每月一次全覆盖实效督察，建立垃圾分类实效督查通报反馈机制，实时反馈问题，督促即知即改，建立各居民区垃圾分类“电子病历卡”，查实效、找规律、防反复。同时，结合指标完成情况，每月形成垃圾分类的社区“红黑榜”、街镇（园区）“排名榜”。各街镇（园区）、居民区应在自查自评基础上，形成小区“荣誉榜”、居民参与“公示榜”。

2）坚持齐抓共管，完善全流程体系建设

继续深化宣传社会动员。落实“六个联合”系列活动，联合志愿队伍，在各机关、企事业单位、街镇（园区）、居村等单位，完善垃圾分类志愿者队伍，打造志愿服务体系；联合开展培训，多层次、多渠道组织相关单位垃圾分类业务再深化，动员辖区市民垃圾分类再培训；联合走进社区，党员要主动与居住地社区联系，以党员进社区活动为依托，带头参与所在社区的生活垃圾分类宣传实践活动，切实发挥先锋模范带头作用；联合专项执法，由城管执法局、市场监管局等相关职能部门开展为期一个月集中执法行动；联合先进表彰，开展垃圾分类“达人”评比活动，对垃圾分类优秀单位和志愿者进行表彰；联合打造品牌，树立一批具有代表性和示范性的垃圾分类先进单位和社区。通过各种途径，在全区分层分类，面向各类人群广泛开展宣传活动，多平台、多系统、多方位营造浓厚的宣传氛围。

进一步做实联办机制。将生活垃圾管理纳入专项督查和各街镇（园区）绩效评价指标体系。按照“区级组织、街镇（园区）落实”的要求，健全“两级政府、三级管理、四级落实”的责任体系，量化工作目标，分解任务指标，压实压紧责任。根据《条例》相关规定明确各主管部门的职能分工，进一步完善联席会议制度。调整、优化区生活垃圾资源化减量化工作领导小组（以下简称“区领导小组”）成员单位。区领导小组每季度召开联席会议，督查落实成效。区分减联办每月召集各成员单位分管领导召开推进会议，狠抓工作进度，每月汇编工作简报，反馈全区分类实效。各街镇（园区）要充分发挥党工委领导核心作用，强化街镇（园区）生活垃圾分类减量联席会议工作机制，明确专人牵头落实街镇（园区）生活垃圾分类减量联席会议办公室［以下简称“街镇（园区）联办”］日常工作。街镇（园区）联办每 1～2 周召开辖区内垃圾分类工作分析评价会议。要结合网格化管理工作，将居民区垃圾源头分类情况纳入网格化管理，加大巡查力度及对居民区垃圾分类工作的分析与指导。

健全可回收物回收体系。根据可回收物服务点、中转站和集散场建设与管理标准，对全区 758 个可回收物服务点、12 座中转站开展全面标准化审核，完成 260 个可回收物服务点功能提升。在住宅新建、地块开发和社区改造过程中，推进可回收物服务点、中转站建设的标准化。各街镇（园区）要完善中转站和服务点功能，做到管理规范、运营正常；各街镇（园区）应对可回收物中转站回收主体企业开展评议，逐步优胜劣汰，培育服务质量高效、经济运行合理、技术水平优良的龙头型回收企业；区绿化市容局将委托 1～2 家集散场对各中转站低附加值物进行托底管理。相关部门要加快制定并落实促进低价值可回收物回收及资源化利用的支持政策，并因地制宜地制定针对废玻璃、泡沫塑料等特定品种低价值可回收物的专项支持政策。加强可回收物数据的采集、统计和管理，探索信息化手段实现可回收物回收及资源化利用环节可溯、可控、可查。

加快末端设施建设进度。完成再生能源利用中心前期绿化搬迁、场地平整、管线梳理等工作，推进电力并网工作，完成设施设备采购招投标工作，完成主体建筑一半的建设工程量，确保施工文明和安全，协同属地政府做好信访矛盾化解工作。因地制宜推进郊区湿垃圾就地处理，指导环评把关；推动“一镇一站”湿垃圾就地处理设施改造提升；推动中转站落实湿垃圾压水减量。

3）突破重点难点，探索垃圾分类新模式

补齐短板聚焦重点。按照“管行业也管垃圾分类”的原则，推进联办成员单位依法履行垃圾分类管理职责，将垃圾分类工作列入行业创建及考评工作。针对薄弱环节、重点行业，落实条线、属地双重责任，加快提升分类实效。充分发挥联席会议各成员单位对行业的管理优势，破解困扰当前垃圾分类工作的难题顽症。区财政要加大资金配套政策扶持力度；区教育局要对区域内的高校制定有针对性的工作方案，发动高校垃圾分类的宣传和实效管理；区卫健委要进一步加强医疗单位分类的指导和考核，提升医院生活分类实效；区交通委要加强交通枢纽垃圾分类管理，指导各类交通工具普及垃圾分类宣传；区机关事务管理部门要进一步细化党政机关和事业单位垃圾分类检查方案和检查细则；区水务局协同指导湿垃圾就地处理设施的污水处理和项目落地；区生态环境局要对湿垃圾处置设备进行环评把关；区农委会同市绿化市容部门加快推进菜场湿垃圾进入有机肥厂协同处理，支持符合标准的湿垃圾资源化利用产品用于农业生产；区市场监督局继续加大对餐饮服务提供者主动向消费者提供一次性筷子、调羹等餐具的违法行为的执法力度；区文化旅游部门持续做好宾馆一次性用品限制使用执法管理；区房管局继续将分类投放点和分类垃圾房建设及改造提升纳入“美丽家园”建设；区民政部门持续将垃圾分类纳入基层居民组织和社会组织的重点工作；区总工会、团区委、区妇联持续深化生活垃圾分类“七进”宣传活动。各街镇（园区）要依据《条例》加强属地监督检查，通过区域党建联建方式对接属地高校、医院，对照“达标、示范街镇”创建标准，指导高校、医院提升垃圾分类实效。

加强融合创新“宝山模式”。将垃圾分类与区域各项重点工作有机融合、协同推进，实现垃圾分类的“十项融合”，即与“双党建”（社区党建、区域化党建）融合，充分发挥党建引领作用；与“双治理”（生态环境治理、社区基层治理）融合，加强垃圾分类设施的硬件改造和基层社会动员；与“双提升”（精细化管理水平提升、社区物业管理提升）融合，实现垃圾综合治理能力和物业管理水平同步提升；与“双建设”（智慧社区建设、社区通建设）融合，推动垃圾分类手段智能化、人性化；与“双重点”（创全固卫、大调研工作）融合，坚持“典型引路”，加快典型经验的复制推广。区属党政机关、企事业单位要先行做表率，充分发挥示范引领作用。各党政机关主要负责人要积极带头践行，将《条例》落实情况作为单位中心组学习的重要专题；要抓住青少年这个关键群体，开展“小手牵大手”和“雏鹰争章”等系列活动；要发挥妇女群体在社区中的带动作用，结合好家风好家训工作，实现垃圾分类进家庭培训；完善垃圾分类志愿者队伍，组织好、发动好各类群体积极投身垃圾分类宣传动员、志愿服务工作。紧紧围绕宝山文化特点，结合优化营商环境等重点工作，抓好商圈、园区垃圾分类的发动，鼓励各社区、单位争做公益先锋，让垃圾分类在宝山蔚然成风。

#### 7.1.3.2 社区案例——天平街道

天平街道辖区范围内有 135 个小区、216 条弄堂。垃圾分类活动开展以来，天平街道遇到了居民意识淡薄、垃圾分类执行欠缺动力，缺乏系统培训、志愿服务水平参差不齐等问题。天平街道创新方法补足短板，并且凝练形成了“志愿赋能”工作法。

（1）面临的问题

居民意识淡薄，垃圾分类执行欠缺动力。街道无垃圾库房的弄堂仍有 94 条，四分类原则在现有库房的落实仍不够完善；由于垃圾分类教育宣传的长期缺位，居民垃圾分类知识水平整体偏低，垃圾分类责任意识普遍较弱。因此，建设一支强有力的垃圾分类志愿者队伍，通过“传、帮、带、教”的方式逐步渗透分类理念、监督分类执行显得尤为重要。

缺乏系统培训，志愿服务水平参差不齐。垃圾分类志愿者队伍主要来源于居民区原有条线人员、小区志愿者以及社区共建单位的志愿者，队伍规模整体偏小，服务时长整体偏短。同时，志愿者本身的垃圾分类知识水平也良莠不齐，在引导居民分类投放时显得捉襟见肘，亟须建立较为成熟的志愿者培训机制。因此，在党建引领下，依托第三方社会力量共同参与，在天平街道培育一支管理有层次、带动有力量、宣传有号召的分类志愿者队伍正逢其时。

（2）工作举措

天平街道的垃圾分类经验说明，垃圾分类是一种社会力的形塑过程，政府的适度介入和自治培育作用具有不可替代的作用，垃圾分类的关键是形成一种用志愿行动建设美好家园的社区氛围。

1）成立“赋能工坊”，用理念经验开阔志愿者管理者思维

“赋能工作坊”对志愿者管理者分期分批开展主题为“社区志愿服务理念培育方法”“社区垃圾分类普及和宣传的方法与模式”“可借鉴的国际城市垃圾分类经典案例与经验分享”“垃圾分类亲子志愿活动的设计”“垃圾分类志愿者的动员与激励方法”“了解垃圾处理方法，促成志愿者垃圾分类习惯养成的方法”等 6 次培训，用理念培训增强责任意识，用经验案例开阔推行思路，用知识技能提升执行能力。

在首次培训中，“爱芬环保”向 21 个居民区的书记和主任充分阐释了法律层面上公民、物业服务企业、居委会应当履行的义务，并制定了“三期十步”的居民区生活垃圾分类开展计划。在第二次培训中，举办“社区垃圾分类国际经验交流沙龙暨垃圾分类顾问团”成立仪式，由各区环保企业代表组成的天平街道垃圾分类顾问团按分工对接居民区各志愿者管理者，会上各企业的代表与志愿者管理者们充分交流了所在地区垃圾分类推行的经验和思路。第三次培训中，志愿者管理者们学习交流了松江某小区生活垃圾分类开展的成功案例。

2）实施志愿行动，借宣传教育壮大领头骨干志愿队伍

在赋能培训的基础上，天平街道实施了新式志愿行动，借助宣传教育壮大骨干志愿队伍。“志愿者赋能计划”根据 21 个居民区的人群特点、小区情况，对接居民区需求，因地制宜开发符合居民区特色的志愿行动。在居民区党总支的宣传发动下，通过以老带幼、以小带大等方式，吸引全体家庭成员参与，发动党员骨干参与，在宣传和教育中提升他们对垃圾分类的认识，在行动和实践中激发他们对垃圾分类的热情，在鼓舞和带动中吸引他们加入志愿者领头人和骨干志愿者队伍。

3）举办主题表彰，以交流互鉴营造社区志愿服务氛围

街道通过举办主题表彰等活动，不断促进社区垃圾分类志愿者队伍的可持续发展和社会正能量的再生产。在前期“赋能工作坊”和 21 次特色志愿行动的基础上，从各居委

志愿者中挑选出优秀的志愿者管理者、优秀的志愿者领头人、优秀的骨干志愿者、优秀的志愿者进行表彰公示；通过汇总优秀分类服务工作法和创新服务实践案例，形成街道整体层面可推广、可复制的垃圾分类志愿服务经验，以榜样示范引领、经验传递延伸的方式营造社区志愿服务氛围。

4）开展社区参访，通过参观研学激发分类推动创新思维

天平街道还引入了社区参访的交流互学方法，通过参观研学的方式，不断激发垃圾分类的创新思维。根据志愿文化节表彰活动汇总的优秀分类服务工作法和创新服务实践案例，组织开展对应居民小区参访调研活动。通过实地走访，感受工作法和实践案例的背景、流程和成效；通过交流思考，制定符合本居民区施行的具体方案；通过研学讨论，探索提升垃圾分类实效的创新思路。

（3）思考启示

要做好垃圾分类工作，只有坚持党建引领，重点抓好“壮大队伍、系统培训、强化意识、扩大宣传、督导实施、总结评比、适时表彰”等几个环节，打造一支坚强有力的志愿者队伍，才能更加有序地推进工作落地见效。

要做好源头分类工作，法律是约束、政府是保障、物质是激励、根本靠意识。认清垃圾严峻形势，从不分类到想分类；熟悉分类相关知识，从不会分到会分类；强化分类责任意识，从自己分到带动分。这些都离不开志愿者队伍的宣传、引导和督促。可依托第三方机构开展志愿者赋能计划。通过有行动、有案例、有表彰、有交流的形式，进行垃圾分类社区志愿文化培育；通过传、帮、带、教的方式，广泛动员党员骨干、居民群众参与垃圾分类志愿服务行动；结合居民区特点，因地制宜积极协助居民区开展垃圾分类自治项目；发挥志愿引领，大力发动志愿者开展宣传告知、巡查督导工作。

## 7.1.4 相关文件

### 7.1.4.1 《上海市生活垃圾全程分类体系建设行动计划（2018—2020 年）》

一、总体要求

（一）指导思想

以党的十九大精神为指引，全面贯彻习近平新时代中国特色社会主义思想和普遍推行垃圾分类制度的重要指示，对标国际国内最高标准、最好水平，围绕上海城市精细化管理，坚持以强化全程管控为核心，增强处置能力为关键，落实源头分类为基础，全市发动、全力以赴、全面提效，加快建立健全生活垃圾全程分类体系，保障上海生态安全。

（二）工作目标

按照“建体系、整区域、提能力、重实效”的路径，基本建成全市推进、标准完善、能力充分、运行精细、实效彰显的生活垃圾分类投放、分类收集、分类运输、分类处理

的全程管理体系；全面形成以法治为基础、政府推动、全民参与、城乡统筹、因地制宜的垃圾分类制度；生活垃圾“减量化、资源化、无害化”水平明显提升。具体目标如下。

1. 提升源头分类实效

2018 年，单位全面实行四分类投放，静安区、长宁区、杨浦区、松江区、奉贤区、崇明区 6 个区和其余各区 2 个街道（镇）率先实现居民家庭“一严禁、两分类、一鼓励”（严禁有害垃圾混入其他生活垃圾，日常干、湿两分类，鼓励资源回收）的垃圾分类全覆盖。整区域推进的区和街道（镇），40%以上居住区实现分类实效达标（即实现“有分类设备、有宣传告知、有物流去向、有统计台账、有分类实效”），其余范围实现 30%以上居住区垃圾分类实效达标。全市干垃圾末端处理量控制在 2.14 万 t/d 以下，湿垃圾分类处理量达到 3 480 t/d 以上，两网融合可回收物资源化回收利用量达到 660 t/d 以上。

2019 年，已经全覆盖的静安等 6 个区继续提升分类实效，70%以上居住区实现分类实效达标。黄浦区、徐汇区、普陀区、闵行区、嘉定区、金山区 6 个区以及浦东新区、虹口区、宝山区、青浦区 50%以上的街道（镇）实现垃圾分类全覆盖，并实现 70%以上居住区垃圾分类实效达标。浦东新区、虹口区、宝山区、青浦区余下的街道（镇）实现 60%以上居住区垃圾分类实效达标。全市干垃圾末端处理量控制在 1.97 万 t/d 以下，湿垃圾分类处理量达到 4 880 t/d 以上，两网融合可回收物资源化回收利用量达到 900 t/d 以上。

2020 年，全市实现生活垃圾分类全覆盖，90%以上居住区实现垃圾分类实效达标。全市干垃圾末端处理量控制在 1.81 万 t/d 以下，湿垃圾分类处理量达到 6 300 t/d 以上，“两网融合”可回收物资源化回收利用量达到 1 100 t/d 以上。

（以上指标将根据各区人口增长、经济发展变化按年度调整）

2. 实现全程分类运输

配置分类运输装备。2018 年，全面落实已有的 400 余辆湿垃圾专用收运车辆的色彩喷涂和 3 000 余辆干垃圾车辆的识别性标志张贴到位，全市新增 16 辆有害垃圾专用运输机动车，全市湿垃圾专用收运车辆达 640 辆；2019 年全市湿垃圾专用车辆达 780 辆；至 2020 年年底，全市湿垃圾专用收运车辆达到 920 辆，分别与当年湿垃圾分出量相匹配。

改造分类收运中转设施。2018 年年底前，全市 41 座大型中转站全面实现“干、湿”垃圾分类转运。市属中转码头 2018 年设置 45 只湿垃圾专用集装箱，2019 年、2020 年分别达到 90 只和 180 只，以满足中心城区逐年增长的湿垃圾中转需求。

重构可回收物专项收运系统，落实再生资源回收“点、站、场”布局。2018 年，全市建成 2 000 个回收网点、109 座中转站和 10 个集散场；2019 年，全市建成 5 000 个回收网点、170 座中转站；到 2020 年全市建成 8 000 个回收网点和 210 个中转站。

3. 增强分类处理能力

大力推进生活垃圾末端分类处理能力建设。2019 年全市干垃圾焚烧处置能力达到

1.93 万 t/d，湿垃圾处理能力达到 4 300 t/d；到 2020 年全市生活垃圾综合处理能力达到 3.28 万 t/d 以上，其中湿垃圾处理能力达到 7 000 t/d。

二、主要任务

（一）切实提升源头分类质量，实现生活垃圾准确投放

1. 强化垃圾分类源头产品生产流通环节指导与管理。逐步规范家庭用垃圾分类收集容器，指导垃圾收集容器生产企业生产适应本市分类要求且标识清晰的干、湿垃圾收集桶、袋，引导居民家庭从源头开展干、湿垃圾分类。推动本市大型商场、超市、连锁便利店、集贸市场、标准化菜场和相关零售行业等售卖符合本市标准的垃圾容器和垃圾袋。

2. 推进居民家庭按照“一严禁、两分类、一鼓励”实行垃圾分类。严禁将有害垃圾混入其他各类生活垃圾。居民家庭产生的油漆罐、废旧荧光灯管等含挥发性物质的有害垃圾应及时投放至小区内有害垃圾收集容器；居民家庭产生的废充电电池等不含挥发性的有害垃圾集中可保留到一定量后投放至小区内有害垃圾收集容器。推进居民家庭做好日常干、湿垃圾两分类工作。鼓励居民将旧报纸、易拉罐、旧衣服等残值较高的可回收物通过售卖方式纳入再生资源回收利用体系；引导居民将啤酒瓶、酱油瓶等低价值可回收物交投至两网融合服务点或可回收物收集容器。

3. 落实公共场所和居住区分类容器和垃圾箱房改造。规范本市公共场所废物箱分类的容器标识，按照道路废物箱设置规范标准，更新全市 40 600 余个道路废物箱标识。按照整区域推进进度，逐步更新改造全市垃圾分类居住区的分类投放点的垃圾箱房、垃圾容器、宣传栏、公示牌等，至 2020 年实现所有分类投放点容器、标识、宣传、公示、配置“五规范”。

4. 推行“定时定点”投放和绿色账户规范管理。按照生活垃圾分类和绿色账户模式服务同步推进要求，全面落实垃圾分类居住区的“定时、定点、定类、定员”制度（非定时定点服务期间，开放误时分类投放点），通过定时定点投放，规范居民垃圾分类行为，提升源头分类实效。严格绿色账户积分管理，紧密结合分类积分与居民分类投放行为，禁止“人情分”“乱积分”的行为。按照居住区开展达标验收进程，逐步关闭误时分类投放点，全面落实“定时定点”分类投放。以定时定点和分类实效为重要指标，对居住区垃圾分类进行达标验收。

5. 建立各方责任明确的居民区垃圾分类综合治理机制。将垃圾分类纳入美丽家园行动计划，落实街道（镇）属地主体责任，落实街道（镇）对辖区内居民区、单位的垃圾分类工作的组织、指导、监督职责。发挥居民区党组织的核心作用，充分调动基层党组织、居委、业委、物业等积极性，形成“四位一体”联动机制，做好居民区垃圾分类的宣传引导、协调推进和指导监督。发挥居（村）民自治组织作用，通过制定并落实居民守则、乡规民约等措施，引导居（村）民做好生活垃圾分类。落实住宅小区业主的垃圾分类投放主体责任，按照居民家庭“一二一”的分类要求，实行分类投放。通过格式合

同引导，促进业主委员会将设置垃圾分类容器、配置分类驳运机具、实行分类投放管理等服务内容纳入合同文本，并对物业企业履行分类投放管理责任人义务提供应有的便利及相应的收益保障。落实分类投放管理责任人责任（有物业服务的住宅小区，物业服务企业是生活垃圾分类投放管理责任人；未实行物业管理的，小区所在的居（村）委应承担分类投放管理责任人义务），对照分类小区达标评价“五有”标准，做好基础工作，保障居住区垃圾分类工作显现实效。发挥网格化管理平台作用，将垃圾分类容器规范化、道路废物箱规范化、分类投放实效管理等分别纳入网格化部件和事件内容。

6．全面落实以党政机关为示范引领的单位生活垃圾强制分类。建立党政机关和国有单位生活垃圾强制分类责任制，强化行业监督指导，落实教育、医疗卫生等行业垃圾分类推进工作。持续强化对单位生活垃圾分类容器配置、分类投放实效等执法检查工作，严格执行“不分类，不收运”的倒逼机制。加快研究制定与分类实效相挂钩的单位生活垃圾差别化收费机制，形成“有效分类少付费、不分类或分类不到位多付费”的收费标准。将单位生活垃圾强制分类执行情况纳入文明单位年度社会责任报告制度体系，逐步将垃圾分类行为规范教育纳入各类单位职工文明教育的重要内容。

（二）坚决杜绝“混装混运”，畅通垃圾全程分类渠道

7．落实分类驳运责任。切实落实居住区分类投放管理责任人职责，实现驳运模式和驳运工具的规范化。按照定点以桶换桶、驳运后定点收运、箱房分类直运等模式，街道（镇）等属地政府负责落实生活垃圾分类收运作业单位与区域内居住区物业或业主自治组织分类收集后的对接方式。物业或业主自治组织配置与对接模式相适应的分类驳运设备，并按照收集需求配套足量的人员和驳运机具：定点以桶换桶模式应配置规范、标准的分类收集容器；驳运后定点收运模式应配置标识清晰的干、湿分类驳运机具；箱房分类直运模式应规范管理居民分类投放和垃圾箱房分类收集。

8．配置分类收运装备。按照《上海市生活垃圾分类视觉识别系统》要求，2018 年全面完成现有干、湿垃圾专用收运车辆的标识、涂装更新。各区根据分类推进进程和湿垃圾分类实效进展，按计划逐步增加湿垃圾专用收运车辆配置。2018 年，各街道（镇）配置一辆色彩标识规范的有害垃圾专用运输工具，各区配置一辆色彩标识规范的有害垃圾专用运输机动车。

9．改造分类收运中转设施。按生活垃圾分类推进进程和分类中转运输的需求，对全市市属和各区运营的 41 座大型中转站进行升级改造。2018 年年底完成徐浦、虎林和长宁 3 座大型中转站的硬件改造，其余 38 座中转站，按照全程分类体系要求，进行站内标识规范化更新，并对中转站集装箱进行标识性喷涂，实现干、湿垃圾分类转运。根据进入市属基地的湿垃圾分类转运能力需求，2018 年、2019 年、2020 年分别新增约 45 只、45 只和 90 只湿垃圾专用集装箱，满足分类中转和市民监督的功能需求。

10．重构可回收物专项收运系统。按照本计划目标要求，各区严格对照时间节点，

分步完成再生资源“点、站、场”建设任务。到2018年年底，各区落实可回收物全程运营主体企业，并按照本市《两网融合回收体系建设导则》，做到“点、站、场”标识、公示规范，收运车辆、计量信息管理规范。无法落实集散场建设的中心城区，与市城投（集团）公司做好对接，由市城投（集团）公司予以托底保障。

11. 建立全程分类运输双向监督机制。建立面向公众的垃圾分类混装混运监督举报平台，制定举报规则、奖励规则，鼓励市民参与垃圾分类监督工作。建立分类投放管理责任人与收运作业单位的双向监督机制，落实分类投放管理责任人对环卫收运单位的分类收运执行情况和环卫收运作业单位对分类投放管理责任人的分类驳运、存储情况的双向监督。落实专业监督考核工作，按照“谁招标、谁监管”原则，由区主管部门或街道落实对环卫收运作业企业的日常监管。建立分类收运检查制度，组织力量对各区落实分类收运、居住区落实分类驳运的情况开展定期台账检查和不定期现场抽查，检查结果报送至各级垃圾分类联席会议召集人。对拒不配合进行源头分类驳运的物业企业依法予以处罚；对混装混运严重的生活垃圾环卫收运作业企业，实行市场退出。

12. 规范单位有害垃圾收运。按照《国家危险废物名录》（环境保护部令 第39号），对单位有害垃圾管理进行细化，细化单位生活垃圾中的有害垃圾类别，确定环卫作业企业收运单位有害垃圾的责任内容、需要条件、权限和应遵循的管理规范，并明确单位有害垃圾分类投放、收集、运输和处置环节的市区分工、管理部门和管理内容。

（三）加快末端处理设施建设，提升垃圾分类处置能力

13. 提高湿垃圾资源化利用能力。推广闵行经验，落实属地责任，将区级湿垃圾设施建设成效列入属地行政绩效考核体系，落实项目建设领导负责制，加快推进设施建设。老港湿垃圾资源化利用工程（1 000 t/d）、松江湿垃圾资源化利用工程（500 t/d）、金山湿垃圾资源化利用工程（250 t/d）、浦东湿垃圾资源化利用工程（700 t/d）力争2018年上半年开工建设，嘉定湿垃圾资源化利用工程（400 t/d）、宝山湿垃圾资源化利用工程（500 t/d）2018年下半年开工建设，实现年内全面开工。到2019年全市湿垃圾处理能力达到4 300 t/d，其中集中处理设施900 t/d，技改设施1 800 t/d，就地就近1 500 t/d；到2020年，日处理能力达到7 000 t/d。实现本市普遍推行生活垃圾分类制度后的湿垃圾资源化利用能力需求。

14. 提升干垃圾无害化处置水平。目前本市已规划建设焚烧能力为1.93万t/d（含老港再生能源利用中心二期6 000 t/d在建），拟增加9 700 t/d焚烧能力。通过落实项目属地政府和建设主体责任制，实现浦东黎明二期（3 000 t/d）、宝山（3 000 t/d）、松江天马二期（1 500 t/d）、奉贤二期（1 000 t/d）、金山二期（700 t/d）、崇明二期（500 t/d）年内开工。

嘉定（1 500 t/d）、老港基地（300 t/d）作为规划预留项目，完成规划预留项目研究工作。全力推进前述设施建设，到2020年达到3.28万t/d以上的生活垃圾总处理能力。

（四）强化政策标准引导，建成全程分类信息系统

15．建设垃圾分类全过程信息管理系统。充分利用物联网、互联网等技术，依据层级管理职责由管理主体建立市、区、街镇三级生活垃圾全程分类监管系统，实现产生源头与收运企业、收运企业与中转企业、中转企业与处置企业互相监督以及各级管理部门抽查监管行为的可追溯、可监督。充分整合社区现有的智能监控装置、运输车辆GPS设备、网格化监控资源等，结合垃圾箱房和定时定点分类投放点改建，探索智能监控装置在垃圾分类投放环节的监督管理作用。各区全程分类监管系统的建设进度与整区域推进进度相一致。

16．建立促进分类实效的政策制度。制定节能减排生活垃圾分类减量专项支持政策，对率先实现整区域年度达标目标的区，给予扶持政策，对达到年度目标（2018年整区域范围40%居住区达标、2019年70%居住区达标、2019年90%以上居住区达标）的给予持续性鼓励。明确整区域达标标准，按照整区域推进、居住区分类达标比例、单位和公共场所垃圾分类推进实效、垃圾量控制（干垃圾、湿垃圾、可回收物分类质量实效）等进行全面考核，同步制定差别化生活垃圾处理收费制度，按照干垃圾量、符合质量要求的湿垃圾和可回收分类量分别核定。对进入市属设施的区，实现湿垃圾和可回收物分类量达标，且干垃圾控制量超额完成控制量下限的，给予生活垃圾处置费10%减免收费；干垃圾控制量超出计划任务量上限的，对生活垃圾处置费进行惩罚性加收10%费用；干垃圾处理量超量完成任务指标但可回收物或湿垃圾并未完成目标任务的，取消减免收费。

17．健全生活垃圾分类全程标准体系。制定本市生活垃圾分类投放点和垃圾箱房建设标准。根据《实施方案》要求，结合生活垃圾分类国家标准、行业标准和住建部生活垃圾处理技术规范，综合本市地方标准，制定本市生活垃圾分类全程标准体系，用以指导各层级开展工作，并作为全市开展垃圾分类管理监督检查的依据。

三、保障措施

1．加快推进立法，提升法治保障。配合市人大，开展《上海市生活垃圾管理条例》立法工作。以法规为支撑，建立多部门协同执法机制，组织开展对全程分类的执法检查，实现执法监管信息共享，保障法律制度执行。

2．完善管理体制，强化监督机制。建立完善市、区、街镇各级生活垃圾分类减量联席会议及村（居）委生活垃圾综合管理协调机制并有效运行。各区联席会议至少每季度召开一次，统筹协调本区生活垃圾分类工作；街（镇）联席会议每月召开会议，督促、指导各责任主体落实责任；村（居）委每周通过综合管理协调机制，对居住区垃圾分类工作进行分析评价，加强薄弱环节督导。强化各区生活垃圾全过程分类监管，推行居住小区、街道（镇）的垃圾分类达标验收制度，建立政府、企业、社会等多层次监管体系，将垃圾分类纳入政府绩效管理的重要指标和作业企业诚信管理的重要内容，完善单位和市民有奖举报制度。

3．加强社会互动，提升分类意识。推广垃圾分类典型示范居住区做法，由居委或楼组干部“百分百入户”宣传、定时定点指导监督，为居民提供更加方便的知识查询和信息获取渠道，提高居民垃圾分类意识和参与率。加大全市性垃圾分类公益广告投播力度，增加公共场所垃圾分类公益广告位，联合本市电视、报纸、新媒体等多种媒介，营造更浓厚的宣传氛围。广泛推行垃圾分类知识“进机关、进校园、进课堂”，重点深入开展中小学垃圾分类教育，普及分类知识。

### 7.1.4.2 上海市 2018—2020 年生活垃圾全程分类体系建设任务清单（市级部门和有关责任单位）

2018—2020 年生活垃圾全程分类体系建设任务清单

（市级部门和有关责任单位）

| 项目 | 序号 | 任务内容 | 时间节点 | 牵头部门 | 配合部门 |
|---|---|---|---|---|---|
| 1．切实提升源头分类质量，实现生活垃圾准确投放 | 1.1 | 指导大型商场超市、便利店、集贸市场采购、售卖和使用符合本市标准的垃圾袋、分类桶 | 2018—2020 年 | 市商务委 | 市绿化市容局 |
| | 1.2 | 结合美丽家园，建立居住区和单位垃圾分类综合治理机制 | 2018—2020 年 | 市住建委、市房管局 | 市绿化市容局、市城管执法局 |
| | 1.3 | 将垃圾分类纳入物业服务标准体系，引导物业企业参与分类管理，保障物业企业在垃圾分类参与过程中的合法权益。鼓励通过居民公约、乡规民约等方式，加强垃圾分类居民自治 | 2018 年 | 市住建委、市房管局 | 市绿化市容局 |
| | 1.4 | 发挥网格化管理平台作用，将垃圾分类容器规范化、道路废物箱规范化、分类投放实效管理等分别纳入网格化部件和事件内容 | 2018 年 | 市住建委 | 市绿化市容局 |
| | 1.5 | 建立党政机关和国有单位生活垃圾强制分类责任制，强化行业监督指导 | 2018—2019 年 | 市机关事务管理局、市级机关各部门 | 各区政府 |
| | 1.6 | 强化属地主管部门业务指导和行业条线主管部门监督管理，落实教育、卫生医疗等行业垃圾分类制度推行工作 | 2018—2020 年 | 市教委、市卫健委 | 市绿化市容局、相关市级主管部门 |
| | 1.7 | 持续强化对单位生活垃圾分类容器配置、分类投放实效等执法检查工作 | 2018—2020 年 | 市住建委、市城管执法局 | 市绿化市容局 |
| | 1.8 | 加快研究制定与分类实效相挂钩的单位生活垃圾差别化收费机制，形成“有效分类少付费、不分类或分类不到位多付费”的收费标准 | 2018—2020 年 | 市财政局、市物价局 | 市绿化市容局 |
| | 1.9 | 将单位生活垃圾强制分类执行情况纳入文明单位创建重要指标，逐步将垃圾分类行为规范教育纳入各类单位职工文明教育的重要内容 | 2018—2020 年 | 市文明办 | 市绿化市容局 |

| 项目 | 序号 | 任务内容 | 时间节点 | 牵头部门 | 配合部门 |
| --- | --- | --- | --- | --- | --- |
| 2. 坚决杜绝“混装混运”，畅通垃圾全程分类渠道 | 2.1 | 切实落实居住区分类投放管理责任的职责落实，实现驳运模式和驳运工具的规范化 | 2018年 | 市房管局 | 市绿化市容局 |
| | 2.2 | 实施市属中转设施改造和标识规范的干湿分类中转 | 2018年 | 市城投集团 | 市绿化市容局 |
| | 2.3 | 重构可回收物专项收运系统，无法市场化运作和实现可回收物集散的中心城区，与市城投（集团）公司做好对接，由市城投（集团）公司在全市新建3座以上大型集散场，予以托底保障 | 2018—2020年 | 市城投集团 | 市发改委、市商务委 |
| | 2.4 | 新增45只、80只和180只湿垃圾专用集装箱，满足分类中转和市民监督的功能需求 | 2018年 | 市城投集团 | 市绿化市容局 |
| | 2.5 | 建立分类运输与分类中转“混装混运”双向监督机制 | 2018—2020年 | 市城投集团 | 市绿化市容局 |
| | 2.6 | 建立分类收运检查制度，组织力量对各区落实分类收运、居住区落实分类驳运的情况开展定期台账检查和不定期现场抽查，检查结果报送至各级垃圾分类联席会议召集人 | 2018—2020年 | 市绿化市容局 | 市房管局 |
| | 2.7 | 明确单位有害垃圾收运管理规范 | 2018年 | 市环保局 | 市绿化市容局 |
| 3. 加快末端处理设施建设，提升垃圾分类处理能力 | 3.1 | 提高湿垃圾资源化利用能力 | 2018—2020年 | 市绿化市容局、各相关区政府 | 市发改委、市住建委、市规土局、市环保局、市农委 |
| | 3.2 | 提升干垃圾处理能力 | 2018—2020年 | 市绿化市容局、各相关区人民政府、市城投集团 | 市发改委、市住建委、市规土局、市环保局 |
| 4. 强化政策标准引导，建成全程分类信息系统 | 4.1 | 建立市、区、街镇三级生活垃圾全程分类监管系统，实现产生源头与收运企业、收运企业与中转企业、中转企业与处置企业互相监督的行为以及各级管理部门抽查监管行为可追溯、可监督 | 2018—2019年 | 市绿化市容局、各区政府 | 市发改委、市经信委 |
| | 4.2 | 充分整合社区现有的智能监控装置、运输车辆GPS设备、网格化监控资源等，结合垃圾箱房和定时定点分类投放点改建，探索智能监控装置在垃圾分类投放环节的监督管理作用 | 2018—2019年 | 各区政府 | 市绿化市容局、市房管局 |
| | 4.3 | 制定节能减排生活垃圾分类减量专项支持政策，对率先实现整区域年度达标目标的区，给予扶持政策，对持续达到年度目标给予持续性鼓励 | 2018年 | 市发改委 | 市绿化市容局、市财政局 |
| | 4.4 | 制定本市生活垃圾分类全程标准体系 | 2018年 | 市绿化市容局 | 市质监局 |

| 项目 | 序号 | 任务内容 | 时间节点 | 牵头部门 | 配合部门 |
| --- | --- | --- | --- | --- | --- |
| 4. 强化政策标准引导，建成全程分类信息系统 | 4.5 | 明确整区域达标标准，按照整区域推进、居住区分类达标比例、单位和公共场所垃圾分类推进实效、垃圾量控制（干垃圾、湿垃圾、可回收物分类质量实效）等进行全面考核 | 2018—2020年 | 市绿化市容局 | 市发改委、市财政局 |
| | 4.6 | 制定差别化生活垃圾处理收费制度，对生活垃圾分类减量推进工作不力，进入末端处理量超量的区域采取增加10%左右的惩罚性收费；反之则给予减免，并设定递增或递减梯度 | 2018—2020年 | 市绿化市容局 | 市发改委、市财政局 |
| 5. 保障措施 | 5.1 | 加快研究制定本市生活垃圾强制分类制度的地方性法规 | 2018—2019年 | 市法制办 | 市绿化市容局、市城管执法局 |
| | 5.2 | 建立多部门协同执法机制，组织开展对全程分类的执法检查，实现执法监管信息共享，保障法律制度执行 | 2018—2020年 | 市规土局、市环保局 | 市绿化市容局、市财政局、市住建委 |
| | 5.3 | 健全完善市、区、街（镇）各级生活垃圾分类减量联席会议及村（居）委生活垃圾综合管理协调机制 | 2018—2020年 | 市绿化市容局 | 各联办成员单位 |
| | 5.4 | 各区联席会议做到至少每季度召开一次会议，统筹协调本区生活垃圾分类工作；街（镇）联席会议每月召开，督促、指导各责任主体落实好各自责任；村（居）委1到2周就居住区垃圾分类工作进行分析评价，并加强薄弱环节的督导 | 2018年 | 各区政府、各街道（镇） | 市民政局 |
| | 5.5 | 将垃圾分类纳入政府绩效管理的重要指标 | 2018—2020年 | 市公务员局 | 市绿化市容局 |
| | 5.6 | 广泛推行垃圾分类知识“进机关、进校园、进课堂”，重点深入开展中小学垃圾分类教育，普及分类知识 | 2018—2020年 | 市教委 | 市绿化市容局、团市委 |

### 7.1.4.3　上海市 2018—2020 年生活垃圾全程分类体系建设任务清单（各区）

表 1　上海市 2018—2020 年生活垃圾全程分类体系建设任务清单（各区）

2018 年

| 整区域推进 2018年 | 整区域推进 2019年 | 整区域推进 2020年 | 分类投放环节：垃圾分类和绿色账户推进累计数/万户 | 分类投放环节：达标创建小区数累计/个 | 分类投放环节：两网融合服务点新增/个 | 分类投放环节：废物箱标识更新（4月）/个 | 分类投放环节：定时定点/垃圾房改建累计/个 | 分类运输与转运：干垃圾车（标识到位）/个 | 分类运输与转运：湿垃圾车累计/辆 | 分类运输与转运：有害垃圾机动车（新增）/辆 | 分类运输与转运：两网融合中转站新增/个 | 分类运输与转运：垃圾中转站分类改建/个 | 分类实效：干垃圾末端控制量 t/d | 分类实效：居住区湿垃圾分类量 t/d | 分类实效：菜场湿垃圾分类量 t/d | 分类实效：餐厨垃圾分类量 t/d | 分类实效：两网融合分类量 t/d |
|---|---|---|---|---|---|---|---|---|---|---|---|---|---|---|---|---|---|
| 全区 | 全区 | 全区 | 27.1 | 315 | 57 | 2 029 | 840 | 84 | 13 | 1 | 5 | 1 | 651 | 38 | 20 | 44 | 19 |
| 全区 | 全区 | 全区 | 37.5 | 315 | 89 | 2 030 | 980 | 200 | 20 | 1 | 7 | 1 | 1 061 | 62 | 56 | 68 | 34 |
| 全区 | 全区 | 全区 | 43.8 | 371 | 109 | 1 266 | 842 | 161 | 30 | 1 | 6 | 1 | 1 052 | 74 | 40 | 84 | 34 |
| 全区 | 全区 | 全区 | 44.0 | 217 | 146 | 2 416 | 563 | 292 | 49 | 1 | 9 | 3 | 1 457 | 86 | 100 | 100 | 40 |
| 全区 | 全区 | 全区 | 37.2 | 125 | 96 | 1 769 | 627 | 156 | 60 | 1 | 5 | 0 | 827 | 58 | 60 | 64 | 27 |
| 全区 | 全区 | 全区 | 19.0 | 52 | 58 | 612 | 1 140 | 152 | 30 | 1 | 9 | 6 | 414 | 28 | 16 | 40 | 13 |
| 2个街镇 | 全区 | 全区 | 13.5 | 162 | 55 | 1 438 | 483 | 141 | 12 | 1 | 5 | 1 | 899 | 30 | 24 | 44 | 26 |
| 2个街镇 | 全区 | 全区 | 23.0 | 281 | 90 | 1 516 | 513 | 210 | 21 | 1 | 7 | 0 | 1 062 | 47 | 36 | 72 | 35 |
| 2个街镇 | 全区 | 全区 | 29.7 | 211 | 107 | 1 201 | 229 | 154 | 44 | 1 | 5 | 0 | 1 078 | 54 | 80 | 80 | 35 |
| 2个街镇 | 全区 | 全区 | 33.9 | 169 | 130 | 1 704 | 694 | 236 | 40 | 1 | 5 | 2 | 1 725 | 59 | 84 | 88 | 58 |
| 2个街镇 | 全区 | 全区 | 15.5 | 66 | 66 | 1 745 | 241 | 98 | 11 | 1 | 5 | 8 | 492 | 30 | 40 | 44 | 13 |

2019 年

| 整区域推进 2018年 | 整区域推进 2019年 | 整区域推进 2020年 | 分类投放环节：垃圾分类和绿色账户推进累计数/万户 | 分类投放环节：达标创建小区数累计/个 | 分类投放环节：两网融合服务点新增/个 | 分类投放环节：定时定点/垃圾房改建数累计/个 | 分类运输和转运：湿垃圾车累计/辆 | 分类运输和转运：两网融合中转站新增/个 | 分类实效：干垃圾末端控制 t/d | 分类实效：居住区湿垃圾分类量 t/d | 分类实效：菜场湿垃圾分类量 t/d | 分类实效：餐厨垃圾分类量 t/d | 分类实效：两网融合分类量 t/d |
|---|---|---|---|---|---|---|---|---|---|---|---|---|---|
| 全区 | 全区 | 全区 | 27.1 | 551 | 86 | 840 | 16 | 3 | 608 | 67 | 25 | 50 | 26 |
| 全区 | 全区 | 全区 | 37.5 | 551 | 133 | 980 | 25 | 4 | 994 | 109 | 63 | 77 | 46 |
| 全区 | 全区 | 全区 | 43.8 | 649 | 163 | 842 | 35 | 4 | 970 | 130 | 45 | 95 | 46 |
| 全区 | 全区 | 全区 | 44 | 380 | 219 | 563 | 54 | 5 | 1 354 | 151 | 113 | 113 | 54 |
| 全区 | 全区 | 全区 | 37.2 | 219 | 144 | 627 | 70 | 2 | 759 | 102 | 68 | 72 | 37 |
| 全区 | 全区 | 全区 | 19 | 91 | 86 | 1 140 | 50 | 5 | 382 | 49 | 18 | 45 | 17 |
| 2个街镇 | 全区 | 全区 | 22 | 378 | 82 | 1 088 | 15 | 3 | 842 | 70 | 27 | 50 | 36 |
| 2个街镇 | 全区 | 全区 | 36.3 | 656 | 135 | 1 154 | 26 | 4 | 975 | 109 | 41 | 81 | 48 |
| 2个街镇 | 全区 | 全区 | 42.9 | 492 | 160 | 515 | 503 | 3 | 974 | 126 | 90 | 90 | 48 |
| 2个街镇 | 全区 | 全区 | 52.3 | 394 | 195 | 1 561 | 70 | 3 | 1 606 | 137 | 95 | 99 | 79 |
| 2个街镇 | 全区 | 全区 | 26.6 | 154 | 99 | 543 | 20 | 3 | 437 | 70 | 45 | 50 | 17 |

2020 年

| 整区域推进 2018年 | 整区域推进 2019年 | 整区域推进 2020年 | 分类投放环节：垃圾分类和绿色账户推进累计数/万户 | 分类投放环节：达标创建小区数累计/个 | 分类投放环节：两网融合服务点新增/个 | 分类投放环节：定时定点/垃圾房改建数累计/个 | 分类运输和转运：湿垃圾车累计/辆 | 分类运输和转运：两网融合中转站新增/个 | 分类实效：干垃圾末端控制 t/d | 分类实效：居住区湿垃圾分类量 t/d | 分类实效：菜场湿垃圾分类量 t/d | 分类实效：餐厨垃圾分类量 t/d | 分类实效：两网融合分类量 t/d |
|---|---|---|---|---|---|---|---|---|---|---|---|---|---|
| 全区 | 全区 | 全区 | 27.1 | 708 | 86 | 840 | 20 | 2 | 565 | 95 | 25 | 55 | 34 |
| 全区 | 全区 | 全区 | 37.5 | 708 | 133 | 980 | 30 | 3 | 921 | 155 | 70 | 85 | 59 |
| 全区 | 全区 | 全区 | 43.8 | 834 | 163 | 842 | 42 | 2 | 888 | 185 | 50 | 105 | 59 |
| 全区 | 全区 | 全区 | 44 | 489 | 219 | 563 | 59 | 3 | 1 252 | 215 | 125 | 125 | 69 |
| 全区 | 全区 | 全区 | 37.2 | 282 | 144 | 627 | 80 | 2 | 691 | 145 | 75 | 80 | 47 |
| 全区 | 全区 | 全区 | 19 | 117 | 87 | 1 140 | 504 | 4 | 350 | 70 | 20 | 50 | 22 |
| 2个街镇 | 全区 | 全区 | 22 | 486 | S2 | 1 088 | 20 | 2 | 795 | 100 | 30 | 55 | 46 |
| 2个街镇 | 全区 | 全区 | 36.3 | 937 | 135 | 1 154 | 33 | 2 | 904 | 155 | 45 | 90 | 61 |
| 2个街镇 | 全区 | 全区 | 42.9 | 633 | 160 | 515 | 60 | 2 | 888 | 180 | 100 | 100 | 62 |
| 2个街镇 | 全区 | 全区 | 52.3 | 507 | 195 | 1 561 | 80 | 2 | 1 507 | 195 | 105 | 110 | 101 |
| 2个街镇 | 全区 | 全区 | 26.6 | 198 | 99 | 543 | 30 | 2 | 392 | 100 | 50 | 55 | 22 |

| 整区域推进 2018年 | 整区域推进 2019年 | 整区域推进 2020年 | 2018年 分类投放环节：垃圾分类和绿色账户推进累计数/万户 | 2018年 分类投放环节：达标创建小区数累计/个 | 2018年 分类投放环节：两网融合服务点新增/个 | 2018年 分类投放环节：废物箱标识更新（4月）/个 | 2018年 分类投放环节：定时定点/垃圾房改建累计/个 | 2018年 分类运输与转运：干垃圾车（标识到位）/个 | 2018年 分类运输与转运：湿垃圾车累计/辆 | 2018年 分类运输与转运：有害垃圾机动车（新增）/辆 | 2018年 分类运输与转运：两网融合中转站新增/个 | 2018年 分类运输与转运：垃圾中转站分类改建/个 | 2018年 分类实效：干垃圾末端控制量 t/d | 2018年 分类实效：居住区湿垃圾分类量 t/d | 2018年 分类实效：菜场湿垃圾分类量 t/d | 2018年 分类实效：餐厨垃圾分类量 t/d | 2018年 分类实效：两网融合分类量 t/d |
|---|---|---|---|---|---|---|---|---|---|---|---|---|---|---|---|---|---|
| 2个街镇 | 全区 | 全区 | 75.0 | 316 | 210 | 2 827 | 704 | 226 | 70 | 1 | 7 | 1 | 2 007 | 105 | 80 | 148 | 65 |
| 12个街镇 | 18个街镇 | 全区 | 94.8 | 812 | 453 | 12 744 | 771 | 640 | 100 | 1 | 18 | 12 | 5 422 | 248 | 240 | 316 | 171 |
| 2个街镇 | 4个街镇 | 全区 | 18.6 | 206 | 67 | 735 | 314 | 89 | 25 | 1 | 4 | 1 | 634 | 36 | 28 | 52 | 21 |
| 2个街镇 | 4个街镇 | 全区 | 40.6 | 222 | 161 | 5 596 | 639 | 334 | 55 | 1 | 6 | 0 | 1 733 | 83 | 36 | 116 | 52 |
| 2个街镇 | 11个街镇 | 全区 | 18.0 | 102 | 100 | 1 000 | 246 | 229 | 50 | 1 | 6 | 2 | 835 | 45 | 32 | 68 | 23 |
| 109个街镇 | 184个街镇 | 214个街镇 | 571.2 | 3 942 | 2 001 | 40 628 | 98 27 | 3 402 | 645 | 16 | 109 | 39+2 | 21 355 | 1 081 | 972 | 1 428 | 666 |

| 整区域推进 2018年 | 整区域推进 2019年 | 整区域推进 2020年 | 2019年 分类投放环节：垃圾分类和绿色账户推进累计数/万户 | 2019年 分类投放环节：达标创建小区数累计/个 | 2019年 分类投放环节：两网融合服务点新增/个 | 2019年 分类投放环节：定时定点/垃圾房改建数累计/个 | 2019年 分类运输和转运：湿垃圾车累计/辆 | 2019年 分类运输和转运：两网融合中转站新增/个 | 2019年 分类实效：干垃圾末端控制 t/d | 2019年 分类实效：居住区湿垃圾分类量 t/d | 2019年 分类实效：菜场湿垃圾分类量 t/d | 2019年 分类实效：餐厨垃圾分类量 t/d | 2019年 分类实效：两网融合分类量 t/d |
|---|---|---|---|---|---|---|---|---|---|---|---|---|---|
| 2个街镇 | 全区 | 全区 | 84.6 | 737 | 315 | 1 583 | 80 | 4 | 1 817 | 245 | 90 | 167 | 89 |
| 12个街镇 | 18个街镇 | 全区 | 130 | 1 624 | 680 | 1 542 | 120 | 11 | 5 049 | 495 | 270 | 356 | 233 |
| 2个街镇 | 4个街镇 | 全区 | 22.7 | 412 | 101 | 628 | 35 | 2 | 581 | 72 | 32 | 59 | 29 |
| 2个街镇 | 4个街镇 | 全区 | 50 | 444 | 251 | 1 279 | 60 | 4 | 1 614 | 165 | 41 | 131 | 71 |
| 2个街镇 | 11个街镇 | 全区 | 24 | 204 | 150 | 493 | 60 | 3 | 771 | 90 | 36 | 77 | 31 |
| 109个街镇 | 184个街镇 | 214个街镇 | 700 | 7 936 | 2 999 | 15 375 | 786 | 63 | 19 735 | 2 184 | 1 094 | 1 607 | 908 |

| 整区域推进 2018年 | 整区域推进 2019年 | 整区域推进 2020年 | 2020年 分类投放环节：垃圾分类和绿色账户推进累计数/万户 | 2020年 分类投放环节：达标创建小区数累计/个 | 2020年 分类投放环节：两网融合服务点新增/个 | 2020年 分类投放环节：定时定点/垃圾房改建数累计/个 | 2020年 分类运输和转运：湿垃圾车累计/辆 | 2020年 分类运输和转运：两网融合中转站新增/个 | 2020年 分类实效：干垃圾末端控制 t/d | 2020年 分类实效：居住区湿垃圾分类量 t/d | 2020年 分类实效：菜场湿垃圾分类量 t/d | 2020年 分类实效：餐厨垃圾分类量 t/d | 2020年 分类实效：两网融合分类量 t/d |
|---|---|---|---|---|---|---|---|---|---|---|---|---|---|
| 2个街镇 | 全区 | 全区 | 84.6 | 948 | 315 | 1 583 | 90 | 2 | 1 662 | 350 | 100 | 185 | 114 |
| 12个街镇 | 18个街镇 | 全区 | 182.5 | 2 436 | 680 | 2 313 | 140 | 7 | 4 594 | 825 | 300 | 395 | 297 |
| 2个街镇 | 4个街镇 | 全区 | 26.9 | 618 | 101 | 942 | 40 | 2 | 516 | 120 | 35 | 65 | 37 |
| 2个街镇 | 4个街镇 | 全区 | 67.4 | 666 | 251 | 1 918 | 80 | 2 | 1 468 | 275 | 45 | 145 | 91 |
| 2个街镇 | 11个街镇 | 全区 | 30 | 306 | 150 | 739 | 70 | 2 | 691 | 150 | 40 | 85 | 39 |
| 109个街镇 | 184个街镇 | 214个街镇 | 780.1 | 10 873 | 3 000 | 17 346 | 924 | 41 | 18 086 | 3 315 | 1 215 | 1 785 | 1 160 |

**表 2 上海市各区生活垃圾分类处理设施建设进度表（2018—2020 年）**

| 区域 | | 干垃圾设施 | | | 湿垃圾设施 | | | | 可回收物（集散场） | 有害垃圾 |
|---|---|---|---|---|---|---|---|---|---|---|
| | | 设施名称 | 能力/(t/d) | 进度安排 | 2018 年物流安排 | 2018—2020 年设施建设计划：名称 | 能力/(t/d) | 进度安排 | | |
| 中心城区 | 浦东新区 | 浦东黎明焚烧二期 | 3 000 | 2019 年建成 | 区处理 | 浦东曹路湿垃圾资源化利用工程 | 700 | 2018 年开工、2020 年建成 | 2018 年 | 新增本市危险废物设施处理能力（市环保） |
| | 黄浦区 | 1. 老港应急填埋二期<br>2. 老港再生能源中心二期<br>3. 老港基地再生能源中心（预留） | 5 000（填埋）<br>6 000（焚烧）<br>3 000（焚烧） | 填埋厂 2018 年投入使用；焚烧厂 2019 年投入试用 | 35 t（246 t 压榨后残渣需处理） | 老港湿垃圾资源化利用工程<br>普陀湿垃圾资源化利用项目 | 1 000<br>800 | | | |
| | 徐汇区 | | | | 54 t | | | | | |
| | 长宁区 | | | | 38 t | | | | 2018 年 | |
| | 静安区 | | | | 77 t | | | | | |
| | 虹口区 | | | | 42 t | | | | | |
| | 普陀区 | | | | 区级设施 | | | | | |
| | 杨浦区 | | | | 区级设施 | | | | | |
| 近郊 | 闵行区 | — | | | 一镇一站 | 闵行华漕湿垃圾资源化利用项目二期 | 400 | 2019 年建成 | 2018 年 | |
| | 宝山区 | 再生能源利用工程 | 3 000 | 2018 年开工 | 一镇一站+区级 | 月浦湿垃圾资源化利用项目 | 500 | 2018 年开工、2020 年建成 | 2018 年 | |
| 远郊区 | 嘉定区 | 再生能源中心二期 | 1 500 | 规划预留 | 一镇一站+区级 | 嘉定湿垃圾处理资源化利用项目 | 400 | | 2018 年 | |
| | 金山区 | 金山再生能源中心 | 700 | 2018 年开工 | 一镇一站+区级 | 金山湿垃圾资源化利用项目 | 250 | | 2018 年 | |
| | 松江区 | 天马焚烧厂二期 | 1 500 | 2018 年开工 | 一镇一站 | 松江湿垃圾处理资源化利用项目 | 500 | | 2018 年 | |
| | 青浦区 | | | | 一镇一站+区级 | 综合处理厂技改工程 | 300 | 2018 年完成 | 2018 年 | |
| | 奉贤区 | 再生能源利用二期 | 1 000 | 2018 年开工 | 一镇一站 | 资源化利用工程技改 | 150 | 2018 年完成 | 2018 年 | |
| | 崇明区 | 再生能源利用二期 | 500 | 2018 年开工 | 一镇一站 | 湿垃圾分散处理能力 | 200 | 2018 年完成 | 2018 年 | |

#### 7.1.4.4 《上海市生活垃圾分类示范区、达标（示范）街镇（乡、工业区）综合考评办法（2020 年版）》

为贯彻落实《上海市生活垃圾管理条例》中“应当对本市生活垃圾分类情况进行定期评估，评估报告要向社会公布”的要求，推进属地责任落实，促进常态长效管理，持续提升本市生活垃圾分类实效及精细化管理水平，特制定《上海市生活垃圾分类示范区、达标（示范）街镇（乡、工业区）（以下简称“街镇”）综合考评办法（2020 年版）》，具体如下。

一、示范区、达标（示范）街镇标准

（一）生活垃圾分类示范区

被评定为生活垃圾分类示范区的，应同时达到以下条件：

1．区域内所有街镇达到垃圾分类达标街镇标准，其中 85%以上街镇达到示范街镇标准；

2．辖区内当年度未发生分类实效弄虚作假、混装混运、偷乱倒等引发重大舆情的事件，且经市生活垃圾分类减量联席会议办公室（以下简称“市分减联办”）复核（含区际互评）居住区和单位分类达标率达到 95%以上。

（二）生活垃圾分类达标（示范）街镇

1．生活垃圾分类达标街镇（以下简称“达标街镇”）：生活垃圾分类综合考评年度评分（以上半年度和下半年度综合考评平均得分计算）达 80 分及以上的。

2．生活垃圾分类示范街镇：生活垃圾分类综合考评年度评分（以上半年度和下半年度综合考评平均得分计算）达 90 分及以上的。

二、生活垃圾分类综合考评

本市生活垃圾分类达标（示范）街镇创建及复核采用结构化综合考评制度，综合考评由市分减联办组织，包括第三方测评、社会评价、管理部门考核三部分构成（详见附件 1），权重分别为 60 分、20 分、20 分。

（一）第三方测评

第三方测评共 60 分，按照“双随机”“四不两直”原则开展现场实地检查，建立审核制度，确保客观公正。

1．第三方测评对象、标准及频率。第三方测评单位由市分减联办招标确定，对全市的居住区、单位、沿街商铺垃圾分类达标情况进行实地检查（具体标准详见附件 2）。第三方测评全年开展，每季度覆盖所有街镇并形成测评报告反馈各区，全年共实地检查居住样本 15 000 个以上，单位样本 5 500 个以上（含复查）。每半年度测评得分为该半年度内季度平均分。

2．第三方测评审核制度。第三方测评采取多重审核制度，所有检查样本均在后台进行资料齐全性审核、问卷准确性审核、重点指标审核等流程。同时，为减少现场检查人员的人为因素影响，管理部门在后台对现场检查音频视频信息定期开展校核。市分减联办按季度组织力量对第三方测评样本随机抽取5%进行实地复核（复核过程中引入区分减联办参与，实地复核评分纳入对示范区考评），保障第三方测评的真实有效、客观公正。

（二）社会评价

社会评价20分，由市、区人大代表和政协委员、市级联席会议成员单位干部职工、市生活垃圾管理社会监督员参与对生活垃圾分类实效的评价。社会评价每半年汇总一次，方式为问卷调查（问卷详见附件3），主要考评社会各界对街镇垃圾分类开展情况和实效的认可度与满意度。

1．人大代表和政协委员评价。由市、区两级人大代表通过在线问卷填写的形式，对本人居住小区和工作单位的垃圾分类实效情况进行评价。

2．市级联席会议成员单位干部职工评价。由市分类减量联席会议市级成员单位干部职工对本人居住小区的垃圾分类实效情况进行评价。市级各成员单位参与人员每次应不少于10人。

3．社会监督员评价。由市级生活垃圾管理社会监督员按照监督员职责，对居住区和单位垃圾分类实效情况进行评价。

社会评价遵循代表性原则，如出现评价样本分布不均、评价结果不完整等情形，将通过统计学相关公式对数据进行修正或对相关权重进行调整。

（三）管理部门考核

管理部门考核20分，由市分减联办牵头，汇总市绿化市容局、市房屋管理局、市城管执法局等市联席会议成员对各区、各街镇垃圾分类日常管理与长效机制（具体要求详见附件1）等方面的考核意见。管理部门考核每半年开展一次，各区、各街镇应按市分减联办要求于每年6月20日、11月20日前报送本区和本街镇半年度“生活垃圾分类工作情况表”（详见附件4）。

街镇生活垃圾分类综合考评结果每半年公布一次，公布渠道为《解放日报》《新闻晨报》《新民晚报》和“上海发布”“绿色上海”等渠道。

### 三、示范区、达标（示范）街镇评定

示范区、达标（示范）街镇原则上每年评定一次，由市分减联办组织实施，评定程序为区分减联办初审、市分减联办综合评定、公示和命名表彰。

1．初审。由区分减联办根据辖区内生活垃圾分类开展情况和各街镇综合考评结果，对标示范区、达标（示范）街镇标准，提出初步审核意见，形成本区“生活垃圾分类示范区、达标（示范）街镇评估报告”。

2．评定。由市分减联办组织对各区分减联办初审情况、综合考评结果以及重大舆情等情况等进行综合评估，提出拟命名示范区、示范街镇、达标街镇名单。

3. 公示。对拟命名的示范区、示范街镇、达标街镇，通过上海市绿化和市容管理局官网、绿色上海微信公众号等平台进行社会公示，公示期不少于5个工作日。

4. 命名表彰。经公示无异议，或对投诉举报等经市分减联办核实不影响达标、示范的，予以命名表彰。

**四、结果应用**

生活垃圾分类综合考评结果作为落实《关于印发〈上海市生活垃圾分类专项补贴政策实施方案〉的通知》（沪绿容〔2019〕500号）的依据。

被评定为示范街镇的，按照《关于印发〈上海市生活垃圾分类专项补贴政策实施方案〉的通知》（沪绿容〔2019〕500号）的规定核发相关专项补贴。

2018年、2019年已获得生活垃圾分类示范街镇称号，但依据本考评办法未能被评定为示范街镇的，视为复评、复核未通过。

表：

1. 生活垃圾分类达标（示范）街镇考评标准构成表
2. 居住区、单位、沿街商铺生活垃圾分类测评细则
3. 居住区生活垃圾分类实效评价问卷
4. 生活垃圾分类工作情况表

**表1 生活垃圾分类达标（示范）街镇考评标准构成表**

| 类别 | 项目 | 内容 | 分值 | 评分标准 | 考核方式 |
|---|---|---|---|---|---|
| 专业测评 | 第三方测评 | 居住区达标 | 35 | 本项满分35分，达标居住区达95%，本项可得32分，每高1个百分点加0.6分，每低1个百分点扣0.6分，扣完即止 | 实地检查 |
| | | 单位（不含沿街商铺）达标 | 20 | 本项满分20分，达标单位达95%，本项可得18分，每高1个百分点加0.4分，每低1个百分点扣0.4分，扣完即止 | |
| | | 沿街商铺上门收集 | 5 | 本项满分5分，按照沿街商铺生活垃圾上门分类收集测评结果进行折算 | |
| 社会评价 | 人大代表与政协委员评价 | 人大代表与政协委员、市分减联席会议成员单位机关工作人员、市级社会监督员对辖区内生活垃圾分类推进情况具有较高认可度，对分类实效评价较高 | 20 | 根据辖区内问卷调查评价得分，按权重进行折算 | 问卷调查 |
| | 市级联席会议成员单位评价 | | | | |
| | 社会监督员评价 | | | | |

| 类别 | 项目 | 内容 | 分值 | 评分标准 | 考核方式 |
|---|---|---|---|---|---|
| 联办综合考评 | 组织制度 | 建立街镇垃圾分类联席会议机制和居（村）每1～2周的垃圾分类工作分析评价制度，落实“一小区一方案”，各方责任明确、运行正常有效 | 3 | 1. 未建立街镇联席会议机制，扣0.5分；机制不完善，未有效推动工作，酌情扣0.1～0.4分。<br>2. 未建立居（村）每1～2周的垃圾分类工作分析评价制度，扣0.5分；分析评价制度执行不到位，未有效推动工作的，酌情扣0.1～0.4分。<br>3. 经查证，居（村）未制定定时定点分类投放、误时分类投放“一小区一方案”的，或未开展居民意见征询工作的，扣0.5～1分 | 书面检查及日常考核 |
| | 分类实效 | 1. 分类实效明显：辖区内各类垃圾分类量与街镇规模相匹配；<br>2. 落实分类管理：分类清运管理到位，无混装混运现象；无因生活垃圾分类管理不善造成环境影响而引发的市民投诉 | 4 | 1. 干垃圾、湿垃圾、可回收物分类量均完成街镇考核指标的，本项满分；任意一项未完成指标的，每低于指标5%扣0.5分（干垃圾为控制量，每超过5%，扣0.5分），本项扣完即止。<br>2. 街镇有经查实的混装混运情况，发现一起扣0.5分，本项扣完即止。<br>3. 发现一起经查实因生活垃圾分类管理不善造成环境影响而引发的市民投诉，扣0.2分，本项扣完即止 | |
| | 日常管理 | 1. 城管部门执法到位；<br>2. 分类投放管理责任人（以物业为主）工作落实有效 | 6 | 1. 未完成市城管执法部门部署的执法宣传任务、区域全覆盖任务、执法查处全过程任务指标的，由市城管部门按档给分，满分3分。<br>2. 由市房管部门根据街镇内物业管理部门工作落实情况和物业服务企业分类投放管理责任人落实情况按档给分，满分3分 | |
| | 可回收物管理 | 可回收物管理有效：按照标准要求和提升改造任务节点完成可回收物服务点、中转站提升改造，发挥功能且运行有效，各环节数据管理规范 | 7 | 1. 可回收物服务点未按照标准在第二季度完成70%、第三季度完成90%，11月底全面完成提升改造指标的，每滞后1%扣0.1分，扣满2分为止。<br>2. 可回收物中转站未按照标准在第二季度提出方案、第三季度实施改造、11月底全面完成提升改造指标的，每滞后1次分别扣0.5分、0.5分、1分。<br>3. 经现场检查，发现中转站但无公示牌的，扣0.1分；现场仓储物品堆放混乱，环境脏乱差的，酌情扣0.5～1分，无必要环保、安全、称重、分拣等作业设备的，酌情扣0.5～1分，无台账数据和物流去向的，酌情扣0.5～1分，扣满3分为止。<br>4. 可回收物回收管理数据混乱，无法实现数据可追溯、可考证的，扣0.5～2分 | |

注：1. 按照本表考核标准，经综合考评，总分达80分及以上则符合达标街镇标准；总分达90分及以上则符合示范街镇标准。

2. 辖区内当年度发生分类实效弄虚作假或混装混运、偷乱倒等舆情事件（指引起人大代表、政协委员、市领导关注的），本考核为0分（一票否决项）。

3. 经向市、区两级生活垃圾分类减量推进工作联席会议办公室申请并确认，辖区内无中转站但通过其他有效方式实现可回收物中转功能的街镇，“可回收物管理有效（7分）”该项视辖区内可回收物收集、运输及管理情况予以评分。

**表 2　居住区、单位、沿街商铺生活垃圾分类测评细则**

表 2.1　居住区生活垃圾分类达标评分细则

| 项目 | 标准分 | 项目内容 | 具体要求 | 评分细则 |
|---|---|---|---|---|
| 有设施设备 | 15 | 四分类收集容器规范设置，容器配置合理充足；分类驳运机具规范设置。（15分） | 四分类容器齐全；干湿容器成组；垃圾收集容器颜色和标识正确、无破损。垃圾无满溢。收集点配有破袋、洗手装置。（12分） | 1. 现场观察，发现交付点（垃圾箱房及集中收集点）缺失任一类型垃圾投放容器（有害垃圾、可回收物或全品类可回收物服务点、干垃圾、湿垃圾）扣 10 分。<br>2. 发现任意一处投放点“干、湿垃圾”容器不成组出现，扣 5 分。<br>3. 发现任一容器颜色不符合本市地方标准，扣 1 分。<br>4. 发现任一投放容器破损、缺少垃圾桶盖，扣 1 分。<br>5. 发现任一标识不符合本市地方标准，名称正确但图示不正确，扣 1 分；名称和图示都不正确扣 10 分。<br>（以上五项共计 10 分扣完为止）<br>6. 发现一处投放点或垃圾房任一收集容器内垃圾满溢（明显高出容器上沿），扣 2 分。<br>7. 发现任意一处投放点无破袋装置或洗手装置的，扣 1 分；均无的，扣 2 分。<br>单个小区抽查 50%的垃圾投放点，最少查 1 处，最多查 3 处 |
| | | | 规范设置分类驳运机具。（3 分） | 1. 现场观察，发现生活垃圾驳运机具未设置分类标识，扣 3 分。<br>2. 驳运机具分类标识不正确，每个扣 2 分。<br>3. 无驳运环节小区即无需驳运机具的本项不扣分 |
| 有宣传告知 | 10 | 宣传氛围良好；居民知晓度高。（10 分） | 设置公示告知牌、宣传海报（黑板报）等宣传方式。（6 分） | 1. 现场观察，发现未设置公示告知牌，扣 2 分。<br>2. 发现公示告知牌缺失任一类型（分类类别、收运单位、物流去向、监督电话）信息扣 0.5 分。<br>3. 发现小区宣传告知氛围不足［含公示告知牌、垃圾放外观分类宣传、宣传画、宣传墙、横幅、标牌、电子显示屏、黑板报、荣辱榜等少于 3 块（不含）］，少 1 个扣 1 分。<br>4. 发现宣传海报内容存在错误或破损或遮挡等，扣 1 分 |
| | | | 一小区一方案落实告知宣传情况。（4 分） | 现场询问 5 名居民，反映未做好本小区分类投放方案宣传告知（居委或楼组入户征询或告知、小喇叭反复宣传、楼组学习类党建活动等）工作的，1 名扣 1 分，2 名扣 2 分，3 名及以上扣 4 分 |
| 有回收服务 | 10 | 可回收物服务点管理规范、运行良好。（10 分） | 规范设置可回收物服务点。（5 分） | 1. 凡示范小区应设置可回收物服务点，现场观察，发现未设置可回收物服务点的，扣 5 分。<br>2. 发现有服务点但无可回收物公示牌的，扣 3 分。<br>3. 服务点不能或拒绝回收低价值可回收物（玻金塑纸衣五大类）的，缺一类扣 1 分。<br>4. 公示牌未注明回收种类、价格、服务时间、服务及投诉电话等信息的，缺一项扣 0.5 分 |
| | | | 可回收物服务点运行正常。（5 分） | 1. 根据服务点设施类型，对于示范型、标准型、自助型等固定型服务点不能正常实现功能的，按小区内设置数量组平均赋分，扣完 5 分为止。<br>2. 对于流动型服务点，电话询问预约回收、上门回收等方式的服务电话，发现不能正常服务，扣 5 分。<br>3. 询问 5 位居民，不清楚小区有可回收物回收服务的，1 名扣 1 分，2 名扣 2 分，3 名及以上扣 5 分 |

| 项目 | 标准分 | 项目内容 | 具体要求 | 评分细则 |
| --- | --- | --- | --- | --- |
| 有长效管理 | 20 | 长效管理机制健全。(20分) | 分类驳运行为规范。(5分) | 1. 发现混装驳运（驳运车辆标识与驳运垃圾种类明显不符的）或经举报查实混装混运的，扣20分。<br>2. 禁止将无分类标识驳运车辆用作垃圾投放容器，发现一处扣5分 |
| | | | 垃圾存放的环境控制及清运后及时冲洗。(7分) | 1. 发现垃圾投放点环境卫生质量差（有明显积水、有散落零星垃圾或明显异味的），仅有1个投放点的，扣2.5分；有2个投放点的，每个点位扣1.5分；有3个点位以上的，每个点位扣1分。扣完2.5分为止。<br>2. 发现垃圾投放点未采取异味控制措施（使用除臭剂等除臭工具或有除臭记录、垃圾桶密闭存放等），仅有1个投放点的，扣2.5分；有2个投放点的，每个点位扣1.5分；有3个点位以上的，每个点位扣1分。扣完2.5分为止。<br>3. 现场询问小区内5位居民，反映垃圾清运不及时（如容器不足、周转不勤导致晚间满溢）或清运后场地与容器未及时冲洗的，1名扣0.5分，2名扣1分，3名及以上的扣2分 |
| | | | 无小包垃圾落地。(8分) | 现场观察，在小区公共场所、投放点或垃圾房周边，发现有2包（件）以下小包垃圾，扣1.5分；发现有3～5包小包垃圾（件），扣3分；发现6～10包小包垃圾（件），扣5.5分；发现10包（件）小包垃圾以上的扣8分（同一小区内各点位可累积计算） |
| 有分类实效 | 45 | 居民正确参与度高。(45分) | 居民主动参与垃圾分类投放。(25分) | 定时定点居住区：<br>1. 现场观察5位居民投放垃圾行为：发现1名居民未参与分类投放的，扣1分；发现2名居民未参与分类投放的，扣5分；发现3名居民未参与分类投放的，扣10分；发现4名居民未参与分类投放的，扣18分；发现5名居民未参与分类投放的，扣25分（若在观察时间30分钟内未发现5名居民投放生活垃圾，可采用问卷形式替代）<br>2. 现场观察5位居民投放垃圾行为过程中：发现1名居民湿垃圾未破（倒）袋投放的，扣0.5分；发现2名居民湿垃圾未破（倒）袋投放的，扣1分；发现3名居民湿垃圾未破（倒）袋投放的，扣1.5分；发现4名居民湿垃圾未破（倒）袋投放的，扣2分；发现5名居民湿垃圾未破（倒）袋投放的，扣2.5分（若在观察时间30分钟内未发现5名居民投放湿垃圾，则缺失组取平均值等比例赋分）<br><br>定时定点+误时投放居住区：定时定点时间测评方法同上述。误时投放时间，观察40分钟，如不满5位居民投放垃圾的，采用问卷询问方式补足。扣分规则同定时定点测评。<br>楼层或门前设桶的：观察5组干湿垃圾桶投放情况。<br>1. 按发现垃圾桶任意一个桶有大量垃圾混杂情况予以扣分，发现1组扣1分；发现2组扣5分；发现3组扣10分；发现4组扣18分；发现5组扣25分。<br>2. 按发现垃圾桶任意一个桶有少量垃圾混杂情况予以扣分，发现1组扣0.5分；发现2组扣2.5分；发现3组扣5分；发现4组扣9分；发现5组扣12.5分。<br>3. 不满5组的，缺失组取平均值等比例赋分。如现场只检查到4组，则第五组取前4组的平均值确定得分 |

| 项目 | 标准分 | 项目内容 | 具体要求 | 评分细则 |
|---|---|---|---|---|
| 有分类实效 | | | 垃圾分类纯净度良好。(20分) | 定时定点居住区：<br>1. 湿垃圾与干垃圾纯净度：对定时投放点数量在3个及以上的，现场观察3个投放点湿垃圾桶纯净度情况，发现湿垃圾收集容器有少量其他类型垃圾混杂的，每个点扣2分；发现严重混杂的，每个点扣4分（扣满10分为止）；发现干垃圾容器（3个）内有明显其他类型垃圾混杂的，每个扣1分；发现有大量其他类型垃圾混杂的，每个扣2分（扣满5分为止）。不满3组的，缺失组取平均值等比例赋分。例如现场只检查到2组，则第三组取前2组的平均值确定得分。<br>2. 可回收物与有害垃圾纯净度：现场观察可回收物、有害垃圾桶纯净度情况，发现某一类收集容器有少量其他类型垃圾混杂的，扣1.5分，发现有大量其他类型垃圾混杂的，扣3分（扣满5分为止）。<br><br>定时定点+误时投放方式居住区：<br>1. 湿垃圾与干垃圾纯净度：定时定点投放点垃圾纯净度检查标准同上述，扣分标准按上述66%执行，误时投放点纯净度测评现场观察一个误时投放点，发现湿垃圾收集容器有少量其他类型垃圾混杂的，扣2分；发现严重混杂的，扣3分。发现干垃圾容器内有明显其他类型垃圾混杂的，扣1分；发现有大量其他类型垃圾混杂的，扣2分。<br>2. 可回收物与有害垃圾纯净度：现场观察可回收物、有害垃圾桶纯净度情况，发现某一类收集容器有少量其他类型垃圾混杂的，扣1.5分，发现有大量其他类型垃圾混杂的，扣3分（扣满5分为止）。<br><br>采用楼层或门洞设桶的：<br>1. 湿垃圾与干垃圾纯净度：现场观察5组楼层或门洞湿垃圾、干垃圾容器，发现1处少量混杂的，扣1.5分，明显混杂的扣3分；发现2处容器少量混杂的，扣3分，明显混杂的扣6分；发现3处容器有少量混杂的，扣4.5分，有明显混杂的扣9分；发现4处容器有少量混杂的，扣6分，有明显混杂的扣12分；发现5处容器有少量混杂的，扣7.5分，有明显混杂的扣15分。不满5组的，缺失组取平均值等比例赋分。<br>2. 可回收物与有害垃圾纯净度：现场观察可回收物、有害垃圾桶纯净度情况，发现某一类收集容器有少量其他类型垃圾混杂的，扣1.5分；发现有大量其他类型垃圾混杂的，扣3分（扣满5分为止） |

注：1. 按照本表考核标准，经综合考评，总分达90分及以上为达标小区。

2. 若小区采取不破袋投放方式，“居民主动参与垃圾分类投放”项中“湿垃圾破袋投放”2.5分，按照“垃圾分类纯净度良好”项中“湿垃圾纯净度”扣分情况进行等比例扣分。

3.“垃圾分类纯净度”中“干垃圾混杂其他垃圾”的表述中不包括少量低价值可回收物混入干垃圾的情形。

表 2.2　单位生活垃圾分类达标评分细则

| 项目 | 标准分 | 项目内容 | 具体要求 | 评分细则 |
| --- | --- | --- | --- | --- |
| 分类容器配置规范 | 25 | 交付点分类收集容器设置规范。(12 分) | 设置可回收物、有害垃圾、湿垃圾、干垃圾分类收集容器/区域，容器标识、颜色规范 | 1. 现场观察，发现交付点（垃圾箱房及集中收集点）缺失任一类型分类收集容器（有害垃圾、可回收物、干垃圾、湿垃圾）扣 12 分。<br>2. 发现任意一类型分类收集容器标识不规范的，每类型酌情扣 0.4～2.0 分（100%>规范率≥80%以上扣 0.4 分，80%>规范率≥50%扣 1 分，规范率<50%扣 2 分）。<br>3. 发现任一类型收集垃圾容器颜色不规范的，酌情扣 0.2～1.0 分（规范率≥80%扣 0.2 分，80%>规范率≥50%扣 0.5 分，规范率<50%扣 1.0 分）。<br>4. 每类收集容器标识或颜色规范率为该类型中标识或颜色规范的容器数量占该类型全部收集容器抽查数量的比例，抽查数量视单位体量而定，每类 2～10 个样本 |
| | | 公共区域收集容器设置规范。(8 分)<br>（含餐饮店的就餐大厅/大堂） | 设置干垃圾、可回收物收集容器，容器标识规范 | 1. 现场观察，发现未设置干垃圾或可回收物分类收集容器每类型扣 3 分。<br>2. 干垃圾、可回收物各查 5 个容器，发现任一容器标识不规范，每类垃圾桶 1 处扣 0.5 分，2～3 处扣 1.5 分，4 处扣 3 分，5 处扣 5 分，扣满 8 分为止。<br>3. 不足 5 个的，缺失组取平均值等比例赋分。干垃圾、可回收物容器得分各占 1/2 |
| | | 食堂及餐饮的后厨区域收集容器设置规范。(5 分)<br>（含菜场的营业场所/公共区域） | 设置干垃圾、湿垃圾分类收集容器，容器标识规范 | 1. 现场观察，发现未设置干垃圾或湿垃圾收集容器，每类型扣 5 分。<br>2. 发现任一容器标识不规范，每类垃圾桶 1 处扣 0.5 分，2～3 处扣 1.5 分，4 处扣 3 分，5 处扣 5 分，扣满 5 分为止 |
| 宣传告知规范 | 15 | 宣传氛围浓厚。(8 分) | 有宣传告知内容、海报、标语等，宣传氛围浓厚，内容正确，宣传物无严重破损/遮挡/脱落/脏污等 | 1. 现场观察，没有配置宣传告知内容或海报或标语，扣 8 分。<br>2. 宣传告知内容或海报或标语只出现 1 处的，扣 2 分；只出现 2 处的，扣 1 分。<br>3. 宣传告知内容或海报或标语设置在人流量小的地方，发现 1 处扣 1 分；宣传告知内容或海报不醒目的，发现 1 处扣 1 分。<br>4. 宣传内容错误，发现 1 处扣 1 分；宣传内容有严重破损/遮挡/脱落/脏污等，发现 1 处扣 1 分（本项扣满 8 分为止） |
| | | 宣传培训到位。(7 分) | 单位员工宣传培训到位。(3 分) | 现场询问 5 名单位员工：<br>发现 1 名反映没有开展宣传培训扣 1 分；发现 2～3 名反映没有开展宣传培训扣 2 分；发现 4 名及以上反映没有开展宣传培训扣 3 分 |

| 项目 | 标准分 | 项目内容 | 具体要求 | 评分细则 |
|---|---|---|---|---|
| | | | 单位员工知晓率高。（4分） | 现场询问5名单位员工：<br>1. 发现未正确掌握垃圾分类知识的，1名扣1分，2名扣2分，3名及以上扣4分。<br>2. 发现部分掌握垃圾分类知识的，1名扣0.5分，2名扣1分，3名扣1.5分，4名扣2分，5名扣2.5分 |
| 保洁人员作业规范 | 10 | 分类清运规范。（3分） | 垃圾及时清运、清理及冲洗。（3分） | 1. 现场询问物业、单位职工等成员5名，了解本单位垃圾清运后清理及冲洗情况，发现1位职工反馈本单位垃圾清运后不及时清理和冲洗的，扣0.5分。<br>2. 发现垃圾房或集中点环境卫生质量差（有明显积水、有散落零星垃圾或明显异味的），扣2.5分；程度较轻的，扣1分 |
| | | 分类驳运规范。（5分） | 分类驳运规范 | 1. 现场观察发现混装驳运的或经举报查实混装混运的，扣20分。<br>2. 现场询问5名员工，反馈本单位混装驳运的，1名扣1分，扣完5分为止 |
| | | 数据台账健全。（2分） | 垃圾分类数据管理台账完整清晰 | 现场查看台账，无垃圾分类数据管理台账，扣2分；台账不完整或不清晰，扣1分 |
| 分类实效明显 | 50 | 垃圾房及集中收集点分类效果良好。（30分） | 垃圾房及集中收集点干垃圾、湿垃圾、可回收物、有害垃圾纯净度良好 | 现场观察，随机检查5个干垃圾分类收集容器、5个湿垃圾分类收集容器和5个可回收物收集容器：<br>1. 发现干垃圾收集容器有少量其他垃圾混杂，1个扣0.5分，2个扣1.5分，3个及以上扣2.5分；<br>2. 发现干垃圾收集容器有大量其他垃圾混杂，1个扣1分，2个扣3分，3个及以上扣5分；<br>3. 发现湿垃圾收集容器有少量其他垃圾混杂，1个扣1.5分，2个扣3.5分，3个及以上扣7.5分；<br>4. 发现湿垃圾收集容器有大量其他垃圾混杂，1个扣3分，2个扣7分；3个及以上扣15分。<br><br>现场观察1个有害垃圾收集容器和1个可回收物收集容器：<br>1. 有少量其他类型垃圾混杂，每个扣2.5分；<br>2. 有大量其他类型垃圾混杂，每个扣5分。扣完10分为止。<br><br>（干垃圾和湿垃圾容器不满5个的，缺失组取平均值等比例赋分。如现场只检查到4个干垃圾桶，则第5个桶得分取前4组的平均值确定） |

| 项目 | 标准分 | 项目内容 | 具体要求 | 评分细则 |
| --- | --- | --- | --- | --- |
| 分类实效明显 | | 其他区域分类效果良好。（20分） | 其他区域各类垃圾纯净度良好 | 现场观察，随机检查干垃圾、可回收物、湿垃圾收集容器各5处：<br>1. 发现有少量其他类型垃圾混杂，1处扣0.5分，2～3处扣1.5分，4处扣5分，5处及以上扣10分；<br>2. 有大量其他类型垃圾混杂，1处扣1分，2～3处扣3分，4处扣10分，5处及以上扣20分。<br>3. 任意一类不足5个容器的，缺失组取平均值等比例赋分。<br>干垃圾、可回收物收集容器检查范围：检查大堂（含餐饮店的就餐大厅/大堂）、内部道路、楼层、公共区域等开放区域。<br>湿垃圾收集容器检查范围：仅针对商场内餐厅，餐饮店，菜场的营业场所/摊位，以及所有样本的食堂 |

注：1. 按照本表考核标准，经综合考评，总分达90分及以上为达标单位。

2. 本表主要面向有垃圾箱房或独立交付点的非沿街商铺类企事业单位，如医院、学校、政府机关、菜场、餐饮店及商业综合体等。

3. 单位内公共区域按单位类型不同视实际情况进行现场观察及检查。

4. “垃圾分类纯净度”中“干垃圾混杂其他垃圾”的表述中不包含低价值可回收物混入干垃圾的情形。

表2.3 沿街商铺生活垃圾上门分类收集评分细则

| 类别 | 项目 | 分值 | 具体要求 | 评分细则 | 计分方式 | 考核方式 |
| --- | --- | --- | --- | --- | --- | --- |
| 道路考核 | 宣传告知 | 18 | 有垃圾分类及上门收集宣传内容，经营者或员工知晓率高 | 被查道路随机抽查5家商铺，现场观察，商铺内是否按要求张贴或配置海报、指引、手册等宣传内容，每发现1家商铺没有宣传内容，扣2分；<br>现场询问商铺员工，判断商铺员工是否清楚掌握上门收集要求，每发现一家不知晓的扣1分，知晓上门收集但不了解细节（如收集方式、时间和频次）扣0.5分 | 随机抽取街镇辖区内10条道路进行考核，道路考核得分为10条道路得分的平均分 | 第三方测评 |
| | 分类实效 | 12 | 商铺按要求进行生活垃圾分类存放，且分类纯净度良好 | 被查道路随机抽查5家商铺，现场观察商铺内是否按标准分类存放垃圾，且分类纯净度良好。每发现1家商铺未按标准分类存放，扣2分，有分类存放但分类纯净度差的扣1分 | | |
| | 规范服务 | 12 | 收运单位严格按照工作要求，定时间、定频次上门收集，且服务规范 | 被查道路随机抽查5家商铺，现场询问商铺员工，收运企业是否按照约定或规定要求实施上门收集，且服务规范。<br>每发现1家商铺反映收运企业未按要求实施上门收集扣2分，服务不规范扣1分 | | |

| 类别 | 项目 | 分值 | 具体要求 | 评分细则 | 计分方式 | 考核方式 |
|---|---|---|---|---|---|---|
| 道路考核 | 周边环境 | 18 | 商铺周边无明显零散垃圾、袋装垃圾等 | 现场观察被抽查道路，商铺周边地面是否有明显的成堆垃圾或小包垃圾（含废物箱周边小包垃圾）。每发现1处（包）扣3分。此项扣满为止 | | |
| 收运单位考核 | 收运制度 | 20 | 合理安排收运频率，建立每日收运台账 | 现场查看建立收运、管理、考核等制度，未建立的扣10分；未建立收运台账扣5分，点位、计量、收运时间、工作人员等记录缺失的每缺1项扣2分，扣满为止 | 考核收运单位，若辖区内收运单位大于1家的，收运单位考核得分为全部单位得分的平均分 | 专业管理机构测评 |
| | 收运装备 | 20 | 收运车辆和容器整洁，严格执行分类收运 | 现场随机查看，有明显不洁的每处酌情扣1～5分；未张贴分类标识的每处扣5分，标识错误的每处扣2分，扣满为止 | | |

注：1. 上门收集主要包括：统一上门分类收集（几辆车或一辆车上门分类收集）；定时定点上门收集（按路段设置定时定点位置）；定时上门分类收集（不同车辆定时分别上门分类收集各类垃圾）。

2.“商铺按要求将垃圾进行分类存放”中若商铺为水果店或有食品加工区、集中就餐区等，须规范设置湿垃圾或餐厨垃圾收集点（容器）。

**表3　居住区生活垃圾分类实效评价问卷**

（单位评价问卷类似，以实际问卷推送内容为准）

| | | | | | | | | |
|---|---|---|---|---|---|---|---|---|
| 您所生活小区的垃圾投放点或垃圾箱房是否具备分类收集功能（设置垃圾分类收集容器）？（10分） | | | | | | | | |
| A. 完全具备（10分） | | | | B. 具备（7分） | | | | |
| C. 基本具备（4分） | | | | D. 不具备（0分） | | | | |
| 本市要求垃圾分类覆盖小区应当满足：分类容器设置规范（整个小区有四分类收集容器，干湿垃圾成组设置）、分类标识张贴规范、分类宣传内容规范（分类知识、监督电话、清运车辆和频次）。根据此标准，您认为您所在生活小区是否规范了生活垃圾分类覆盖？（10分） | | | | | | | | |

| | | | | | | | | |
|---|---|---|---|---|---|---|---|---|
| A. 非常规范（10 分） | | | | B. 规范（7 分） | | | | |
| C. 基本规范（4 分） | | | | D. 不规范（0 分） | | | | |
| 社区生活垃圾分类工作中，各类组织参与影响重大，请就您居住小区对各类组织参与积极程度予以评价（10 分）（本项得分为五类组织得分的平均分）： | | | | | | | | |
| 居民区党组织、居委会 | A. 非常积极（10 分） | | | | | | B. 积极（7 分） | |
| | C. 一般(4 分) | | | | | | D. 消极（0 分） | |
| 物业公司 | A. 非常积极（10 分） | | | | | | B. 积极（7 分） | |
| | C. 一般(4 分) | | | | | | D. 消极（0 分） | |
| 业主委员会 | A. 非常积极（10 分） | | | | | | B. 积极（7 分） | |
| | C. 一般(4 分) | | | | | | D. 消极（0 分） | |
| 社区第三方组织 | A. 非常积极（10 分） | | | | | | B. 积极（7 分） | |
| | C. 一般(4 分) | | | | | | D. 消极（0 分） | |
| 志愿者队伍 | A. 非常积极（10 分） | | | | | | B. 积极（7 分） | |
| | C. 一般(4 分) | | | | | | D. 消极（0 分） | |
| 本市生活垃圾分类工作需要居民广泛参与，因此需要通过入户宣传（入户讲解或发放入户垃圾分类宣传用品）、集中培训或专场活动、面对面设摊宣传等多种方式实现垃圾分类宣传，您小区宣传形式是否实现了这样的效果？（10 分） | | | | | | | | |

| | | | | | | | | |
|---|---|---|---|---|---|---|---|---|
| A. 宣传效果非常好（10分） | | | | | | B. 宣传效果好（7分） | | |
| C. 宣传效果一般（4分） | | | | | | D. 无宣传效果（0分） | | |
| 居民普遍自觉参与生活垃圾分类投放是考核居住区是否为达标居住区的标准之一。您认为您所在生活小区的居民参与垃圾分类的情况如何？（10分） | | | | | | | | |
| A. 参与率非常高（10分） | | | | | | B. 参与率高（7分） | | |
| C. 参与率一般（4分） | | | | | | D. 基本不参与（0分） | | |
| 垃圾纯净度是考核居住区垃圾分类成效的标准之一。您认为您所在的生活垃圾区居民垃圾分类的正确度和分类垃圾桶内垃圾纯净度如何？（16分） | | | | | | | | |
| 干垃圾纯净度 | | A.≥85%（4分） | | | | | | B.≥70%，<85%（3分） |
| | | C.≥60%，<70%（2分） | | | | | | D.<60%或未看到（0分） |
| 湿垃圾纯净度 | | A.≥85%（4分） | | | | | | B.≥70%，<85%（3分） |
| | | C.≥60%，<70%（2分） | | | | | | D.<60%或未看到（0分） |
| 可回收物纯净度 | | A.≥85%（4分） | | | | | | B.≥70%，<85%（3分） |
| | | C.≥60%，<70%（2分） | | | | | | D.<60%或未看到（0分） |

| | | | | | | | | |
|---|---|---|---|---|---|---|---|---|
| 有害垃圾纯净度 | | A.≥85%（4 分） | | | | | | B.≥70%，<85%（3 分） |
| | | C.≥60%，<70%（2 分） | | | | | | D.<60% 或未看到（0 分） |
| 促进可回收物资源化利用内，是实现垃圾分类减量的重要内容之一。您所在的小区是否有运行有效的可回收物回收服务点（两网融合服务点）？（4 分） | | | | | | | | |
| A．有标准挂牌的回收服务点，服务非常好（4 分） | | | | | | | | |
| B．有标准挂牌的回收服务点，服务一般或居民知晓率一般（3 分） | | | | | | | | |
| C．无标准挂牌的回收服务点，通过其他方式实现有效回收（2 分） | | | | | | | | |
| D．无服务点或不太清楚，且无类似回收功能（0 分） | | | | | | | | |
| 居住区应为居民提供良好的分类投放环境，据您观察，您所在的小区各垃圾投放点是否及时清理和冲洗，有无垃圾桶满溢情况？（10 分） | | | | | | | | |
| A．垃圾投放点清理和冲洗非常及时，无满溢情况（10 分） | | | | | | | | |
| B．垃圾投放点清理和冲洗基本及时，极少出现满溢情况（7 分） | | | | | | | | |

| | | | | | | | | |
|---|---|---|---|---|---|---|---|---|
| C. 垃圾投放点清理和冲洗一般及时，有时会出现满溢情况（4分） | | | | | | | | |
| D. 垃圾投放点清理和冲洗不及时，经常出现满溢情况（0分） | | | | | | | | |
| 据您观察，您所在的小区有无居民垃圾偷乱倒情况，在小区内垃圾投放点、绿化带、公共区域等是否有未入桶的小包垃圾？（10分） | | | | | | | | |
| A. 无落地的小包垃圾（10分） | | | | | | | | |
| B. 有1～3处落地的小包垃圾（7分） | | | | | | | | |
| C. 有3～6处落地的小包垃圾（4分） | | | | | | | | |
| D. 有7处及以上落地的小包垃圾（0分） | | | | | | | | |
| 本市明确坚决杜绝生活垃圾“混装混运”现象，要求居住区分类投放管理责任人切实落实小区内垃圾分类收集、分类驳运，做好与环卫收运单位的分类收运对接。您所在生活小区是否出现生活垃圾“混装混运”现象？（10分） | | | | | | | | |
| A. 从未发现（10分） | | | | | B. 偶尔发现（7分） | | | |
| C. 很少发现（4分） | | | | | D. 经常发现（0分） | | | |
| 您是否愿意对周边小区垃圾分类状况进行评价？ | | | | | | | | |
| A. 是（跳转到新问卷） | | | B. 否（评价结束） | | | | | C. 我已调查（评价结束） |

**表 4　生活垃圾分类工作情况表**

表 4.1　区生活垃圾分类工作情况表

| | | | | | | | | | |
|---|---|---|---|---|---|---|---|---|---|
| 区名（加盖公章） | | | | | | | | | |
| 联系人 | | 联系方式 | | | | | 填报时间 | | |
| 基础信息 | 街镇总数/个 | | | | | 辖区总户数/万户 | | | |
| | 居住区总数/个 | | | | | 辖区单位总数（以垃圾箱房计）/个 | | | |
| | 沿街商铺总数/个 | | | | | | | | |
| 可回收物管理情况 | 辖区服务点总数 | | | | | 已提升改造服务点数量 | | | |
| | 辖区中转站总数 | | | | | 已提升改造中转站数量 | | | |
| | 可回收物主体企业 | | | 主体企业名称：________________________<br>□街镇招标，请附街镇委托合同；<br>□区招标，请附区级委托合同。<br>注：勾选后，请附相应委托合同 | | | | | |
| | 低价值可回收物政策制定及执行情况 | | | 是否出台低价值可回收物补贴政策：<br>□是，文件名及文号________；<br>□否 | | | | | |

| | | | | | | | | | |
|---|---|---|---|---|---|---|---|---|---|
| 可回收物管理情况 | | | | 是否执行落实低价值可回收物补贴：<br>□是，补贴金额______，补贴日期______，请附补贴凭证；<br>□否 | | | | | |
| 分类实效情况（近30日） | 区干垃圾日均量/(t/d) | | | | 区湿垃圾日均量/(t/d) | | | | |
| | 区可回收物日均量/(t/d) | | | | 区有害垃圾日均量/(t/d) | | | | |
| | 请分别填写辖区内各街镇近30日各类垃圾日均量/(t/d) | | | | | | | | |
| | 街镇名称 | | | 干垃圾 | | 湿垃圾 | 可回收物 | 有害垃圾 | |
| | ××街道 | | | …… | | …… | …… | …… | |
| | ××街道 | | | …… | | …… | …… | …… | |
| | ××街道 | | | …… | | …… | …… | …… | |
| | …… | | | | | | | | |
| 日常管理和长效机制建立情况 | 是否建立区级联席会议机制 | 是：□<br>否：□ | 近两个月落实情况 | | | 会议开展：<br>次<br>是否开展自查：是□；否□<br>如有开展请附会议记录及检查报告 | | | |

| | | | | | | | | | |
|---|---|---|---|---|---|---|---|---|---|
| | 是否组织对混装混运检查 | 是：□<br>否：□ | 检查情况 | | | 检查到混装混运次数：________；涉及街镇：________ | | | |
| 区内街镇分类实效评估 | 根据区日常管理及区第三方检查综合评估，请评估区内各街镇是否符合示范街镇标准。（排名分先后）<br><br>符合示范街镇标准的街镇：________________________________<br><br>不符合示范街镇标准的街镇：________________________________ | | | | | | | | |
| 生活垃圾分类工作开展概况 | 约500字 | | | | | | | | |

表 4.2　街镇生活垃圾分类工作情况表

| | | | | | | | | |
|---|---|---|---|---|---|---|---|---|
| 街镇名（加盖公章） | | | | | | | | |
| 联系人 | | 联系方式 | | | | | 填报时间 | |
| 基础信息 | 辖区总户数/万户 | | | | 辖区单位总数（以垃圾箱房计）/个 | | | |
| | 辖区居住区总数/个 | | | | 辖区沿街商铺总数/个 | | | |
| 可回收物管理情况 | 辖区服务点总数 | | | | 已提升改造服务点数量 | | | |
| | 辖区中转站情况 | 地址 | | | | | | |
| | | 日转运量/（t/d） | | | | | 面积/$m^2$ | |
| | | 辖区无可回收物中转站的，请在附件说明街镇内可回收物收集、运输、中转及管理情况 | | | | | | |
| | 可回收物主体企业 | 主体企业名称：<br>______________<br>☐街镇招标，请附街镇委托合同<br>☐区招标，请附区级委托合同<br>注：勾选后，请附相应委托合同 | | | | | | |
| 分类实效情况 | 干垃圾日均量/（t/d） | | | 湿垃圾日均量/（t/d） | | | | |
| | 可回收物日均量/（t/d） | | | 有害垃圾日均量/（t/d） | | | | |

| | | | | | | | | |
|---|---|---|---|---|---|---|---|---|
| 日常管理和长效机制建立情况 | 是否建立街镇联席会议机制 | | 是：□<br>否：□ | 近两个月落实情况 | | 会议开展：次<br>是否开展自查：是□；否□<br>如有开展请附会议记录及检查报告 | | |
| | 是否建立居（村）每1～2周的垃圾分类工作分析评价制度 | | 是：□<br>否：□ | 近一个月落实情况 | | 会议开展：次 | | |
| 生活垃圾分类工作开展概况 | 约300字 | | | | | | | |

注：以填报日期为准，请附近30日各类垃圾量明细

# 7.2　广州市垃圾分类案例

## 7.2.1　广州垃圾分类历史、现状、问题

### 7.2.1.1　历史

广州市垃圾分类工作推进较早，1998年进入初期阶段；2000年，广州被列为8个生活垃圾分类试点城市之一；2002年，印发《广州市城市生活垃圾处理费实施细则》。

2004年，由广州市环卫局编制的《城市生活垃圾分类及评价标准》作为国家行业标准颁布实施，随后《广州市生活垃圾分类收集工作方案》和《垃圾分类标志和分类方法》相继印发。

2010年后，广州市垃圾分类工作进入酝酿突破阶段。2011年，《广州市城市生活垃圾分类管理暂行规定》颁布实施。2012年，《广州市生活垃圾终端处理设施区域生态补偿暂行办法》出台。2013年，《广州生活垃圾阶梯式计算办法》《广州市生活垃圾分类收集工作方案》等一系列措施和规范出台。

2015 年，广州市对《广州市城市生活垃圾分类管理暂行规定》进行大幅度修订，增加了 32 项条款并更名为《广州市生活垃圾分类管理规定》，于 2015 年 9 月 1 日正式施行，成功创建全国第一批生活垃圾分类示范城市，并荣获联合国开发计划署 2015 年度中国可持续发展城市范例奖。

2017 年，被住建部确定为全国 46 个生活垃圾分类重点城市之一，并在考核排名中名列前茅。2018 年 7 月 1 日，《广州市生活垃圾分类管理条例》正式颁布实施，并且出台了一系列配套政策，形成了“1+3+12”的垃圾分类法规体系。

#### 7.2.1.2 现状及问题

2019 年，广州市垃圾分类工作取得了阶段性突破，全市 8 369 个居住小区全部完成楼道撤桶，知晓率和参与率有较大幅度提升，党员示范成效显著，点位建设日趋完善，专收专运持续优化，源头减量稳步深化，生活垃圾回收利用率达到 36%；垃圾分类执法不断加强，全年开出罚单 300 多宗，罚款总金额为 74 万多元。全市建成第三资源热力电厂、福山生物质综合处理厂、李坑综合处理厂、兴丰应急填埋场第二填埋区。经统计，焚烧处理能力达到 1.554 万 t/d，生化处理能力达到 3 920 t/d，形成了“焚烧为主、生化为辅、填埋兜底”的分类处理新格局，生活垃圾实现日产日清和 100%无害化处理。广州垃圾分类坚持党建引领，加快推动形成社区党组织、居委会、业委会、物业、志愿者“五位一体”的工作推进格局，全市有近 15 万名在职党员回社区参与垃圾分类。

尽管广州垃圾分类工作取得了阶段性突破，但是也存在居民分类精准度不高、小区分类设施不完善等方面的问题。

#### 7.2.1.3 垃圾分类顶层设计

作为国内第一批垃圾分类试点城市，广州已逐步形成政策完善、机制健全、技术先进、全程闭环、共同参与的具有超大城市特点和广州特色的生活垃圾分类新格局，先后出台《广州市生活垃圾分类管理条例》地方性法规，并且出台了《阶梯式分类计费管理办法》《生态补偿办法》《低值可回收物购买服务管理办法》等配套政策，同时针对机团单位、学校、酒店、宾馆、农村等量身定制了 12 项工作指引，形成了“1+3+12”的垃圾分类法规体系。由省委深改办发布《关于加强广州生活垃圾分类处理工作的实施意见》，市委、市政府制定印发《广州市深化生活垃圾分类处理三年行动计划（2019—2021 年）》，建立广州市生活垃圾分类管理联席会议制度并召开联席会议。

（1）《广州市生活垃圾分类管理条例》

《广州市生活垃圾分类管理条例》分为总则，分类投放，分类收集、运输与处置，促进措施，监督管理，法律责任，附则共 7 章，提出了指导思想和工作目标，同时提出了从完善生活垃圾分类管理机构、建立健全管理制度、落实生活垃圾分类主体责任 3 个方面加强生活垃圾分类工作机制体系建设，从加强源头减量控制、加强资源回收利用、稳定生活垃圾分类投放模式、推进强制精准分类扩面提质、优化分类收运体系、加快垃圾处理设施建设、提高垃圾处理设施运行水平 7 个方面完善生活垃圾分类处理运行体系，从加强应急保障、强化政策支持、保障财政资金投入、加强组织领导、加强执法检查监督、动员社会参与 6 个方面加强生活垃圾分类工作保障体系建设。

在新时代背景下，《广州市人民政府办公厅关于〈广州市生活垃圾分类管理条例〉的实施意见》指出，要以习近平新时代中国特色社会主义思想为指导，深入贯彻习近平总书记在参加十三届全国人大一次会议广东代表团审议时对广东提出的“四个走在全国前列”的要求，牢固树立和贯彻落实新发展理念，将垃圾分类作为城市精细化管理的重要抓手，坚持“源头减量、分类回收、资源化利用和无害化处理”的治理路径和分类原则，加快建立分类投放、分类收集、分类运输、分类处置的生活垃圾处理系统，形成以法治为基础、政府推动、全民参与、城乡统筹、因地制宜的垃圾分类制度。《广州市人民政府办公厅关于〈广州市生活垃圾分类管理条例〉的实施意见》明确提出贯彻落实《条例》的工作目标：到 2020 年底，生活垃圾回收利用率力争达 40%以上，基本实现全市居住小区（社区）、城中村、行政村生活垃圾分类全覆盖，生活垃圾处理减量化、资源化、无害化水平明显提高。

（2）《广州市深化生活垃圾分类处理三年行动计划（2019—2021 年）》

《广州市深化生活垃圾分类处理三年行动计划（2019—2021 年）》提出了工作目标，同时提出了完善制度体系、全市覆盖推进、实施源头减量、提升投放水平、规范分类收运、加快设施建设、推进资源化利用、发动社会参与、强化管理监督 9 个重点任务，以及提高思想认识、加强组织领导、落实经费保障 3 个保障措施。

广州垃圾分类三年目标是到 2021 年，广州居民生活垃圾分类知晓率达到 98%以上，与生活垃圾分类相匹配的生活垃圾处理能力达到 2.8 万 t/d 以上，生活垃圾回收利用率达到 40%以上。2019 年，广州要全面启动与生活垃圾分类相适应的新一轮生活垃圾处理设施建设。力争居民生活垃圾分类知晓率达到 85%以上，生活垃圾回收利用率达到 35%以上。2020 年，力争居民生活垃圾分类知晓率达到 95%以上，生活垃圾回收利用率达到 38%以上。2021 年，形成具有广州特色的政策完善、机制健全、技术先进、全程闭环、共同参与的生活垃圾分类新格局。力争居民生活垃圾分类知晓率达到 98%以上，与生活垃圾分类相匹配的生活垃圾处理能力达到 2.8 万 t/d 以上，生活垃圾回收利用率达到 40%以上。《广州市深化生活垃圾分类处理三年行动计划（2019—2021 年）》明确，在提升投放水平方面，广州要制定和公布生活垃圾分类目录、分类投放指引、设施配置和作业规范。逐步推行生活垃圾定时定点分类投放模式，从原来的 19—21 点进行延长：其他垃圾投放时间设在 6—9 点和 18—21 点，餐厨垃圾投放时间设在 18—21 点。另外，大力推进楼道撤垃圾桶，新建楼盘楼道一律采用楼道撤桶定点投放模式。在规范分类收运方面，落实“专桶专运、专车专运、专线专运”，合理规划线路，增加运输频次，确保及时清运，杜绝“混收混运”。精准落实生活垃圾分类投放、分类收集、分类运输全流程各接驳对接点责任，对收运单位发现所交的生活垃圾不符合分类标准的，应当要求改正；拒不改正的，收运单位可以拒绝接收，同时向所在地镇（街）报告，由镇（街）及时协调处理。在加快设施建设方面，全面启动并加快推进与生活垃圾分类相适应的新一轮生活垃圾处理设施建设，力争总处理能力达到 2.8 万 t/d 以上。在推进资源化利用方面，优化可回收物回收网点和大件垃圾投放拆解点布局，每 3 000 户至少配置 1 个可回收物回收点，每个镇街建设 1 个以上可回收物分拣中转站，有条件的区每个区建设 1 个大件垃圾拆解中心。

## 7.2.2 广州市垃圾分类实践

广州市作为全国第一批生活垃圾分类试点城市，率先提出了“能卖拿去卖、有害单独放、干湿要分开”的分类原则，通过多年努力，逐步建立起垃圾分类投放、分类收集、分类运输、分类处理的工作体系，探索出了一条具有特大型城市特点和广州特色的垃圾分类路子，垃圾治理项目荣获联合国开发计划署 2015 年度中国可持续发展城市范例奖。2018 年，广州市出台了全国首个地方性法规——《广州市生活垃圾分类管理条例》，步入了以法治为基础，规范化、常态化、长效化管理新阶段。2019 年以来，广州市进一步加大工作力度，深入学习贯彻习近平总书记关于生活垃圾分类的系列重要指示批示精神，认真落实中央决策部署及省委、省政府要求，以党建为统领，坚持问题导向，全面推进生活垃圾分类工作，取得了较好效果。

### 7.2.2.1 基本情况

省委深改委印发《关于加强广州生活垃圾分类处理工作的实施意见》，要求广州的垃圾分类工作要实现全链条提升、全方位覆盖、全社会参与，打造垃圾分类全国样板城市。广州市委、市政府将生活垃圾分类工作作为落实习近平生态文明思想的重要抓手，围绕省委、省政府工作要求，坚持全链条提升、全方位覆盖、全社会参与，出台实施《广州市深化生活垃圾分类处理三年行动计划（2019—2021 年）》，推动生活垃圾分类工作不断取得进展，实现突破。

一是“全链条提升”实现突破。狠抓源头减量、源头分类、定点投放、分类收运、分类处置关键环节，前端、末端齐发力，全市所有居住小区全部完成撤桶下楼定时定点分类投放，2.5 万个分类投放点位建设日趋完善，破解了自 2014 年以来“撤桶难”的困境。专收专运持续优化，开通 1 705 条四分类运输线路并向社会公布监督电话。终端处理能力匹配前端分类，七大循环经济产业园一期工程全部建成并投运，焚烧处理能力达到 1.55 万 t/d，生化处理能力达到 3 920 t/d，全市已基本建成分类投放、分类收集、分类运输、分类处理的生活垃圾分类处理系统。

二是“全方位覆盖”实现突破。包括中央驻穗单位、省直机关、驻穗部队在内的全市 5 908 家机团单位、企事业单位、团体组织推行强制分类制度。全市共 174 个街（镇）的 1 580 个社区施行垃圾分类定时定点分类投放制度。深入推进教育、医疗、酒店、快递、物业等行业 12 项垃圾分类专项行动，垃圾分类纳入行业监管。结合环境卫生提升工程推进城中村和城乡接合部垃圾分类，结合美丽乡村和农村人居环境整治打造 50 条农村生活垃圾分类和资源化利用示范村。源头减量力度持续加大，生活垃圾回收利用率达 36%。

三是“全社会参与”实现突破。全市各社区均建立了垃圾分类管理联席会议制度，社区党员参与垃圾分类服务达 15 万人次，所有社区垃圾分类实现党员参与率 100%，基层党组织带领群团组织、社会组织、社区志愿者、妇女、老干部等群体共同参与，全年开展日常入户宣传 300 余万户，“全民行动日”活动 8 179 次。3 400 多所学校举办垃圾分类“开学第一课”活动，举行各类垃圾分类科普培训、行业培训、作业培训 5 264 场。着力营造浓厚氛围，各类公共区域全年投放垃圾分类公益广告 1.9 万条（个），央级新媒体、省级媒体移动端累计推送 319 次，浏览量达 500 多万次。居民生活垃圾分类知晓率、参与率分别由 62%、56%提升至 99.1%、95.5%，垃圾分类形成全市共识、全民共识、全社会行动。

#### 7.2.2.2　主要做法

（1）高位统筹强力推动，夯实四级领导责任

在省政府的高度重视下、省主要领导的关心支持下，推动出台《关于加强广州生活垃圾分类处理工作的实施意见》。广州市委、市政府多次召开市委常委会会议、市政府常务会议和专题工作会议传达学习中央和省的有关精神，专题分析研判垃圾分类形势任务，查摆问题，研究对策，将垃圾分类作为生态文明建设、社会治理创新、城市文明提升的重要抓手。在市主要领导带动下，贴民意、接地气，党政主要领导亲自抓、分管领导强力抓、相关部门合力抓，各区建立党委统一领导、党政齐抓共管、全社会积极参与的领导和工作体制。

（2）党建统领促成共识，充分发挥“一个党员就是一面旗帜，一个党支部就是一座堡垒”的先锋模范作用

党员、领导干部和公职人员带头先行，充分发挥基层党组织的战斗堡垒作用。市委组织部、宣传部牵头召开培训会，要求市直单位党政一把手带班子、带队伍回社区参与垃圾分类服务。各区、街（镇）党政一把手靠前指挥，组织开展入户宣传、站桶督导，通过发挥党组织群众路线的法宝优势，垃圾分类获得群众支持理解。天河区委组织部等部门建立街道“大党工委”、社区“大党委”生活垃圾分类管理平台，番禺区、白云区将生活垃圾分类实施情况作为党（工）委、党组书记抓党建述职评议考核和区属各单位领

导班子考核的重要内容，以垃圾分类为抓手，加强基层治理能力。

（3）“五位一体”联动共建，群策群力因地制宜促进共同缔造

社区建立健全基层党组织、居委会、业委会、物业公司、志愿者“五位一体”联动机制，依托社区垃圾分类联席会议平台，多方共谋、共建、共治、共评垃圾分类身边事，幸福感不断增强。越秀区新河浦社区推选广东省委机关事务管理局党委书记作为基层社区联席会议的召集人带动工作，海珠区街坊服务共评“最美垃圾分类守桶员”，花都区花港社区“秀全大妈”志愿服务队“邻里守望”垃圾分类，有超 15 万常住人口、涉及 92 个国家的番禺区祈福新邨社区顺利施行“网格化+定时定点”垃圾分类模式，涌现了花都区锦山村餐厨垃圾就地回田处理，从化西塘村特色小镇垃圾分类农户激励机制等好做法。

（4）行业引领源头减量，各领域多元共治成效初显

市委、市政府办公厅牵头推进各级党政机关低碳办公，党政机关月均纸张用量减少 17%。邮政管理部门开展快递包装物逆向回收，快递行业全年减少产生的包装垃圾达到 13.2 万 t。卫生部门开展医疗机构分类减量，医疗废物每床每月产生量相比上年同期减量 5%。旅游部门开展星级酒店业减量行动，星级酒店不主动提供一次性用品。商务部门开展大型城市综合体垃圾减量专项行动，30 家大型商业综合体垃圾日产生量较行动前减少 12%。教育行业推动校园垃圾分类源头减量，创建省级垃圾分类教育基地 18 所、市级垃圾分类教育示范基地 258 所、区级 2 487 所。住建部门将垃圾分类纳入物业服务企业信用监管体系，来穗人员服务管理部门在垃圾分类进出租屋专项行动中对 50 万来穗人员开展入门宣讲。市场管理部门针对限塑和过度包装，查办案件 208 宗，通过行业指导和监管促进源头分类减量。回收减量方面，“92 回收”App 移动平台全市覆盖，垃圾分类羊城通系统开通，“互联网+垃圾分类”公众服务平台上线运行，2019 年全市可回收物回收利用量达到 9 225 t/d。

（5）系统推进全程监管，促进分类处理全链条提升

“家里分好类，定时拎下楼，定点精准投”，全市 8 369 个居住小区全部完成撤桶下楼定时定点垃圾分类投放，按照“强化服务，强化督导，因地制宜，分类指导，降低成本，适用就好”原则，投放点的设置建设和管理水平不断提升。分类收集运输持续优化，全市分类集中收集点 1.54 万个，大型分类收运生活垃圾运输专用车辆 3 501 台，分类运输线路 1 705 条。发挥规划指导作用，推进新一轮设施建设工作，2022 年全市焚烧设计处理能力总规模将达到 3.3 万 t/d，餐厨垃圾处理设计处理能力超过 6 000 t/d。

（6）全面高频立体宣传，营造人人有责人人参与的浓厚氛围

宣传热潮持续掀起，全年开展“全民行动日”活动 8 179 次，开展“小手拉大手”“四进”、环保志愿服务等实践活动 1.9 万次，全年日常入户宣传 300 余万户。3 400 多所中小学校、幼儿园举办垃圾分类“开学第一课”活动。公益宣传立体覆盖，在城市标志

性建筑物、公共广场园区、地铁码头、公交站亭等公共区域全方位投放垃圾分类公益广告；一系列生活垃圾分类指南、手册、海报、抖音、动漫、H5、MV 等融媒体文化产品全方位投放宣教，《羊城论坛》《有事好商量》《作风建设在路上》《花城政能量》等电视电台节目聚焦垃圾分类，宣传发动持续加温。

（7）健全长效管理机制，强化垃圾分类制度建设

率先实施全国首部生活垃圾分类地方性法规《广州市生活垃圾分类管理条例》，制订实施《广州市生活垃圾终端处理阶梯式分类计费管理办法》《广州市生活垃圾终端处理设施区域生态补偿办法》《广州市购买低值可回收物回收处理服务管理办法》3 项垃圾分类激励政策，制订编印面向党政机关、学校、酒店、宾馆、农村等的 12 项垃圾分类工作指引，形成"1+3+12"生活垃圾分类管理体系。注重制度标准化、精细化创新，修订公布《居民家庭生活垃圾分类投放指南》，制订推行《社区开展生活垃圾分类工作流程指引》《广州市生活垃圾分类投放点设置指引》《广州市餐厨垃圾就近就地自行处置试行办法》《广州市生活垃圾分类奖励暂行办法》等一系列政策文件，垃圾分类制度体系建设日趋定型。

（8）指导执法考评三并重，确保成果持续巩固提升

构建市、区、街（镇）、社区四级考核体系，开展全市生活垃圾分类处理工作考核，重在日常，重在考核居住小区、机团单位、经营区域、公共场所的分类管理责任人，考核指标对接国家考核内容，衔接全市年度工作和重点任务，下一级考核成绩纳入上一级考核成绩，并作为干部履职尽责、调整使用、督办整改等的重要依据，层层压实各级责任。创新"执法+指导"方式以及媒体随队执法，2019 年垃圾分类执法发出整改通知书 3 519 份，立案 871 宗，罚款金额 74.2 万元，通过有效督促保障制度执行和成果巩固。

## 7.2.3　广州市垃圾分类成效

2019 年，全市 8 369 个居住小区全部完成楼道撤桶，知晓率和参与率有较大幅度提升，党员示范成效显著，近 15 万名在职党员回社区参与垃圾分类。生活垃圾回收利用率达到 36%；终端匹配显著提升，建成两座规模化生物质处理厂，生化处理能力达 3 920 t/d，垃圾分类执法不断加强，全年开出罚单 300 多宗，罚款总金额超 74 万元。

### 7.2.3.1　越秀区

2019 年 1—11 月，全区共清运生活垃圾 43.21 万 t，其中填埋焚烧量为 35.28 万 t、分类出低值可回收物 7.92 万 t，占垃圾总量的 18.34%。全区 4 609 家餐饮单位基本做到了列册管理，统一收运餐饮垃圾 4.858 7 万 t。全区及时调整配置 46 辆分类收运车，规划 62 条分类收运线路，超额完成市下达的分类指标，日厨余垃圾最高超额完成任务 178%。

#### 7.2.3.2 海珠区

截至 2019 年年末，沙园街光大花园成为全市首个撤桶定投的超万户大型物业小区，约 400 个小区落实“破袋定投”；全年工业布碎分类处理量超 6 万 t，极大地促进了生活垃圾源头减量。

#### 7.2.3.3 荔湾区

截至 2019 年年末，累积创建 60 个精准分类样板居住小区；打造荔塱市场就地脱水减量示范农贸市场；着手打造西村、昌华、花地、海龙 4 条垃圾分类示范精品路线。充分发挥两网融合优势，分类回收废玻璃、废木质等可回收物量约 20.95 万 t，分类回收餐厨垃圾量为 1.95 万 t，资源回收利用率为 35.5%。

#### 7.2.3.4 天河区

截至 2019 年年末，天河区新增分类投放垃圾桶 1.2 万个，设置定时投放点 1 200 个、误时投放点 610 个，大部分投放点已设置洗手盆，规范建设投放亭 364 个。新增 94 名分类收运操作员，充实分类收运人员力量。实行红黄牌警告拒运制度，倒逼前端分类。自 2019 年 8 月以来，停运次数达 50 余宗。

#### 7.2.3.5 白云区

自 2019 年 6 月以来，白云区投入逾 2.5 亿元，从分类投放、分类收集、分类运输、分类处理 4 个环节补齐分类体系短板。截至 2019 年 12 月 20 日，35 处（日处理能力 540 t）餐厨垃圾处理设施中有 11 个建成并运行、19 个设备进场，713 个分类收集房中有 710 个建成使用、1 870 个分类投放点全面建成使用、26 个果蔬压榨脱水机中有 17 个建成运行，初步形成了垃圾分类处理闭环，镇街垃圾能分尽分、能收尽收。全区餐厨垃圾日收运量超 300 t，提前 4 个月完成日收运量指标。

#### 7.2.3.6 黄埔区

2019 年，黄埔区全年共清运生活垃圾超 50 万 t，其中清运餐厨垃圾超 3 万 t，低值可回收物 9 000 余 t。共收集废灯管超 10 万支，其他有害垃圾约 12 t。

#### 7.2.3.7 花都区

2019 年，花都区完成农村新建改造收集点 880 个，完成物业小区散体楼收集点 234 个。加强分类收运车辆配置。城区餐厨垃圾收运线路从 11 条增加至 29 条。2019 年 1—11 月，全区共收运生活垃圾约 71.3 万 t，收运餐厨垃圾约 77 206.05 t（包含就地处理量），可回收物约 24 万 t。

#### 7.2.3.8　番禺区

截至 2019 年年末，约 1 900 个单位推行强制分类；60 个样板小区、7 个示范村和 1 个示范市场创建工作有效落实；24 个小型餐厨站投入运行，实现餐厨垃圾不出镇街；再生资源回收率达 46.33%；日均处理生活垃圾同比增长 0.2%，保持总量基本不变。

#### 7.2.3.9　南沙区

南沙区分类宣传培训工作每周有"四进"、每月有主题，居民群众分类知晓率约为 86%；机团单位、农贸市场、大型厂企及样板示范小区等实现专桶专运、专车转运；全区每月粉碎利用绿化垃圾约 1 000 t，每年拆解回收大件家具约 600 t、回收纺织物品约 20 t。

#### 7.2.3.10　从化区

省垃圾分类推进会召开后，各镇街、行业系统分别召开生活垃圾分类工作会议，全面建立领导干部包片联系机制，确保工作压茬推进、不留死角。

#### 7.2.3.11　增城区

增城区新建小区统一实行定时定点投放，新建及升级误时收集点 911 个、定时收集点 2 334 个。试点采用智能化分类系统，形成了荔城碧桂园小区、新塘顺欣花园小区等各具特色的分类模式。统筹整合分类运输路线 236 条，配备分类运输车辆 250 辆。餐厨垃圾日均收集处理量约 72 t，相比上半年增加 4.5 倍，配备 5 套脱水设施，果蔬垃圾压榨脱水后减量 40%以上，农村采取堆肥、制肥、沤肥等多种途径就地处理减量，可回收物日均收集 218 t，有害垃圾月均收集 0.8 t。

### 7.2.4　主要做法及公众参与案例

#### 7.2.4.1　企业参与："互联网+"助力生活垃圾智能分类

作为推进生活垃圾分类工作的重要组成部分，广州地区企业主要以"互联网+垃圾分类"等创新方式，助力可回收物和有害垃圾的分类工作。通过政府招标、物业对接的形式，企业在新式小区和机关单位固定地点放置智能回收设备，对可回收物的详细分类更便于市民操作，采用积分兑换制的方式能够更好地激励市民的参与积极性。

"互联网+垃圾分类"模式依托互联网技术、借助移动终端 App、微信社交软件等手段，采用线上交易、上门回收等形式，有效克服了传统垃圾分类存在的分类意愿不强、回收单一和收集运输困难等问题，使垃圾分类回收朝着科学、智能、共赢的方向发展。“互联网+垃圾分类”模式属于正向激励机制，引导、激励居民通过实行垃圾分类获取积分，积分具有消费抵扣、服务优惠、礼品兑换、抽奖等功能。据介绍，目前广州智能垃圾分类主要模式包括“定时定点+大小回收点”“定点不定时”等，如“纳吉岛”“绿岛模式”“92 回收”“GSI 城市驿站”等，成为高校、社区推进垃圾分类的补充。

#### 7.2.4.2 党建引领：九万党员回社区带动垃圾分类工作新风尚

广州充分发挥党建引领中党员先锋模范作用，广泛发动全体党员回归社区参与社会服务，把开展垃圾分类工作纳入党建清单、纳入在职党员回社区报到的服务内容，协助开展推进楼道撤桶和“定时定点”分类投放，加强日常分类投放指导和监督。

据介绍，目前全市已发动 15 万多名党员干部回社区报到服务，带动广大市民群众积极参与社区垃圾分类，涌现出越秀新河浦社区省直机关共建、天河省军区干休所军民融合、海珠党员“离桶近一点”破袋定投、花都花港社区“秀全大妈”志愿服务、从化西塘“美丽银行”等共建共治共享垃圾分类社区新模式。各级党组织和广大党员的模范带头促使全体干部职工自觉主动投入垃圾分类实践活动中，为广州生态文明建设和绿色发展作出积极贡献。

党建引领垃圾分类工作在芳村花园特别突出，“党旗红飘起来，垃圾分类动起来”，通过党员带头，参与垃圾分类工作的队伍不断壮大，保安、志愿者、网格员等社会治理辅助力量队伍积极参与进来，增强工作合力。在花都保利高尔夫郡，采取的“党员+志愿者+义工”模式推进垃圾分类。小区有一个生活垃圾分类样板居住小区工作领导小组，负责组织、协调、监督生活垃圾分类工作的实施。同时设立街道垃圾分类工作办公室，配备专职人员，组建垃圾分类指导员和志愿者队伍，10 名街道工作人员兼职指导员，每个社区各 2 名兼职指导员和 20 名志愿者。

社区推行垃圾分类，宣传工作非常重要。要改变居民多年的习惯不是一件容易的事情，在调研中发现，示范社区及样板小区的宣传方式多种多样。如荔湾区芳村花园会选派指导员入户抓落实，联合社区干部集中入户一线督促检查；成立由党员组成的流动垃圾分类宣讲团，逐家逐户进行地毯式宣讲；设立垃圾分类义务督导员团队，下到共青团员、上到 80 岁的老奶奶踊跃参与，着力营造“垃圾分类，人人有责”的浓厚氛围。海珠区南华西街道以党建引领筑牢基石，发挥党委领导的核心作用，将整体推进垃圾分类与街道的其他工作紧密结合。海珠区南华西街除了街道传统的宣传阵地之外，最有特色的当数开辟以文化艺术吹响号角的渠道，辖内广东省木偶艺术剧院与广州市文化广电新闻出版局联合创作了以垃圾分类和环保为题材的儿童木偶剧《垃圾大战》，剧目先后走进广州大剧院、厦门闽南大戏院和乌鲁木齐剧院等，在全国各地巡演 56 场，得到社会各界的高度认可。

白云区新市街在宣传方面也有自己的特色，为了居民容易记、记得住，有垃圾分类知识的冰箱贴、方便携带的印有垃圾分类知识的水杯都成为宣传用品。

#### 7.2.4.3　模式创新：率先推行“定时定点”和“两网融合”模式

广州积极开展垃圾分类处理工作，率先推进以垃圾分类“定时定点”投放模式为主、多种分类投放模式并存的形式，以及有效提高再生资源回收网络覆盖的“两网融合”等模式，不断创新具有广州特色的生活垃圾分类模式。

（1）“定时定点”模式

“定时定点”模式是指将四色垃圾分类桶设置在小区或社区的固定地点，只在固定的时间段开放，其余时间关闭。时间段一般按照上下班时间设置，每个区会按照实际情况作出不同的调整。环卫人员不再上门收垃圾，改为定时定点回收居民投放的垃圾，并且现场对厨余垃圾进行二次精细分类，提高垃圾分类精确率。这种由广州率先推行、具有广州特色的模式不仅减少了垃圾投放的硬件设施成本，同时，通过现场监督提高了居民垃圾分类的质量。

（2）“两网融合”模式

“两网融合”是指供销社“再生资源回收利用网络”与“环卫系统垃圾收运网络”相衔接，街道回收板房由供销社运营，并提供规范的回收服务和有竞争力的回收价格。“两网融合”是广州市垃圾分类的特色模式之一，通过提高再生资源回收网络覆盖，实现生活垃圾“大分流、细分类”。该模式下供销社网络可凭借规模化优势持续运转，环卫工人在规范化的系统运作下提高额外收入。

广州率先实行环卫收运系统与资源回收系统“两网融合”。截至目前，在全市规范建设改造各类再生资源回收点 3 845 个，其中回收点 2 536 个、回收板房（回收箱）892 个、回收中转站 353 个、分拣中心 64 个。

#### 7.2.4.4　垃圾分类宣传有双语版，走上“邨巴”

位于番禺区钟村街的祈福新邨重点探索解决了特大混合型社区垃圾分类难题。祈福新邨内设 27 个组团小区，常住人口超 15 万人。针对体量大情况，该社区探索采取“网格化+定时定点”工作模式，将社区分成 14 个片区，设立 192 个投放点，全天候网格化管理，积极组建外国人志愿者队伍并加强引导。

祈福社区于 2019 年 10 月 7 日全面实施垃圾定时定点分类投放，由于社区超大，垃圾分类前期推进工作相当困难。祈福社区居委根据社区人员居住的特点，垃圾分类宣传资料全部使用中英文双语版，社区还与祈福英语实验学校共同组建了外国人志愿团队，让外籍住户参与并认可垃圾分类工作；社区在公告栏表彰了社区垃圾分类的积极分子；制作宣传口号，通过“邨巴”等形式宣传。

该社区垃圾分类点完成了升级，垃圾分类桶加了新外套，旁边还加了灯光照明和洗手盘。全部垃圾桶加了箱体包裹，整洁卫生美观。这批垃圾分类点都安装了感应式的播音系统，会播报关于垃圾分类的知识。居民刷卡投放回收垃圾还可以换积分。

#### 7.2.4.5 垃圾分类为社区党员带头参与社区疫情防控工作提供现实样板

广州大力号召在职党员回社区报到开展垃圾分类服务，这一举措为社区基层开展工作储备了党员力量。在新冠肺炎疫情防控期间，各社区党组织因此得以在第一时间组织社区党员参与社区防控工作。在这次疫情防控行动中，社区党员还积极参与社区联防联控工作，在社区卡点值守，对人员和车辆进行检查登记、体温测量，对公共设施进行消毒，入户开展社区疫情防控知识宣传等，增加了基层的社区凝聚力，防控成效比较好。

在之后的工作中，党建引领更是起到了关键作用。党建大喇叭开播健康知识、“流动宣传车”开进大街小巷；服务小分队入网、入格、入社区，开展地毯式追踪排查；党员突击队包路包岗、值守公交地铁站，贴心服务送到家；引导居民线上申报健康状况，建立来穗人员健康档案；设置外来人员集中留观点并提供免费吃住，小区村社协同防控成效好。有了党建引领这座坚强的战斗堡垒，党员干部在危难关头展现出的责任担当成为社区居民齐心抗疫的定心丸，封闭管理时期的社区稳定离不开党员的无私奉献。

#### 7.2.4.6 生活垃圾分类管理联席会议制度为社区疫情防控提供高速有效的组织保障

早在 2019 年年底，按照《社区开展生活垃圾分类工作流程指引》，全市 1 580 个基层社区均已建立健全对接垃圾分类工作的联席会议制度。在疫情扩散、实施社区封闭管理后，在大部分社区，垃圾分类联席会议迅速扩展职能，纷纷担起疫情防控指挥部及领导小组作用，建立起快速沟通辖内机团企事业单位、物业公司、保洁公司、业主委员会的渠道，为社区做好疫情防控工作提供了坚强的组织保证。

依托垃圾分类动员体系，借助楼长、志愿者入户等机制，大部分社区已经建立起直达家庭的垃圾分类宣传渠道。疫情防控打响后，这些渠道成为传播疫情防控知识、发动居民参与疫情防控的快速通道。而社区垃圾分类微信群、公众号等工具更是成为公告疫情信息、科普废弃口罩分类投放的阵地，其在垃圾分类宣传过程中体现的专业性和积累的居民信任度更极大提升了防控知识宣传的效果。

疫情防控期间，广州市花都区新华街马鞍山社区锦尚蓬莱小区出现了确诊患者。该小区所属的马鞍山社区居委会第一时间做好隔离、消杀、排查等工作。据介绍，锦尚蓬莱目前共有 1 336 户业主，庞大的基数让社区排查工作遇到不小困难。马鞍山社区居委会主任王达栋表示，居委会之前开展垃圾分类等工作时不断加强健全志愿服务队伍，这支由物业工作人员、辖区在职党员等人员组成的志愿服务队伍在这次疫情防控中发挥了巨大的作用，他们指导居民们分类投放废弃口罩，引导居民在“穗康”申报健康情况，积极参与社区联防联控，加强检查登记、环卫消毒和入户宣传。王达栋告诉记者：“更重要的是，我们的志愿服务人员在推广垃圾分类等工作中养成了以身作则的工作作风。在防控期间，他们以身作则，正面引导小区舆论，是小区的‘稳定剂’。”因为小区有确诊病例，不少居民都有一些恐慌情绪。志愿服务人员通过在党员群、楼栋微信群里坚持及时发布官方信息引导舆论，大力开展正面宣传，来安抚居民们的情绪。“目前，关于防控工作的投诉，我们小区一宗也没有。”王达栋表示。

#### 7.2.4.7　生活垃圾分类投放深入人心为疫情期间公共卫生管理护航

搞好环境卫生、做好垃圾分类就是对防控疫情尽一份力。城管系统对环卫体系和垃圾分类工作体系做了周密的工作部署。广州建立的“在家分好类、定时拎下楼、定点精准投”投放模式，有效避免了源头各楼层的交叉污染，定时投放点配备洗手液和擦手纸，便于居民投放垃圾后洗手消毒。每天对定时误时投放点消毒，减少感染源，生活垃圾密闭分类运输有效避免污染。分类运输也减少了生活垃圾对社区外环境的污染，可有效遏制病菌滋生，有助于社区居民身体健康。

口罩的分类投放、分类回收处理则是垃圾分类工作深入人心的体现。据介绍，根据省市有关废弃口罩分类处理指引，在人流量较大的公共区域可以设置废弃口罩专用收集桶。但早在相关指引发布之前，广州市部分社区已经率先行动，主动设置废弃口罩专用收集桶。良好的垃圾分类知识科普让居民第一时间认知到口罩分类投放的重要性并自觉参与。而在垃圾分类体系的支撑下，社区能够迅速设置废弃口罩专用回收桶，不仅大大降低了交叉感染风险，更便于环卫工人后续分类收集以进行无害化处理。

在广州市海珠区南华西街道，市民们很早就意识到废弃口罩可能有“二次污染”的风险，纷纷通过所在小区的物业部门建议街道环卫部门设置专用收集桶。南华西街道环监所所长钟桂萍告诉记者，早在 2020 年 1 月 27 日（正月初三），该所响应群众号召，在原执行垃圾分类时设置的 17 个有害垃圾投放点处增加设立了废弃口罩收集专用桶。据介绍，在有关措施尚未发布前，当地环卫部门和卫健部门主动配合，对废弃口罩进行无害化处理。

“一开始大家的防护意识和分类意识都非常高，无论是市民还是我们的环卫工人，大家所以对废弃口罩的处理都很小心。”钟桂萍介绍，在早期防护设备较少的情况下，部分环卫工人戴着游泳眼镜来代替护目镜作业，分类收运废弃口罩。得益于垃圾分类知识的宣传普及，不少市民都可以把废弃口罩用袋子包住后再丢弃，最大限度地降低了环卫作业人员的感染风险。

#### 7.2.4.8　引入智能化分类系统积分鼓励居民分类

除了定时定点垃圾分类投放模式外，一些条件成熟、有资金投入的社区还引入了智能化的分类系统进行垃圾分类，即智能化分类系统。小区居民每一户有一张卡，每次到智能投放系统投放垃圾，通过扫码或刷卡，即可记录投放垃圾的数量并积分，积分达到一定的数额可以进行商品兑换。

海珠区引入广船环保公司，在昌岗街海富花园、江海街坚真花园、赤岗街珠江帝景等近 20 个小区推行“GSI”智能分类系统。引入皓思科技公司，在南华西街金域华庭、瑞宝街南洲花苑等近 10 个小区实施“分类积分宝”项目。引入益趣科技公司，在素社街兰蕙园小区推行智能化垃圾分类服务，利用积分兑换等方式提升居民参与垃圾分类的积极性。

黄埔鱼珠街道垃圾分类亮点突出，于 2017 年引入“互联网+”智能垃圾投放设备——呐吉岛之后，部分小区的垃圾箱已陆续改为智能垃圾投放箱。呐吉岛有大“岛”和小“岛”之分。鱼珠街道目前已有 2 个大“岛”、44 个小“岛”。其中，大“岛”有 14 个细分箱体，回收纸皮、铁制品、书报、纺织品等 14 种可回收物；小“岛”有 2 个细分箱体，回收厨余垃圾和其他垃圾。居民们在此丢垃圾，可兑换积分，累积当钱花。

天河区部分社区采用智能投放设备，居民通过手机扫码或刷卡，在触摸屏上选择可回收垃圾种类，开箱计重，可实时获得积分或现金回馈。

花都花城街御宾府小区积极引入第三方企业，引进“呐吉岛”智能化投放设备，细化了垃圾分类，增加了垃圾投放互动体验，极大提高了居民的参与度。

2018 年，南沙区东涌镇启动了智慧垃圾分类服务项目，在东发二区、锦绣一期及二期和东涌名苑 4 个小区配套智能分类设备，方便居民利用现代化设备在日常生活中积极参与垃圾分类工作。通过平台注册、刷卡投放、积分换取礼品，奖励居民源头分类。

#### 7.2.4.9 社区分类达人组成分类专业团

调研发现，做得比较深入和比较好的街道及社区都有一支专业的团队，团队里有一位敬业且熟悉街道工作的带头人。这也是如何用好专业人员在社区中推行垃圾分类定时定点模式取得成效的关键。

例如，荔湾区海龙街垃圾分类指导员詹前提、花都区环监所所长姚润萍、海珠区城管局冯桂芳、番禺区大龙街分类办刘桂珍、白云区新市街居委主任杨静、黄埔区渔珠环卫站站长郑壁深、增城区荔城街分类办主任阮颖耀……这些专业的、有经验的、负责任的、热心的分类达人带领着团队在各社区进行垃圾分类，取得很好的效果。

这些分类达人全身心投入到垃圾分类的工作中，他们熟悉社区的人员分布，与居民交朋友，熟悉每条街道，亲力亲为做宣传和抓落实，在开展定时定点之初指点、监督、守桶。在垃圾分类的推进工作中，具有专业知识的社区业主成为推进定时定点投放的带头兵；从政策的解读到垃圾分类的具体事项，业主组成的志愿者团队都起到关键作用。

秀全街花港社区保利高尔夫郡小区在 2017—2018 年创建垃圾分类精准样板小区时，

成立了一支“秀全大妈”志愿团队。“秀全大妈”志愿团队队长、组长、骨干一般是由退休老党员担任，她们以每栋楼为单位设一处垃圾收集点，每一栋人数 6～12 名不等，负责做好这个投放点垃圾分类工作，包括在业主群里宣传垃圾分类知识、设点派发单张宣传和上门入户宣传、或在投放收集点指导业主分类等。

#### 7.2.4.10　越秀区白云街广九社区垃圾分类点变景点

广九社区因 1911 年建成的原广九铁路火车站位于此而得名。位于白云路 34 号的定时投放点是广九社区的一个定时投放点，设其他垃圾和餐厨垃圾两类垃圾桶，大小和颜色都不相同。现场垃圾桶旁设置了垃圾分类语音提示杆、洗手台、指引牌，使居民群众在分类投放垃圾时更精准、更方便。

现场一名环卫工人作为垃圾分类指导员，正耐心地指导居民正确分类。“餐厨垃圾投放时进行破袋投放，袋子属于其他垃圾。”两名社工作为督导员，正逐一检查、逐户登记，“分得不准确的我们会进行提醒，今天晚上已经有 50 多户下楼丢垃圾。”

垃圾分类从娃娃抓起，广九社区的实践就是生动说明。10 分钟内，5 个家庭下楼丢垃圾，其中 3 个是带着小孩一起的。若错过定时投放，不少居民会自觉地走到广九社区的误时投放点投放。远处看过去，富有岭南建筑特色的垃圾屋与沿街建筑融为一体。

“这是我街最新建设的垃圾分类屋。”白云街环卫站站长周恒良介绍，垃圾分类屋都是环卫工人自己设计、自己建造而成的，其中的砖块和瓷砖等建筑材料 80%都是回收旧物循环再使用。从事 30 多年垃圾转运工作的他清楚记得，这个垃圾屋原来是个垃圾中转点，存在脏臭、滋生蚊虫等问题，周边居民经常有意见和投诉。

记者现场看到，垃圾屋内除有垃圾分类误时投放桶，还设有酵素制作点。“利用居民精准分类出来的废果蔬制作环保酵素，环保酵素具有清洁除臭的功能，是我区垃圾分类探索的资源化的有效做法。”周恒良介绍，垃圾屋不仅有效消除脏臭问题，配备的洗手池又方便了居民群众。

“垃圾分类点变成了景点，真是新时尚。”这一改变得到了周边居民群众的点赞。垃圾屋旁边的两个智能旧衣服回收箱也吸引了不少街坊的关注，通过微信扫码实现旧衣服智能回收。“刚运行 20 多天，已回收旧衣物 1.4 t，很受周边居民群众欢迎，觉得非常方便。”白云街城管科科长杜继跃介绍。

#### 7.2.4.11　增城碧潭村熟人社会的垃圾分类实践样本

随处可见的垃圾分类宣传标语、村民广场前显眼的卫生评分记录表、家家户户门前摆放着整齐划一的黑色其他垃圾桶和绿色厨余垃圾桶……走进增城区仙村镇碧潭村，随处可见垃圾分类改变的生活方式。“现在如果你让我垃圾不分类就随意投放，我心里会觉得别扭。”村民赵达成感慨地表示。

碧潭村只有 1.7 $km^2$，全村有 305 户 938 人。这无疑为垃圾分类的精准宣教提供了有利条件。在碧潭村垃圾分类的网格管理之下，各家各户的垃圾分类宣教、监督工作都落实到一个具体的责任人。碧潭村党支部书记赵景枝告诉记者：“村干部不仅时常主动上门宣传演示垃圾分类，还挨家挨户教会村民分类要求。”

“这个白色的桶我们放在厨房，平时菜头菜尾都专门投到里面。大厅这个桶，主要是放纸巾之类的垃圾。刚开始我们根本没有垃圾分类的意识，后来都是村里的干部多次上门手把手教会的。”村民赵伯饶有兴致地指着屋里的垃圾桶介绍，家里的垃圾存够了就放到门外的垃圾分类桶。和碧潭村每家每户一样，赵伯家的门外也放了村里免费提供的黑色其他垃圾桶和绿色厨余垃圾桶。每家每户在家分好类别后，每天上午 8 时左右、14 时左右就有专人上门把垃圾收走。

在碧潭村村委门口，垃圾分类便民回收点服务公示牌清楚地注明了废杂纸、废报纸、废铁、废不锈钢、废玻璃、废塑料、废旧衣物等常见可回收物的回收价格。在村民广场，宣传栏全部是垃圾分类的内容，每个月都定期更新环境卫生评分记录表。全村共 305 户，每一户的责任人名字以及得分都公示在记录表上。环境卫生的满分为 10 分，其中垃圾分类占 6 分，环境卫生占 4 分。赵达成说：“我们还是很看重这个评分表的，毕竟在广场上大家路过都看得到。”碧潭村还成立了督导检查小组，定期对村民垃圾分类情况进行检查考核，制定垃圾分类评比办法。对表现好的村户就表扬奖励，不好的就曝光，并登上曝光台。

#### 7.2.4.12 垃圾分类开学第一课

2019 年 9 月 3 日，广州市教育行业生活垃圾分类专项行动启动仪式暨垃圾分类开学第一课活动在广州市执信中学举办。据介绍，这是广州市首次将垃圾分类作为开学第一课，全市 3 400 多所学校都在接下来的一周内组织一次垃圾分类开学第一课，动员 200 多万学生参与垃圾分类，辐射超过 50 万户家庭。启动仪式上，执信中学率先组织垃圾分类开学第一课（中学）全市公开课观课活动。老师围绕生活垃圾分类相关知识以及推行生活垃圾分类的必要性、紧迫性等内容进行认真讲解，并组织生动有趣的课堂动手实践。

（1）荔湾区坑口小学养成垃圾分类好习惯

2019 年 9 月 2 日上午，荔湾区坑口小学开展主题为“洒扫应对树美德”的劳动教育活动暨荔湾区坑口小学 2019 年度开学典礼。“我是小主人体验区”中的垃圾分类体验摊位吸引了不少学生排队参与。摊位中有垃圾分类知识飞行棋，学生抛掷骰子后回答对应步数的有关垃圾分类问题，答对即可通关；有垃圾分类模拟区，学生们拿着画有不同垃圾的塑料板，投入对应垃圾桶；有垃圾分类趣味拼图，学生通过拼图学习分类知识。

坑口小学校长指出，坑口小学一直以来都有进行垃圾分类宣传教育，但存在意识不强烈、宣传不彻底、管理不精细等问题。“新学年开学我们加大宣传教育垃圾分类力度，只要方法到位，校园垃圾分类不是问题。而且从小培养孩子垃圾分类意识，养成垃圾分类习惯，长大后习惯才会成自然，孩子也能影响家庭。”

（2）白云区京溪小学“玩”着学垃圾分类知识

看短片、玩游戏，2019 年 9 月 2 日上午，白云区京溪街京溪小学也将垃圾分类作为新入学孩子们的第一课。

在开学典礼上，学生代表宣读垃圾分类倡议书，号召全校同学争做环保小卫士，之后学生们分批观看垃圾分类宣传片和玩趣味垃圾分类小游戏。现场有飞行棋、投篮、转盘、投圈、钓鱼 5 种游戏形式，每种游戏都巧妙地融入了垃圾分类的主题元素。例如，在投篮游戏中，同学们要将写着垃圾名称的乒乓球投进贴着垃圾分类标识的桶中。四年级的张乃夫拿到印有“废杀虫剂”的乒乓球后，毫不犹豫地将它投到“有害垃圾”桶中，他说：“今天玩的游戏都需要我们有垃圾分类的知识，平时在班会课上老师会教我们，我们刚刚还看了垃圾分类的宣传片，所以游戏中的垃圾分类问题我都知道。”

京溪小学副校长迟文芳说：“开学第一课只是学校垃圾分类普及活动的其中一环，在未来将会推出更多的垃圾分类宣传普及趣味项目，寓教于乐，让学生在潜移默化中深化垃圾分类的知识。”

（3）天河华康小学聊聊“垃圾分类”新时尚

开学第一天第一课，讲什么？华康小学从“垃圾分类”开始讲起。垃圾分类看似小事，实则关乎生态文明建设大局。开学的第一课要鼓励学生们共同行动起来，一起为改善生活环境而努力。

为了讲好这一课，老师和同学们也是花了不少心思，采用了小剧场、说唱、街舞等形式，力求给同学们留下深刻的印象。三年级的胡晨熙和五年级的王皓澜说：“以前我们只是分可回收和其他垃圾。现在有了更细致的指引，我们可以把垃圾分得更细，既有助于减少垃圾，也保护了环境。”

### 7.2.5　总结与经验

#### 7.2.5.1　“六定”顶层设计驱动

定发展战略，提出广州垃圾分类“全链条提升、全方位覆盖、全社会参与”总要求；定愿景目标，构建政策完善、机制健全、技术先进、全程闭环垃圾分类新格局；定技术路线，走广州特大型城市先减量、分类、回收、资源化利用，后无害化焚烧、生化处理和卫生填埋的垃圾分类处理路子；定分类原则，“能卖拿去卖，干湿要分开，有害单独放”；定投放模式，“在家分好类、定时拎下楼、定点精准投”推动习惯养成；定工作机制，建立全市四级生活垃圾分类联席会议制度，垃圾分类统筹、协调、执行、监督工作全局一盘棋。

#### 7.2.5.2 “八项纳入”高位推动

垃圾分类工作纳入党员干部培训内容，纳入“不忘初心、牢记使命”主题教育，纳入文明城市创建内容，纳入在职党员回社区报到服务事项，纳入区委定期向市委报告工作内容，纳入市区机关绩效考核指标体系，纳入社区网格化服务管理要求，纳入市“十件民生实事”。

#### 7.2.5.3 “五大领域”示范带动

机团单位率先示范，军地共建融合示范，行业源头减量示范，社区共同缔造示范，农村城乡统筹示范，推广经验做法，发挥带动作用，引领垃圾分类覆盖各行各业。

#### 7.2.5.4 “十二步工作法”抓牢做实基层党建引领共同缔造

抓牢《社区开展生活垃圾分类工作流程指引》的基层党建引领核心要求，在街镇党（工）委领导下，由社区党组织牵头，按照 12 个流程步骤，带领社区居民共同建制度、制方案、组队伍、抓培训，开展点位公示、宣传发动、入户沟通、配置建设、督促引导等工作，大家的事情大家商量一起干，不断激发社区群众参与热情和主动性。

#### 7.2.5.5 “两网融合”共赢促进社区分类回收利用

与环卫垃圾收运机制互为补充、有效衔接。引导再生资源企业把政府购买低值可回收物回收处理服务的费用分配到分类、回收、处理等环节，让居民、环卫工人、企业共享利益，调动各方参与垃圾分类的积极性。

同时，广州市坚持以问题为导向，努力解决当前仍然存在的投放点位建设水平和日常管养能力有待提升、收运能力需要进一步补强、监督指导力度有待巩固、企业商户认识有待提高、居民分类习惯仍需时日持续养成等问题。下一步，将进一步巩固完善“全链条提升、全方位覆盖、全社会参与”的垃圾分类管理体系，以提升投放设施配置和管理水平为重点，在信息管理体系、收运管理体系、再生资源回收体系上取得新突破，力争全市再生资源日均回收量达 10 000 t，厨余垃圾日均生化处理能力超过 5 000 t；生活垃圾回收利用率达到 40%以上，生活垃圾分类知晓率达 95%以上，生活垃圾无害化处理率达 100%。

## 7.2.6 相关文件

### 7.2.6.1 《广州市生活垃圾分类管理联席会议办公室关于印发〈广州市生活垃圾分类处理工作考核暂行办法〉的通知》

**广州市生活垃圾分类处理工作考核暂行办法**

第一条　为深入贯彻落实习近平总书记关于生活垃圾分类工作重要指示精神，加快推进我市生活垃圾分类工作，根据《中共广东省委全面深化改革委员会印发〈关于加强广州生活垃圾分类处理工作的实施意见〉的通知》（粤改委发〔2019〕14 号）、《广州市生活垃圾分类管理条例》及相关规定，结合广州市实际，制定本办法。

第二条　本办法适用于广州市行政区域内的生活垃圾分类处理工作考核。

第三条　考核工作围绕“全链条提升、全方位覆盖、全社会参与”，遵循公开、公平、客观原则，遵循分级考核、相互衔接原则，遵循目标导向、问题导向原则，遵循突出重点、注重实效原则。

第四条　建立对区、镇街、村居、生活垃圾分类管理责任人的四级考核制度。具体为：市对区进行考核排名；区对行政区域内的镇街进行考核排名；镇街对辖内的村居进行考核排名；村居重点对区域内的居住小区（包括物业管理小区、非物管小区、单位宿舍等）、机团单位（机关、企事业等办公场所及学校、医院等）、经营区域（商场、农贸市场、批发市场、超市等）、公共场所（公园、广场、车站、地铁站等）生活垃圾分类管理责任人进行考核排名。

市在区对镇街考核成果的基础上，结合实地复核和评估情况，对全市镇街的考核等次进行综合评定和排名。

第五条　市生活垃圾分类管理联席会议办公室（设在市城市管理综合执法局）负责统筹全市生活垃圾分类考核工作，指导各区开展考核工作。各区生活垃圾分类管理联席会议办公室负责统筹本区生活垃圾分类考核工作，指导镇街开展考核工作。镇党委（街道党工委）负责本镇街生活垃圾分类考核工作。村居党组织负责本村居生活垃圾分类考核工作。

第六条　各级考核主体应当建立考核小组，区、镇街、村居考核小组成员名单应向上一级考核主体备案，人员调整需及时更新报备。

村居考核小组，由村居党组织负责人担任组长，成员一般由联席会议成员单位、分类管理责任人、社区居民、业主委员会、回社区报到党员、社区党员、共青团员、志愿者、保洁人员代表等组成。

第七条　考核内容侧重于考核对象开展生活垃圾分类工作的进步程度和成效增量。

对区、镇街、村居的考核，主要包括组织动员、示范创建、设施配置、工作效果、考核执法、加减分项等方面；下一级考核结果列入上一级考核组成部分，相同指标的分值在不同的层级设置不同的权重。对居住小区、机团单位、经营区域、公共场所的生活垃圾分类管理责任人的考核，主要包括收集容器配置、宣传、投放点维护保洁、分类效果、台账、投诉整改等方面。为更好提升工作成效，对每一层级的考核均设有加减分项目。

第八条　考核方式主要包括审核自评、实地抽查和调查访问。审核自评主要是审核考核对象自评意见的完整性、真实性和台账资料的准确性、完整性；实地抽查主要是检查核实，查看分类设施配置、分类收运处理、分类效果，以及调研督导整改情况；调查访问主要是掌握居民对生活垃圾分类的知晓、参与和满意程度。

第九条　考核工作按以下程序实施：

（一）日自查。居住小区、机团单位、经营区域、公共场所等生活垃圾分类管理责任人，每天自查分类效果、统计四类垃圾量等情况，并录入工作台账。

（二）周核查。村居考核小组每周核查辖内的居住小区、机团单位、经营区域、公共场所等分类管理责任人的分类工作情况，发现问题、督促整改。每月汇总自查情况和核查情况，初核分类管理责任人的月得分，及时报送镇街考核小组。

（三）月巡查。镇街考核小组每月巡查、点评、督促辖区内的村居和分类管理责任人的分类工作情况。每月汇总工作情况，初核村居的月得分。

（四）季考核。每季度开展对区、镇街、村居考核排名。考核对象提交台账资料并自评，考核主体通过审核自评、实地抽查、调查访问，及时汇总情况、综合分析，按程序审定并公布季度考核结果和排名。每季度第 2 个工作日前，区考核小组汇总上季度分类工作情况和台账数据，报送市考核小组；镇街、村居考核小组按照上一级考核小组要求时限汇总报送上季度工作情况和台账数据。各类分类责任人的季度考核由村居考核小组汇总周核查成绩后排名。

（五）年汇评。各级考核小组对全年垃圾分类工作进行汇总评价。

第十条　考核结果采取计分制，根据综合得分进行排名或评定档次，按程序反馈和点评。对各区的考核，根据综合得分进行排名；对镇街的考核，按照“优、良、中、差”四个档次排名，其中可从“优”档中择优评定若干“优+”档次，并对进步较大的镇街通报表扬；对村居的考核，按照“优、良、中、差”四个档次排名；对居住小区、机团单位、经营区域、公共场所等分类管理责任人的考核，根据综合得分评定为“优、良、中、差”，并公开综合得分情况。

示范或样板的镇街、村居、小区和单位，未能评为“优”档次的，则取消其示范样板资格。

第十一条　考核结果作为干部履职尽责、调整使用、督办整改的重要依据。对所在集体考核评为“优”、个人开展生活垃圾分类工作实绩突出且符合有关条件的干部，优先晋升职级。季度考核结果列最后2名的区，市委市政府主要领导对区党政正职进行谈话反馈；季度考核评为“差”或在全市范围列最后10名的镇街，区委、区政府主要领导对镇党委（街道党工委）书记进行谈话反馈，连续3次被谈话反馈的则结合实际调整岗位；在季度考核中，结果评为“差”或在镇街范围列最后10%名内的村居，镇街党政主要领导对村居党组织书记进行谈话反馈，连续3次被谈话反馈的则结合实际调整岗位。

各考核对象应针对考核反馈中存在的问题和差距，制定整改计划报上一级考核小组；对未能按期完成整改计划的，当季的考核依程序评为“差”。

第十二条 各级党政机关应率先开展生活垃圾分类，充分发挥示范引领作用，生活垃圾分类工作纳入市直机关、区属机关、镇街的绩效考评体系，建立健全考核、通报、督导长效机制，每半年开展一次生活垃圾分类工作绩效考评。

第十三条 在考核工作中发现瞒报、谎报和弄虚造假的，扣除相应分值，问题严重的取消考核得分，进行通报批评，并依据有关规定追究相关责任。

第十四条 检查考评记录原件应存档保存，保存期为2年。电子记录保存期为5年。

第十五条 本办法由市生活垃圾分类管理联席会议办公室负责解释。

第十六条 本办法自印发之日起施行。

#### 7.2.6.2 生活垃圾分类处理工作考核指标（区、镇街、村居）

| 指标 | 对区的考核 | 对镇街的考核 | 对村居的考核 |
|---|---|---|---|
| 组织动员 | A1 认真学习贯彻习近平总书记重要指示精神<br>A2 建立工作领导、协调机制<br>A3 区党政主要负责同志及班子成员带头推动实施<br>A4 建立稳定持续资金投入保障机制<br>A5 建立机构人员保障机制<br>A6 有效执行年度工作计划制度<br>A7 在主流媒体和微信公众号、自媒体等开展持续宣传<br>A8 每月开展主题宣传活动<br>A9 推动镇街开展入户宣传和教育引导<br>A10 组织推动共建共治共享垃圾分类实践<br>A11 组织志愿者积极参与<br>A12 建立考核、奖惩等激励督促制度 | A1 认真学习贯彻习近平总书记重要指示精神<br>A2 建立工作领导、协调机制<br>A3 镇街党政府主要负责同志及班子成员带头推动实施<br>A4 健全人、财、物保障机制<br>A5 有效执行年度工作计划制度<br>A6 组织推动共建共治共享垃圾分类实践<br>A7 组织志愿者积极参与<br>A8 建立考核、奖惩等激励督促制度 | A1 认真学习贯彻习近平总书记重要指示精神<br>A2 村居党组织书记发挥统领作用<br>A3 有效落实年度工作计划制度<br>A4 建立社区联席会议制度<br>A5 组织回社区报到党员带头示范<br>A6 组织志愿者积极参与<br>A7 组织开展主题宣传、入户宣传和教育引导<br>A8 组织推动共建共治共享垃圾分类实践<br>A9 将垃圾分类纳入村居民公约<br>A10 定期组织巡查、督导、点评 |

| 指标 | 对区的考核 | 对镇街的考核 | 对村居的考核 |
|---|---|---|---|
| 示范创建 | B1 公共机构分类基础台账<br>B2 示范片区分类基础台账<br>B3 示范镇街创建<br>B4 样板小区、社区创建<br>B5 行业示范创建<br>B6 全流程示范线路建设 | B1 样板小区、社区创建<br>B2 示范镇街创建<br>B3 机团单位、经营区域、公共场所单位示范创建 | B1 样板小区、社区创建、示范村创建 |
| 设施配置 | C1 餐厨垃圾处理设施（终端、就地）<br>C2 有害垃圾集中贮存点<br>C3 分类运输线路和设施设备 | C1 餐厨垃圾就地脱水减量或就地处理设施<br>C2 有害垃圾暂存点<br>C3 大件垃圾、装修垃圾暂存点、资源回收站点<br>C4 分类运输线路和设施设备 | C1 楼道撤桶、定时误时投放点<br>C2 分类收集运输对接<br>C3 大件垃圾、装修垃圾暂存点、可回收物便民回收点 |
| 工作效果 | D1 其他垃圾减量率<br>D2 城市生活垃圾回收利用率<br>D3 餐厨垃圾分类准确率<br>D4 居民习惯养成（知晓率、参与率、满意度） | D1 其他垃圾减量率<br>D2 城市生活垃圾回收利用率<br>D3 餐厨垃圾分类准确率<br>D4 居民习惯养成（知晓率、参与率、满意度） | D1 其他垃圾减量率<br>D2 餐厨垃圾分类准确率<br>D3 居民习惯养成（知晓率、参与率、满意度） |
| 考核执法 | E1 组织镇街、村居考核情况<br>E2 区级执法、督办情况 | E1 组织村居考核情况<br>E2 街道执法、督办情况 | E1 分类责任人核查及考评情况 |
| 加减分项 | 加分：F1 工作中的创新性举措<br>F2 省以上主流媒体正面宣传<br>减分：F3 对投诉、曝光、反馈问题未及时处理或整改不力<br>F4 弄虚作假造成不良影响<br>F5 因工作不力发生群体性事件<br>F6 未按时报数据材料或内容不实 | | |

### 7.2.6.3 生活垃圾分类处理工作考核指标（生活垃圾分类管理责任人）

| 类别 | 考核指标 | 加减分项 |
|---|---|---|
| 居住小区 | A1 认真学习贯彻习近平总书记重要指示精神<br>A2 建立分类工作组织架构<br>A3 开展主题宣传活动，经常入户宣传和教育引导<br>A4 设置宣传栏、公示牌<br>A5 楼道撤桶及楼道卫生<br>A6 定时误时投放点设置合理，投放点有图示，收集容器配置规范、相关设施配套<br>A7 投放点及周边干净卫生，收集容器完好、整洁，容器标识直观清晰，有投放指引牌<br>A8 垃圾分类投放准确率<br>A9 可回收物交售、其他类别分类驳运<br>A10 建立日自查制度和专项台账，各类垃圾清运量、流向清楚，并及时如实报送情况<br>A11 对投诉、反馈问题及时整改 | 加分：<br>F1 工作中的创新性举措<br>F2 省以上主流媒体正面宣传<br>减分：<br>F3 对投诉、曝光、反馈问题未及时处理或整改不力<br>F4 弄虚作假造成不良影响<br>F5 工作不力发生群体性事件<br>F6 未按时报数据材料或内容不实 |

| 类别 | 考核指标 | 加减分项 |
| --- | --- | --- |
| 机团单位 | B1 认真学习贯彻习近平总书记重要指示精神<br>B2 建立分类工作组织架构<br>B3 设置宣传栏、公示牌<br>B4 办公室、卫生间（茶水间）、食堂、公共区域等的收集容器配置合理<br>B5 分类投放点干净卫生，收集容器完好、整洁，容器标识直观清晰，有投放指引牌<br>B6 垃圾分类投放准确率<br>B7 经常与社区互动<br>B8 建立日自查制度和专项台账，各类垃圾清运量、流向清楚，并及时如实报送情况<br>B9 对投诉、反馈问题及时整改 | 加分：<br>F1 工作中的创新性举措<br>F2 省以上主流媒体正面宣传<br>减分：<br>F3 对投诉、曝光、反馈问题未及时处理或整改不力<br>F4 弄虚作假造成不良影响<br>F5 工作不力发生群体性事件<br>F6 未按时报数据材料或内容不实 |
| 经营区域 | C1 认真学习贯彻习近平总书记重要指示精神<br>C2 建立分类工作组织架构<br>C3 设置宣传栏、公示牌<br>C4 办公室、卫生间（茶水间）、食堂、公共区域等的收集容器配置合理<br>C5 分类投放点干净卫生，收集容器完好、整洁，容器标识直观清晰，有投放指引牌<br>C6 垃圾分类投放准确率<br>C7 经常与社区互动<br>C8 建立日自查制度和专项台账，各类垃圾清运量、流向清楚，并及时如实报送情况<br>C9 对投诉、反馈问题及时整改 | |
| 公共场所 | D1 认真学习贯彻习近平总书记重要指示精神<br>D2 建立分类工作组织架构<br>D3 设置宣传栏、公示牌<br>D4 办公室、卫生间（茶水间）、食堂、公共区域等的收集容器配置合理<br>D5 分类投放点干净卫生，收集容器完好、整洁，容器标识直观清晰，有投放指引牌<br>D6 垃圾分类投放准确率<br>D7 经常与社区互动<br>D8 建立日自查制度和专项台账，各类垃圾清运量、流向清楚，并及时如实报送情况<br>D9 对投诉、反馈问题及时整改 | |

## 7.3 厦门市垃圾分类案例

### 7.3.1 总体情况

厦门经济特区是计划单列市。区域面积为 1 690 $km^2$，户籍人口为 420 多万人，设 6 个行政区，2019 年日均生活垃圾产生量 5 400～5 700 t。

2000 年，厦门市被确定为全国首批生活垃圾分类收集试点 8 个城市之一。分类在部分小区试行，同时在轮渡、火车站、公园等公共场所设置了分类垃圾箱，宣传推进垃圾分类，开辟专门场所对分类收集的垃圾做二次分拣，拉开了厦门市探索生活垃圾分类的序幕。2005 年，《厦门市城市生活垃圾管理办法》正式实施，规定居民生活垃圾管理应遵循无害化、资源化、减量化的原则，逐步实行生活垃圾分类收集，居民应当按规定的分类要求，将生活垃圾分别投入相应的垃圾容器。废弃家具、电子电器及其他大件生活垃圾必须按所在区专业管理部门规定并公布的时间、地点、方式投放。

这其间，在试点的宣传方面做了大量的工作，对垃圾分类知晓率很有裨益。但源于认识不到位、管理机制不健全、保障不完善、末端处置有短板，垃圾分类是前端推分类、后端一锅烩，没有形成分类垃圾处置全生命周期闭环。严重伤害了市民分类的热情，对政府公信力有负面影响。

2016 年 12 月，习近平总书记在中央财经领导小组第十四次会议上就生活垃圾分类工作做出重要指示后，厦门市总结以往经验教训，认识垃圾分类工作的社会意义、科学意义，全面推行生活垃圾分类工作，取得显著成效。在厦门，生活垃圾分类已家喻户晓，全市 100%的居民小区和 42%的农村地区已开展生活垃圾分类；1 124 所学校、12 家市属国有企业、68 个农贸市场以及车站、码头、机场、公园、景区等公共区域和驻厦部队已全面推行垃圾分类；垃圾分类知晓率达 100%、参与率超 80%。即使在 2020 年新冠肺炎疫情期间，厨余垃圾生物质含量也在 72%以上。广大居民也感受到了垃圾分类所带来的生活环境改善，幸福感、获得感明显增强，也更主动、更积极地参与垃圾分类工作。

### 7.3.2 制度建设

#### 7.3.2.1 《厦门市生活垃圾分类和减量工作方案》

方案从总体要求、主要任务、宣传教育、保障措施 4 个部分开展垃圾分类工作。

（1）总体要求

工作目标。厦门市垃圾分类的目标是到 2020 年，全市市民生活垃圾分类知晓率不低于 95%，思明区、湖里区生活垃圾分类覆盖率达 75%以上，集美区、海沧区生活垃圾分类覆盖率达 60%以上，同安区、翔安区生活垃圾分类覆盖率达 50%以上；人均垃圾产量实现“零增长”。生活垃圾资源化利用率达 70%以上（含再生资源回收、焚烧、生物处理等方式），生活垃圾无害化处理率达 100%。为此需要按照“大分流，小分类”的原则，建设部门要推动农村垃圾分类，建成建筑垃圾（含装修垃圾）投放、收运、处理体系；环保部门要推动建立工业垃圾的投放、收运、处理体系；市容环卫部门、园林绿化部门要进一步完善餐厨垃圾和绿化垃圾的收运、处理体系，防止各类垃圾混收混运，增加处理难度和成本。

工作安排。2016 年 6 月前，市、区完成生活垃圾分类和减量工作部署；2016 年 7 月至 2016 年年底，宣传、教育等部门组织以生活垃圾分类和减量、垃圾不落地、生态城市建设、循环经济建设为主要内容的宣传、教育工作，市、区行业主管部门进行生活垃圾分类投放、分类收运、分类处理体系设计规划，推动配套设施设备建设，市、区分层组织生活垃圾分类管理和操作人员培训；2016 年 12 月底至 2017 年 12 月，思明区、湖里区各规划建成 3 条，集美区、海沧区各规划建成 2 条，同安区、翔安区各规划建成 1 条生活垃圾分类收运示范线路，开展示范线路上的生活垃圾分类收集、分类投放、分类转运工作试点，为全面推动生活垃圾分类积累经验；2018 年 1 月开始，全市全面开展生活垃圾分类工作；2020 年年底，实现厦门市生活垃圾分类工作目标。

（2）主要任务

方案中提出了促进源头减量、推行分类投放、推行分类收运、推行分类处理的任务要求。

促进源头减量。推行垃圾不落地，提升全市市容环卫管理水平；推进清洁生产，在生产、流通环节中减少产生垃圾；倡导绿色消费，组织倡导低碳生活、适度消费；加强“限塑”管理。加大“限塑令”的执行力度；抓住关键源头，开展厨余垃圾家庭处理试点，各区可在社区试点逐步推广餐厨垃圾处理器。

推行分类投放。由区政府牵头，各区环卫主管部门、街道办事处（镇政府）建立政府、社区、企业和居民“四位一体”机制。明确分类规定，完善投放设施配置、严格分类投放要求、鼓励社会力量参与。

推行分类收运。以“分类处理”引导“分类运输”，构建分类直运体系，实行分收分运，严格收运要求。

推行分类处理。分类处理可回收物、厨余垃圾、有害垃圾、其他垃圾。与生活垃圾相关的餐厨垃圾、大件垃圾、绿化垃圾要分类处理。

（3）宣传教育

厦门市通过加强舆论引导、推广全民教育、组织专项培训、加强基地建设进行宣传教育。

注重舆论引导。通过电视台、广播、报纸、网络等各类媒体，现场体验及分发宣传册、发动志愿者等形式广泛参与生活垃圾分类的宣传引导、保洁监督，开展全方位宣传教育。利用机场、码头、车站等人员集散地进行宣传，依托旅行社、酒店宾馆、景区，通过短信推广、旅游推介等方式，引导来厦游客自觉参与生活垃圾分类。

推广全民教育。把生活垃圾分类减量和处理知识纳入全市大专院校、中小学及幼儿园教育和社会实践内容，积极发挥“小手拉大手”“垃圾分类进校园”等活动载体的作用。充分发挥职业、岗位教育的作用，把生活垃圾分类和减量处理知识纳入各类学校教育培训内容，倡导节约和低碳的生活消费模式，引导公众自觉参与、支持、监督生活垃圾分类和减量工作。

组织专项培训。市市政园林局负责全市生活垃圾分类管理人员培训，重点学习生活垃圾分类相关法规、标准、先进国家和地区生活垃圾分类工作先进经验以及上级对生活垃圾分类工作的要求，通报全市生活垃圾分类工作存在的问题，组织生活垃圾分类工作重、难点问题研究；各区负责组织辖区生活垃圾分类骨干操作培训，传达贯彻市级培训精神，学习生活垃圾分类操作规范，具体分析研究解决生活垃圾分类投放、分类收运、市场化运作等可能遇到的问题。

加强基地建设。统筹社会资源，建设市、区生活垃圾分类教育基地，利用科技馆、展览馆、图书馆等场所开展生活垃圾分类和减量、处理等环境教育专题讲座，营造公众理解、支持和参与生活垃圾分类和减量工作的氛围。

（4）保障措施

为保障垃圾分类工作实施，方案要求加强组织领导、建立激励机制、提升科技水平、健全制度保障、强化监督考评。

加强组织领导。成立由市领导任组长的全市生活垃圾分类和减量工作领导小组，负责统筹协调全市生活垃圾分类和减量工作。各区政府加强统一领导，细化分解管理、监督职责，确保责任到人；市直部门应按照部门职责，与各区密切配合，各司其职、各负其责，共同推进落实厦门市生活垃圾分类和减量工作。

建立激励机制。根据厦门市生活垃圾分类和减量工作专项考评结果，通过建立完善“以奖代补”机制，明确资金使用范围、申报审批要求、奖励标准和比例等经济手段，充分调动各基层落实该项工作的主动性和积极性。

提升科技水平。在智慧城市、智慧市政的大框架下，推进智慧环卫建设，建立生活垃圾产生、投放、收集、运输、处置的全过程管控体系，实行精准管理，提高生活垃圾分类和减量管理的智能化、标准化、规范化水平。

健全制度保障。严格执行《厦门市生活垃圾分类和减量管理办法（试行）》，作为生活垃圾分类和减量工作的政策支撑。同时，积极探索建立区域环境补偿和总量控制机制；研究生活垃圾分类和减量激励政策，建立利益导向机制，引导公众分类投放生活垃圾。

强化监督考评。将生活垃圾分类和减量工作开展情况列入全国文明城区、卫生城市、生态文明建设示范市的创建考评内容，纳入市对各区、市直各部门的绩效考核内容，细化考评指标。市市政园林局根据《厦门市生活垃圾分类和减量工作管理考评办法》，对各单位生活垃圾分类和减量工作进行专项考评。

#### 7.3.2.2 《厦门市 2017 年生活垃圾分类工作实施方案》

《厦门市 2017 年生活垃圾分类工作实施方案》明确厦门市 2017 年生活垃圾分类工作的目标、任务和要求。根据该方案，厦门市成立了以市委副书记、市长庄稼汉为组长的厦门市生活垃圾分类工作领导小组，成员包括各相关单位负责人。

（1）工作目标

到 2017 年年底，厦门市生活垃圾分类的法律法规和制度体系初步建立，生活垃圾分类知晓率不低于 85%，生活垃圾无害化处理率达 100%，生活垃圾分类工作走在全国前列。思明区、湖里区全面推行生活垃圾分类，集美区、海沧区建成区生活垃圾分类覆盖率达 40%以上，同安区、翔安区建成区生活垃圾分类覆盖率达 30%以上。岛外各区 1/3 的镇、村推行生活垃圾分类。

（2）九大工作任务

方案明确了包括开展动员部署、设立工作机构、组织业务培训、分步推进实施、配套硬件设备、完善规章制度、开展检查考评、广泛宣传发动、开展工作总结等工作任务，每一个工作任务也都细化出了推进时间表。例如，在分步推进实施任务中就明确：3 月起，思明区、湖里区按每个街道至少一个示范点的要求，推进生活垃圾分类工作，岛外各区在建成区建立若干示范点，并逐步扩大实施范围；全市全面发动、深入持续开展垃圾不落地和“门前三包”。至 6 月底，思明区、湖里区全面推行生活垃圾分类，岛外扩大试点，逐步推开。

（3）明确责任部门

市政园林局是全市生活垃圾分类的牵头部门，主要负责全市生活垃圾分类工作方案的制定、日常工作协调和检查督促，指导、督促生活垃圾分类处理设施建设等；市委文明办负责建立社会监督机制，设立投诉监督平台，接受市民线上实拍举报违规行为等；市教育局负责组织垃圾分类教材的编写，在市属高校、中小学、幼儿园中组织垃圾分类进课堂活动；市商务局负责建立可回收物的收运和资源化利用体系、组织开展可回收物的收运和资源化利用等。

#### 7.3.2.3 《2018 年厦门市生活垃圾分类工作实施方案》

《2018 年厦门市生活垃圾分类工作实施方案》明确 2018 年厦门市生活垃圾分类工作目标以及八大工作重点。

（1）工作目标

到2018年年底，厦门市建成区全面推行生活垃圾强制分类，生活垃圾分类的法律法规和制度体系基本建立，生活垃圾治理“三化”成效不断提高，城市生活垃圾分类工作继续走在全国前列。思明区、湖里区在全面推行生活垃圾分类的基础上，进一步巩固提高，岛外各区建成区生活垃圾分类覆盖率达100%，岛外各区2/3的行政村推行生活垃圾分类。

（2）八大工作重点

一要开展专项整治行动，如“混装混运”整治行动、落后小区整治行动、盲点区域扫除行动等；二要持续宣传发动，如建立常态化宣传制度，完善多平台促进机制，开展针对性宣传指导等，不断增强公众分类意识，提高垃圾分类知晓率和参与率，进一步发动全民参与；三要完善督导制度，形成督导工作“投入少、效果好、能持久”的机制，全面提高分类投放准确率；四要强化法规执行，如完善立法配套制度，《厦门经济特区餐厨废弃物管理办法》《厦门市大件垃圾管理办法》等要在2018年8月底前颁布。此外，还要加大执法监督力度，签订垃圾分类责任书等；五要加快设施配套，如加快末端处理设施建设，按序时进度推进厨余垃圾处理厂和垃圾焚烧发电厂二期建设，建设废旧玻璃回收利用设施，建立其他垃圾直运模式等；六要完善考评体系，如细化垃圾分类考评标准，深化文明创建推动作用，强化党政领导干部责任等；七要加强城乡统筹，继续推进农村生活垃圾分类，加大农村垃圾分类推广力度；八要做好资金保障等。

#### 7.3.2.4 《2019年厦门市生活垃圾分类工作要点》

《2019年厦门市生活垃圾分类工作要点》明确了2019年厦门市垃圾分类工作的指导思想、工作目标、方法步骤及相关要求。

（1）指导思想

深入学习贯彻习近平生态文明思想和关于垃圾分类工作重要指示精神，坚决落实国务院办公厅、省政府办公厅《生活垃圾分类制度实施方案》和“让垃圾分类成为厦门新时尚”的总要求，对标“国内领先、国际一流”标准，坚持广泛动员发动、全员参与互动、考核评比促动、巩固提高带动，促进生活垃圾分类工作水平进一步提升。

（2）工作目标

全市社会组织要力争达到目标：各社会组织要对生活垃圾分类知识要点全了解、分类工作全覆盖、“双三化”水平（减量化、资源化、无害化，科学化、精细化、智能化）全提升，垃圾分类知晓率、参与率、准确率分别达到100%、90%、70%，初步形成“会分类、愿分类、分到位”的垃圾分类局面，形成一批垃圾分类示范社会组织。

（3）方法步骤

动员部署阶段。各社会组织要通过召开会议、工作部署等方式，组织会员认真学习领会市委、市政府相关精神，增强开展工作的主动性和自觉性。

推开实施阶段。按照垃圾分类“双四分”要求，将城市生活垃圾分成可回收物、厨余垃圾、有害垃圾、其他垃圾“四类”，实行投放、收集、转运、处理“四个环节”全程分类，实现生活垃圾的减量化、资源化和无害化。垃圾分类工作重在平时、难在养成，务必贯穿全年全过程全方位。

检查评比阶段。市民政局将结合业务检查对各社会组织垃圾分类工作进行检查，并将检查结果作为全市评比表彰、社会组织评估定级的重要依据。

总结提高阶段。各社会组织要及时总结上报各单位垃圾分类工作中好的经验做法，年底视情汇总上报。同时，要抓好垃圾不落地、“门前三包”等具体工作落实。

（4）相关要求

广泛动员。各社会组织要动员会员积极响应、主动参与垃圾分类工作，尤其是环保志愿服务类社会组织要深入社区积极开展丰富多彩的垃圾分类活动，做好宣传和指导，引导居民家庭正确分类投放垃圾。

深入宣传。各社会组织要积极组织开展形式多样的垃圾分类宣传工作，服务社会、服务居民，创新开展各种公益活动，宣传垃圾分类的基本常识；要积极报送垃圾分类工作中的好经验、好做法，充分发挥各大媒体宣传效应，树立典型，共同营造开展垃圾分类工作的浓厚氛围。

制订计划。各社会组织要制订本单位垃圾分类工作计划。计划要紧贴工作实际，细化工作内容，量化工作任务，明确阶段性工作目标，增强计划的针对性和操作性。

搞好保障。提供公共服务的社会组织要配置好垃圾分类袋、分类投放桶等设施，切实在公共服务场所做好生活垃圾分类工作。

### 7.3.3　做法和经验

2016 年 12 月，习近平总书记在中央财经领导小组第十四次会议上作出重要指示：普遍推行垃圾分类制度。2018 年 11 月，习近平总书记在上海考察时再次强调：垃圾分类就是新时尚。2019 年，习近平总书记又对垃圾分类工作做出重要指示，强调实行垃圾分类，关系广大人民群众生活环境，关系节约使用资源，也是社会文明水平的一个重要体现。推行垃圾分类，关键要加强科学管理、形成长效机制、推动习惯养成。

厦门市从 2016 年 10 月开始开展生活垃圾分类工作，在全国首创“五全工作法”，已连续 6 个季度在全国 46 个垃圾分类重点城市工作情况通报中名列第一。初步形成了生活垃圾分类“厦门模式”。归纳起来主要有以下几方面的成效：

一是形成了垃圾分类工作强大合力。全市已经形成一把手亲自抓、四套班子合力抓、“大小手”同时抓、职能部门协同抓、上下统筹层层抓，全面动员、全员参与、全市“一盘棋”的工作局面，全市垃圾分类氛围浓厚。

二是规范了垃圾分类工作过程。出台了《厦门经济特区生活垃圾分类管理办法》，对垃圾分类全过程进行了规范，并配套出台了《厦门市餐厨垃圾管理办法》《厦门市大件垃圾管理办法》等 16 项配套制度；依托国家《城市生活垃圾分类标志》，编制《厦门市生活垃圾分类操作指南》，全面细化和规范了生活垃圾分类标准。

三是建成了垃圾分类工作体系。按照可回收物、厨余垃圾、有害垃圾、其他垃圾四分类要求，全面配套分类投放、分类收集、分类运输、分类处理设施。基本形成了以法治为基础、政府推动、全民参与、城乡统筹、因地制宜的垃圾分类制度。

四是提高了垃圾分类工作成效。通过三年垃圾分类工作实践和创新推动，市民垃圾分类知晓率达 100%，参与率达 90%。目前，全市日产生活垃圾 5 200 t 左右，其中，厨余垃圾 700 t、其他垃圾 4 400 t、可回收物和有害垃圾 100 t 左右，垃圾日产量呈现明显减缓趋势，吨垃圾焚烧发电量从 350 kW·h 提高到 380 kW·h，无害化处理率达 100%。

生活垃圾分类“厦门模式”的工作开展主要做法如下。

#### 7.3.3.1 坚持高位推动，强化分类行动自觉

坚持党委统揽，主要领导亲自抓。省委常委、市委书记多次召开市委常委会研究垃圾分类工作，并召开全市垃圾分类推进大会进行动员部署，明确提出要打造厦门垃圾分类工作 2.0 升级版，多次深入小区，实地检查垃圾分类工作开展情况和存在问题。市委副书记、市长多次召开市政府常务会研究垃圾分类工作，并担任全市垃圾分类工作领导小组组长，市委副书记担任领导小组常务副组长，四套班子分管领导担任副组长，定期召开会议研究推进垃圾分类工作。各区区委书记、区长，各街（镇）主官，各部门“一把手”根据市委、市政府的决策部署，上下联动、通力协作，围绕既定目标，层层落实责任，为全市推进垃圾分类提供了强大动力，使厦门市垃圾分类工作始终领跑全国。

坚持立法先行，依法依规系统抓。利用经济特区立法权，历时半年、三次审议，于 2017 年 9 月正式颁布了全国第一部全链条管理、全过程控制的垃圾分类法规——《厦门经济特区生活垃圾分类管理办法》。《厦门经济特区生活垃圾分类管理办法》立足于提升生活垃圾减量化、资源化、无害化处理水平，力求“立得住、行得通、管得了”，对每个环节都进行具体规定，明确各责任主体的法律责任，建立了责任人制度、举报奖励制度、信用监管制度，为生活垃圾分类工作有效有序开展提供法律保障。

坚持民生优先，发动群众共同抓。始终坚持以人民为中心的发展思想，把垃圾分类“关键小事”作为关系群众生活的大事。始终坚持共同缔造，发动群众共谋、共建、共管、共评、共享，让垃圾分类变得有温度、有笑声、有回报，切实让人民群众感受到身边环境改善、文明程度和生活质量的提高，进一步提升获得感、幸福感、安全感，为持久推进垃圾分类奠定良好的群众基础。

#### 7.3.3.2　大力宣传教育，助推文明习惯养成

垃圾分类是一件长期、持续、需要全社会共同参与的工作。厦门市坚持从教育宣传入手，不断强化垃圾分类意识，助推个人文明习惯的养成，变“要我分”为“我要分”。

全方位宣传发动。以广播电视、报纸网络、楼宇梯视、微信公众号等全媒体资源为载体，全方位、多层次、密集型宣传，大力营造垃圾分类氛围，通过制作思明快板、湖里三字经、集美环保舞蹈、海沧小袋鼠雕塑、同安垃圾分类歌、翔安答嘴鼓等一系列喜闻乐见、寓教于乐的垃圾分类文艺作品，将垃圾分类普法宣传潜移默化地融入居民日常生活中，筑牢“垃圾分类就是新时尚”等意识。以社区宣传发动为着力点，做好垃圾分类的入户宣传和现场引导，不断提高广大人民群众对垃圾分类工作的认识，使其以主人翁的精神自觉参与到垃圾分类工作中。目前全市有 9 300 多个党组织、22 万名党员志愿者积极开展相关主题宣传实践，220 个单位及团体加入鹭岛巾帼志愿联盟服务队，开展垃圾分类宣导和知识普及活动。

坚持“小手拉大手”。厦门市坚持聚焦学校教育，深入开展垃圾分类进校园、进教材、进课堂活动。一是将垃圾分类融入学校课堂教学，编写富有厦门特色的幼儿园、小学、中学三个版本的生活垃圾分类教材，将垃圾分类应知应会知识纳入有关学科考试内容和活动实践课堂。二是将垃圾分类融入校园文化建设，通过校园宣传栏、校报校刊、校园广播网络、社团组织等平台，通过主题班会、国旗下讲话、绘画比赛、演讲比赛、歌唱比赛等活动广泛宣传垃圾分类知识，营造浓厚的绿色环保文化氛围。如五缘实验学校创编的垃圾分类歌曲，已在 46 个重点城市传唱，真正让垃圾分类知识入心入脑。三是将垃圾分类融入学生实践活动，开展以垃圾分类和绿色环保为主题的夏令营活动，组织学生参加垃圾分类志愿服务等实践活动，引导学生形成良好的垃圾分类习惯，充分发挥“小手拉大手”作用，向 70 多万名在厦学生家庭发放《致家长的一封信》，加强“家、校、社”联动，形成“教育一个孩子、影响一个家庭、带动一个社区”的良性互动。

强化党建引领带动。市领导带头垂范，市委副书记在市委党校带头开设“垃圾分类厦门在行动”专题辅导讲座。市文明委启动“快乐健步走　文明齐动手”洁净家园活动，市领导示范带头，利用休闲时间开展健步健身、洁净家园活动，宣传垃圾分类不落地，全市 30 余万人次参加活动，营造良好氛围。将垃圾分类纳入基层党建重点任务，作为锤炼党性的实践课堂，教育党员干部在小区带头做好垃圾分类工作，带头分类投放、做好业余宣讲、主动参与督导，做群众的榜样。全市党政机关、医院、学校、车站、机场、港口码头等公共机构和驻厦部门率先示范，发挥了良好的示范引领和辐射带动作用，已形成“全面覆盖无死角、部门联动无盲区”的工作布局。

#### 7.3.3.3 狠抓设施建设，夯实分类工作基础

分类处理设施是生活垃圾分类处理系统的核心硬件，也是杜绝“先分后混”的关键要素。厦门市高度重视分类处理设施的建设，坚持统筹规划、统筹推进，已初步建立处理能力与产量相匹配的、较为完善的全链条分类处理设施。

便于识记的分类投放设施。编制了《厦门市生活垃圾分类操作指南》《厦门市大件垃圾管理办法》等多项文件，明确有害垃圾、厨余垃圾、其他垃圾、可回收物四类生活垃圾以及建筑垃圾、大件垃圾的投放位置、收集时间，并统一为小区居民配发专门用于投放厨余垃圾、其他垃圾的家庭分类垃圾桶，目前全市共组织 3 300 名督导员、3 320 名督导志愿者，专门对垃圾分类工作进行督导，让群众分得方便、分得准确，从源头开始落实垃圾减量化、资源化、无害化，跑好垃圾分类“最初一公里”。

规范统一的分类收集设施。按照方便群众的原则，在小区指定位置分别设置了有害垃圾、厨余垃圾、其他垃圾、可回收物 4 种垃圾桶（箱）。喷涂统一、规范、清晰的标识，进行常态化的洗、消、杀，确保分类收集设施功能完善、干净无味，并在垃圾收集点设置洗手盆，体现人性化管理。同时，根据物业小区道路情况和垃圾收集点布设位置，配备型号不同的一次转运车辆，提升垃圾收集的效率。近年来，全市共投入 20 万组分类垃圾桶、420 台分类转运车辆，满足了垃圾分类收集的需要。

直运为主的分类运输设施。为确保全程分类，防止运输环节“先分后混”“混装混运”“跑冒滴漏”，厦门市采取了两项措施：一是配足配齐分类运输车辆，明示所承运的生活垃圾种类，接受群众监督。二是推行垃圾直运。厨余垃圾采取“定点收集、桶车对接、公交化运输”的方式，已于 2017 年全部实行直运；其他垃圾也将于 2020 年全面实现直运；有害垃圾实行定点集中、定期转运的方式直运到处理终端；可回收物在小区细分收集后，大部分直运至对应的资源利用机构。针对市民群众在日常生活中产生的旧沙发、床垫等大件垃圾，由辖区政府负责建设大件垃圾处理厂，采取电话预约上门收运或由产生主体直接运送至处置厂，已在思明区、湖里区、集美区、海沧区建成 4 座大件垃圾处理厂，有效解决了厦门市大件垃圾去向问题。

高效匹配的分类处理设施。建立了与分类投放、分类收集、分类运输相匹配的分类处理系统，利用建成的工业固废处置中心对有害垃圾进行集中无害化处置；厨余垃圾直运到后坑厨余垃圾处理厂，通过厌氧发酵产生沼气并燃烧发电；其他垃圾直运到后坑、西部、东部 3 座垃圾焚烧厂进行焚烧发电；可回收物由回收企业负责运输，使垃圾“变废为宝”，达到了资源化利用的目的。

#### 7.3.3.4 聚焦重点领域，努力破解分类难题

垃圾分类是一项长期坚持、久久为功的工作，厦门市坚持边实践边探索，始终聚焦

重点领域，坚持问题导向，努力破解各类分类难题。

引导为主推进高楼撤桶。垃圾分类工作初期，市民群众对高楼撤桶反映强烈、怨言颇多，不理解、不配合的现象时有发生。厦门市坚持以正面引导为主，安排社区工作人员、督导员、志愿者等入户宣传引导，讲清在高楼放置垃圾桶影响消防通道安全、容易形成卫生死角滋生蚊蝇细菌等危害。厦门市高楼撤桶工作开展顺利，撤桶率已达 90%以上。撤桶后，楼道变干净了，撤桶工作取得大部分居民的理解和支持。

多措并举处理厨余垃圾。目前国内对厨余垃圾尚无成熟的处理工艺，针对厨余垃圾含水（油、盐）率高的特性，厦门市同步试点探索采用干式发酵产沼发电、湿式发酵产沼发电两种处理工艺。同时，推动厨余垃圾与绿化垃圾混合堆肥；进行厨余垃圾在城镇小型污水处理厂压榨协同处理等。

规范有序收运可回收物。积极推进垃圾收运系统与再生资源回收利用系统的衔接，在公共机构、社区、企业等场所设置专门的分类回收设施，合理布局布点，提高建设标准。按照先易后难、应收尽收、国企兜底的原则，建立可回收物收运处理体系和补贴机制，由小区负责收集，对接社会化企业，对收集的可回收物等进行资源化利用，对玻璃瓶等低价值回收物由国企兜底进行处理、作为建筑辅助材料等，逐步将包括低质、高质在内的可回收物纳入有序管理轨道，不断提升对可回收物的规范化管理水平。

因地制宜处置农村垃圾。厦门市农村垃圾总体按照“城乡统筹、就地处理、源头减量”原则，根据农村实际，分别按城郊村（含村改居）与纯农村（偏远村）因地制宜开展分类。城郊村坚持以城带乡，纳入城市生活垃圾收运体系，“一盘棋”推进。纯农村（偏远村）动员村民采取“种植消化”处理生的厨余垃圾，自行将菜梗、菜帮、菜叶等在田间地头堆肥还田。有害垃圾和可回收物自行运至镇、村集中存放点，通过积分兑换生活用品。

#### 7.3.3.5　着眼科学管理，完善长效工作机制

垃圾分类事关千家万户、涉及诸多部门、关乎民生公益，厦门市不断加大政府统筹力度，坚持上中下游一起抓，前中末端齐发力，不断开创垃圾分类工作新局面。

优先的要素保障机制。坚持把垃圾分类工作作为一项民生补短板、为民办实事的重要内容，在规划引领、项目立项、用地保障、资金保障等相关要素保障方面，开通绿色通道，予以政策倾斜，纳入优先保障范畴。对源头减量、低价值可回收物回收处理等方面制定相应的奖补机制，确保垃圾分类工作顺利开展。

专业的运营处理机制。依托厦门市环境能源投资发展公司，从收运环节入手，逐步完善收集、运输、末端处理全过程服务体系，将城市多种废弃物统一收集处理，形成收集、运输及末端处置完整的产业链，并提供一揽子解决方案。目前，已经形成垃圾收运、无害化卫生填埋、焚烧发电、工业危险废弃物综合处置、餐厨垃圾处置等全链条、专业

化垃圾处理体系。

常态的督导考评机制。实行周调度、月例会、现场协调会等制度，及时协调解决生活垃圾分类工作中存在的问题，确保工作有人抓、有人管、有人议；建立完善暗访督查、第三方考评、专业考评等机制，每月在《厦门日报》、其他新闻媒体、微信平台公布考评结果排名，加大“晒”的力度，并借鉴住建部的做法，将各区的季度考核结果直接通报给各区政府主要领导。年终将考评结果以2%的权重纳入年度工作绩效考评，层层传导压力。

严格的执法处罚机制。构建生活垃圾分类执法工作的日常沟通、联席会诊、联合执法工作机制，实现对垃圾分类各环节进行常态化、全覆盖执法，及时曝光典型执法案例，扩大执法影响力和约束作用。截至2019年年底，全市城管执法部门对违反《厦门经济特区生活垃圾分类管理办法》的单位和个人共开具近1 700份执法文书，实施行政处罚1 135起，通过媒体对典型案例曝光22次，有效震慑、教育了一批不遵守《厦门经济特区生活垃圾分类管理办法》的当事人。同时，设立举报奖励制度，市民可通过举报等方式对乱扔垃圾行为进行举报并获取相应奖励。

高效的信息监管机制。推进生活垃圾分类数字监管系统建设，建成全省首个餐厨垃圾信息化管理平台，实现餐厨垃圾产、收、运、处全流程信息化监管。通过智能监控、GPS定位等措施，不断完善生活垃圾分类信息化监管平台建设，实现了分类收集、运输、处理全过程监控。在先锋营小区、信隆城小区等引进智能化垃圾分类系统。在利用“互联网+”进行垃圾分类的试点小区，垃圾袋设置专属二维码，可有效实现溯源以及流量、流向追溯。

务实的关心关爱机制。环卫工人作为“城市美容师”，为城市的环境卫生倾注了心血、挥洒了汗水，是垃圾分类工作的主要实践者。厦门市十分重视环卫工人工作条件和待遇问题，通过将垃圾压缩站改成道班房、增加机械清扫设施等措施，不断改善环卫工人工作条件；并结合厦门社会平均工资的增长，逐步提高环卫工人的工资待遇，同时在子女教育、保险缴交、住房保障等方面予以优先保障。每年结合“十佳城市美容师”评选，大力宣传其中的先进事迹，在全市营造关爱环卫工人的深厚社会氛围。

### 7.3.4 重点提炼

垃圾分类是在政府主导下的全民参与工作，实践表明，要把垃圾分类工作的环保与人文结合、教育与法治结合、政府与社会结合、软件与硬件结合、节点与体系结合、城市与农村结合、传统与现代结合。十个指头弹钢琴，做好这“七个结合”，会对开展工作有很大的支持。

一是强化党建引领。从市委到街道党工委坚持“一把手”带头抓，层层抓落实，一抓到底，各市直部门通力合作，形成市、区、街道、社区四级联动，以块为主、条块结合的工作机制，为垃圾分类工作提供有力组织保障。

二是坚持共同缔造。以社区为基本单元，以“完整社区”建设为载体，以加强基层党组织建设为引领，以改进政府服务为平台，从房前屋后环境改善等小事实事入手，发动群众共谋、共建、共管、共评、共享，努力构建“纵向到底、横向到边、协商共治”的社会治理体系，为垃圾分类工作奠定了良好的群众基础。厦门市充分发挥社区力量，选好、用好社区带头人，统筹各方力量，使垃圾分类变得有温度、有笑声、有回报，为持久推进打下民众基础，促进市民分类习惯养成。

三是突出教育先行。基础教育要从孩子抓起，把垃圾分类融入学科。在厦门，有的学校将垃圾分类知识融入足球课中，不同颜色的足球代表不同的垃圾种类，真正让同学们入脑入心；有的融入数理化，孩子们感觉有趣；还有的融入音乐、歌词创作，让孩子和老师一同说唱垃圾分类。厦门许多学校创作了垃圾分类歌，厦门五缘学校创编的垃圾分类歌曲已经在46个重点城市传唱。社会教育方面，更是利用各种媒体广泛宣传，没有间断。王永盛、文国清两位作家撰写的《垃圾分类新时尚的厦门模式——幸福的革命》报告文学全景式地反映了厦门垃圾分类工作，在民间产生很大影响。

四是注重法治保障。出台《厦门经济特区生活垃圾分类管理办法》及相关配套措施，为全面推进垃圾分类工作提供了法治保障。

五是分类科学实用。在城镇推行“能卖的拿去卖，危险的单独放，干湿要分开”，在农村推行“会腐烂的和不会腐烂的”分类方法，让群众充分理解掌握。按照国家标准，构建了一套完整的、符合厦门地域特色的垃圾分类标准和标志标识、垃圾桶质量标准、垃圾袋质量标准、居民区垃圾分类规范等规范和标准，把标准建设、系统建设、精细管理和垃圾分类投放、收集、运输、处理环环相扣、有机衔接。

## 7.3.5 相关文件

### 7.3.5.1 《厦门市生活垃圾分类和减量工作方案》

为扎实有效推进我市生活垃圾分类和减量工作，根据国家有关法律、法规和标准，结合我市实际，制定本方案。

一、总体要求

（一）指导思想

深入贯彻落实习近平总书记系列重要讲话精神和中央城市工作会议部署要求，牢固树立“五大发展理念”，全面实施美丽厦门战略规划，以推行清洁直运和垃圾分类为突破口，以提升生活垃圾“减量化、资源化、无害化”水平为目标，以垃圾不落地、垃圾不外露、垃圾不抛撒和“全程分类”为标准，借鉴先进经验做法，坚持科学筹划、循序渐进、稳步推进原则，强化源头思维、系统治理、依法管理、共同缔造思想，努力打造生活垃圾分类与清洁直运相结合，垃圾前端、中端、末端处置一体化的城市生活垃圾管理模式，不断夯实部门协作、重心下移、全民参与、人人动手的生活垃圾分类和减量工作基础，逐步形成标准化要求、智能化监管、社会化运作、网格化收集机制，促进我市生态文明水平进一步提升，加快建设美丽中国典范城市。

（二）基本原则

1．政府主导，社会参与。按照“共同缔造”理念，加强政策引导，统一顶层设计、统一规范标准、统一管理要求、统一智慧监管，探索建立社会资本参与机制，倡导城市志愿服务，鼓励与民间组织合作，充分发挥市场在生活垃圾分类收集、转运、处理以及资源回收利用中的作用。

2．科学筹划，周密安排。统筹生活垃圾分类投放、分类收运、分类处理各环节在时间、空间、流程上的关系，做好顶层设计，周密制定计划，全面做好准备，确保生活垃圾分类工作顺利实施。

3．先易后难，循序渐进。在分类标准上，优先实施“四分类”，即：可回收物、厨余垃圾、有害垃圾和其他垃圾，逐步向细分、精分过渡；在推动重点上，按照直运模式和分类投放、分类收运、分类处理的总体设计，成熟一条线路推动一条线路，形成由线到片、由片到面的工作推动次序。

4．源头思维，系统治理。生活垃圾分类和垃圾源头减量并重。通过宣传教育，倡导文明习惯，尽可能在源头减少垃圾产生。推动“陆上垃圾不落地、河湖边垃圾不入水、海漂垃圾不入厦”，保持环境洁净。重视做好工业垃圾、建筑垃圾、商业垃圾的治理，共同建立生活垃圾分类减量工作的大环境。

（三）主要目标

到2020年，全市市民生活垃圾分类知晓率不低于95%，思明区、湖里区生活垃圾分类覆盖率达75%以上，集美区、海沧区生活垃圾分类覆盖率达60%以上，同安区、翔安区生活垃圾分类覆盖率达50%以上；人均垃圾产量实现“零增长”。生活垃圾资源化利用率达70%以上（含再生资源回收、焚烧、生物处理等方式），生活垃圾无害化处理率达100%。

同时，按照“大分流，小分类”的原则，建设部门要推动农村垃圾分类，建成建筑垃圾（含装修垃圾）投放、收运、处理体系；环保部门要推动建立工业垃圾的投放、收运、处理体系；市容环卫部门、园林绿化部门要进一步完善餐厨垃圾和绿化垃圾的收运、处理体系，防止各类垃圾混收混运，增加处理难度和成本。

（四）工作安排

2016年6月前，市、区完成生活垃圾分类和减量工作部署；2016年7月至2016年年底，宣传、教育等部门组织以生活垃圾分类和减量、垃圾不落地、生态城市建设、循环经济建设为主要内容的宣传、教育工作，市、区行业主管部门进行生活垃圾分类投放、分类收运、分类处理体系设计规划，推动配套设施设备建设，市、区分层组织生活垃圾分类管理和操作人员培训；2016年12月底至2017年12月，思明区、湖里区各规划建成3条，集美区、海沧区各规划建成2条，同安区、翔安区各规划建成1条生活垃圾分类收运示范线路，开展示范线路上的生活垃圾分类收集、分类投放、分类转运工作试点，为全面推动生活垃圾分类积累经验；2018年1月开始，全市全面开展生活垃圾分类工作；2020年年底，实现我市生活垃圾分类工作目标。

二、主要任务

（一）促进源头减量

1. 推行垃圾不落地。围绕“陆上垃圾不落地、河湖边垃圾不入水、海漂垃圾不入厦”的目标，建立健全环卫保洁和监督考评体制机制，进一步强化全市市容环卫的质量管理；全市动员、部门联动、齐抓共管，采取多种方式宣导“垃圾不落地、厦门更美丽”理念，以全市开展生活垃圾分类和减量工作为契机，积极推动落实垃圾不落地，进一步提升全市市容环卫管理水平。

责任单位：各区政府，市市政园林局、市委宣传部、市委文明办、市发展和改革委员会、爱国卫生运动委员会办公室、市海洋与渔业局、市水利局、市教育局、市交通运输局、市商务局、市文化广电新闻出版局、市市场监督管理局、市旅游局、厦门港口管理局、市城市管理行政执法局、市机关事务管理局、团市委，市、区环卫部门

2. 推进清洁生产。大力推进清洁生产，改进产品包装和限制过度包装，促进生产系统内部物料的循环利用，在生产、流通环节中减少产生垃圾。

责任单位：各区政府，市商务局、市经济和信息化局

3. 倡导绿色消费。组织倡导低碳生活、适度消费，推动绿色采购、绿色办公，推广使用可循环利用物品，限制使用一次性用品。

责任单位：各区政府，市教育局、市机关事务管理局、市商务局

4. 加强“限塑”管理。加大“限塑令”的执行力度，加强对农副产品市场、零售业等重点场所和行业的监督检查，推广使用菜篮子、布袋子，逐步控制、减少塑料袋的销售、使用。

责任单位：各区政府，市市场监督管理局

5. 抓住关键源头。开展厨余垃圾家庭处理试点，各区可在社区试点逐步推广餐厨垃圾处理器，鼓励对家庭厨余垃圾进行处理，财政部门给予一定补贴。

责任单位：市建设局、市财政局，各区政府

（二）推行分类投放

由区政府牵头，各区环卫主管部门、街道办事处（镇政府）建立政府、社区、企业和居民“四位一体”机制。

1. 分类规定。居住区域，包括居住小区、公寓区、别墅区等生活住宅区域，一般分

为可回收物、厨余垃圾、有害垃圾、其他垃圾四类；单位区域，包括政府机关、学校、企事业单位、大厦等办公场所，有集中供餐的一般分为可回收物、厨余垃圾、有害垃圾、其他垃圾四类；无集中供餐的一般分为可回收物、有害垃圾、其他垃圾三类；公共区域，包括车站、公园、体育场馆、商场等公共场所，一般分为可回收物、其他垃圾两类或其他垃圾一类。有条件的区域，可在此基础上进行精分、细分。

2．投放设施配置。全市统一组织垃圾桶和厨余垃圾、有害垃圾、其他垃圾袋选型招标，各区依据本区域生活垃圾分类规定和“桶车对接”要求，确定垃圾桶的体量、数量和设置位置，并组织采购配置。

责任单位：各区政府，市市政园林局、市机关事务管理局，市、区环卫部门

3．分类投放要求。垃圾产生者按照分类规定将产生的垃圾投入对应的垃圾桶内，责任人（责任人定义详见《厦门市生活垃圾分类和减量管理办法（试行）》）负责将责任片区内需要转运的垃圾以桶为单位，按本区域直运路线和时间规定转移至收集点，无缝对接进入市、区环卫系统收运网络。

责任单位：各区政府，市城市管理行政执法局、市机关事务管理局

4．社会力量参与。鼓励有资质的企业采用投放回收箱或使用App预约上门回收服务方式回收处理可回收物。

责任单位：各区政府，市商务局，各区环卫部门

（三）推行分类收运

由区政府负责组织，以“分类处理”引导“分类运输”，构建分类直运体系，实行分收分运。

1．建立直运体系。按照属地管理、“桶车对接”的要求，思明区、湖里区生活垃圾分类后的可回收物、厨余垃圾、其他垃圾直接运往后坑环卫基地或东部固废处理中心；海沧区生活垃圾分类后的厨余垃圾运往后坑环卫基地或东部固废处理中心，其他垃圾运往西部生活垃圾焚烧发电厂，可回收物自行处理；集美区、同安区、翔安区生活垃圾分类后的厨余垃圾、其他垃圾转运至东部固废处理中心，可回收物由各区自行处理；全市的有害垃圾由各区、各单位自行转运至东部固废处理中心，逐步建立起以清洁直运为主的收运模式。

市环卫处于2016年6月底前制定《厦门市生活垃圾收运体系建设方案》，各区规划收运路线、确定收集站点、设置相关标识、配置设施设备，于2017年年底建成分类直运体系。

责任单位：各区政府，市市政园林局、市公安局（市交警支队）、市环境保护局、市建设局，市、区环卫部门

2．实行分类收运。由市统一组织垃圾转运车辆选型招标，各区按需组织采购，并对可回收物、厨余垃圾、有害垃圾、其他垃圾实行单独运输。具体收运时间和次数由各收

运主体确定。

责任单位：各区政府，市市政园林局、市商务局、市环境保护局，各区环卫部门

3. 严格收运要求。建设与周边环境相适应的垃圾收集、转运设施，采用密闭、环保、高效、智能的垃圾收集、运输车辆，完善生活垃圾收运登记制度，提高生活垃圾收运精细化管理水平，要加强保洁收运人员培训、管理，分类垃圾实行分类收运，杜绝混运混处问题。

责任单位：各区政府，市市政园林局、市环境保护局、市城市管理行政执法局，市、区环卫部门

（四）推行分类处理

按照分类处理需求，组织生活垃圾处理设施规划、建设和各类垃圾无害化处理。

1. 可回收物处理。完善以社区回收为基础的再生资源回收网络，开展再生资源回收连锁经营，规范回收站点管理，落实再生资源回收的计量统计，并将该计量统计指标纳入生活垃圾统计指标体系。探索可回收垃圾免费收运、让利保洁员等经济手段，激发市民和保洁员垃圾分类的积极性。

2. 厨余垃圾处理。加强后坑环卫基地有机质处理系统（日处理有机质200 t）运营管理，提高有机质处理质量，逐步提升后坑环卫基地厨余垃圾日处理能力，实现思明区、湖里区的厨余垃圾在岛内后坑环卫基地进行处理；集美区、海沧区、同安区、翔安区的厨余垃圾由东部固废处理中心进行处理，也可由各区采取片区集中处理、源头生化处理以及向社会购买服务等方式进行处理。

3. 有害垃圾处理。2017年年底，市政集团在东部固废处理中心建成工业固废处理设施。

4. 其他垃圾处理。2018年前完成西部生活垃圾焚烧发电厂二期（日焚烧能力1 200 t）和东部生活垃圾焚烧发电厂二期（日焚烧能力1 200 t）建设。“十三五”期间，推动同安凤南生活垃圾焚烧发电厂建设。同步提升后坑生活垃圾焚烧发电厂以及东、西部生活垃圾焚烧发电厂一期运营管理水平，实现其他垃圾全部焚烧处理。

5. 与生活垃圾相关的餐厨垃圾、大件垃圾、绿化垃圾要做到分类处理。

（1）餐厨垃圾处理。全市餐饮区产生的餐厨垃圾由各区负责收集运送至东部固废处理中心集中处理，根据餐厨垃圾处理需求，视情开展餐厨垃圾处理后续项目建设（具体按市餐厨垃圾收运方案执行）。

（2）大件垃圾处理。2016年年底，各区结合压缩中转站建设分别建成一座大件垃圾处理厂，负责本区居民家庭沙发、橱柜、床铺等大件垃圾的处理。依托大件垃圾处理厂逐步建立废旧家具、家用电器、自行车等大件垃圾资源回收利用和管理机制，完善二手货交易市场，提高大件垃圾资源再生利用水平。

（3）绿化垃圾处理。市、区绿化行业主管部门要完善我市绿化垃圾收运、处理体系，及时清运和处理草木修剪产生的绿化垃圾，力争做到绿化垃圾源头处理，回收利用。

责任单位：各区政府，市发展和改革委员会、市财政局、市规划委员会、市环境保护局、市商务局、市市政园林局，市市容环境卫生管理处，市政集团

三、宣传教育

（一）注重舆论引导

通过电视台、广播、报纸、网络等各类媒体，利用电子屏幕、微信微博平台和街道办事处（镇政府）、小区宣传栏，采取知识竞赛、“垃圾去哪了”现场体验，以及“给居民一封信”、分发生活垃圾分类宣传册、发动志愿者参与等形式，广泛参与生活垃圾分类的宣传引导、保洁监督等，发动社会参与共建共治共享。开展全方位宣传教育，推广好经验好做法，多宣传正面典型，营造垃圾分类的良好氛围。利用机场、码头、车站等人员集散地进行宣传，依托旅行社、酒店宾馆、景区，通过短信推广、旅游推介等方式，引导来厦游客自觉参与生活垃圾分类。

责任单位：各区政府，市委宣传部、市委文明办、市市政园林局、市交通运输局、市旅游局、厦门港口管理局

（二）推广全民教育

把生活垃圾分类减量和处理知识纳入全市大专院校、中小学及幼儿园教育和社会实践内容，积极发挥“小手拉大手”“垃圾分类进校园”等活动载体的作用。充分发挥职业、岗位教育的作用，把生活垃圾分类和减量处理知识纳入各类学校教育培训内容，引导全民树立生活垃圾分类和减量“从我做起，人人有责”的观念，提升全民文明素质和环境责任意识，倡导节约和低碳的生活消费模式，引导公众自觉参与、支持、监督生活垃圾分类和减量工作。

责任单位：各区政府，市市政园林局、市教育局

（三）组织专项培训

市市政园林局负责全市生活垃圾分类管理人员培训，2016 年下半年组织一次，今后每半年至少组织一次，重点学习生活垃圾分类相关法规、标准、先进国家和地区生活垃圾分类工作先进经验以及上级对生活垃圾分类工作的要求，通报全市生活垃圾分类工作存在的问题，组织生活垃圾分类工作重、难点问题研究；各区负责组织辖区生活垃圾分类骨干操作培训，传达贯彻市级培训精神，学习生活垃圾分类操作规范，具体分析研究解决生活垃圾分类投放、分类收运、市场化运作等可能遇到的问题。

责任单位：各区政府，市市政园林局，市、区环卫部门

（四）加强基地建设

统筹社会资源，建设市、区生活垃圾分类教育基地，利用科技馆、展览馆、图书馆等场所开展生活垃圾分类和减量、处理等环境教育专题讲座，营造公众理解、支持和参与生活垃圾分类和减量工作的氛围。

责任单位：各区政府，市市政园林局、市科技局、市文化广电新闻出版局

## 四、保障措施

（一）加强组织领导

成立由市领导任组长的全市生活垃圾分类和减量工作领导小组，市市政园林局、市环境保护局、市建设局、市商务局、市城市管理行政执法局等市直部门和各区主要领导为小组成员，负责统筹协调全市生活垃圾分类和减量工作。各级各部门务必要统一思想、提高认识，把落实我市生活垃圾分类和减量作为建设生态文明、服务经济发展、创新社会治理的重要工作。各区政府作为我市生活垃圾分类和减量工作推进主体，要加强对本辖区各项工作的统一领导，细化分解管理、监督职责，确保责任到人；充分发挥主观能动性，创造性开展工作，形成具有区域特点的有效的生活垃圾分类做法。市直部门应按照部门职责，与各区密切配合，各司其职、各负其责，共同推进落实我市生活垃圾分类和减量工作。各区政府和市级各责任部门应于 2016 年 6 月底前分别完成《生活垃圾分类和减量工作实施方案》和相关工作落实计划的制定。

责任单位：各区政府，市市政园林局，市委宣传部、市委文明办、市经济和信息化局、市卫生和计划生育委员会（爱卫办）、市教育局、市财政局、市环境保护局、市建设局、市交通运输局、市商务局、市文化广电新闻出版局、市市场监督管理局、市旅游局、厦门港口管理局、市城市管理行政执法局、市机关事务管理局、团市委、市城市管理综合考评办公室、市市容环境卫生管理处

（二）建立激励机制

根据厦门市生活垃圾分类和减量工作专项考评结果，通过建立完善“以奖代补”机制，明确资金使用范围、申报审批要求、奖励标准和比例等经济手段，充分调动各基层落实该项工作的主动性和积极性。

责任单位：各区政府，市、区财政局、市市政园林局，市、区环卫部门

（三）提升科技水平

在智慧城市、智慧市政的大框架下，推进智慧环卫建设，建立生活垃圾产生、投放、收集、运输、处置的全过程管控体系，实行精准管理，提高生活垃圾分类和减量管理的智能化、标准化、规范化水平。

责任单位：市市政园林局、市经济和信息化局，各区政府，市、区环卫部门

（四）健全制度保障

严格执行《厦门市生活垃圾分类和减量管理办法（试行）》，作为生活垃圾分类和减量工作的政策支撑。同时，积极探索建立区域环境补偿和总量控制机制；研究生活垃圾分类和减量激励政策，建立利益导向机制，引导公众分类投放生活垃圾。

责任单位：市法制局、市市政园林局、市财政局、市商务局

（五）强化监督考评

各级要将生活垃圾分类和减量工作开展情况列入全国文明城区、卫生城市、生态文

明建设示范市的创建考评内容，纳入市对各区、市直各部门的绩效考核内容，细化考评指标，严密组织考评，发挥考评的杠杆作用，促进生活垃圾分类和减量工作扎实有效开展。市市政园林局根据《厦门市生活垃圾分类和减量工作管理考评办法》，对各单位生活垃圾分类和减量工作进行专项考评。

责任单位：各区政府，市委文明办、市卫生和计划生育委员会、市环境保护局、市市政园林局、市城市管理行政执法局，市城管综合考评办，市、区环卫部门

### 7.3.5.2 《厦门市生活垃圾分类和减量工作管理考评办法》

为深入推进厦门市生活垃圾分类和减量工作，建立完善的检查监督长效管理机制，促进生活垃圾分类体系建设和管理水平提升，根据我市生活垃圾分类和减量工作总体要求，制定本办法。

一、考评组织

市市容环境卫生主管部门负责制定生活垃圾分类和减量考评办法和相关实施细则，组织开展全市生活垃圾分类和减量考评工作，并将各区生活垃圾分类和减量工作纳入城市管理绩效考评。

各区市容环境卫生主管部门负责制定辖区考评办法和相关实施细则，具体开展辖区生活垃圾分类和减量工作的考评与奖励工作。

街道办事处（镇政府）要建立和完善生活垃圾分类和减量工作的检查监督制度，对属地内的生活垃圾分类和减量工作进行经常性的检查监督，表彰奖励生活垃圾分类的积极参与者和组织者。

二、考评范围

全市生活垃圾分类和减量推广实施区域。

三、考评内容

（一）管理体系建设

考评内容为队伍建设、制度制定、经费保障、重点任务、考评监管、日常管理、宣传培训、创新管理等 8 个方面。

（二）运行体系建设

考评内容为宣传、分类投放、分类收集、分类运输、分类处理各个环节的作业。

四、考评方法

（一）管理体系建设

管理体系考评采取定期检查、随机检查和民意测评三种形式。市市容环境卫生专业部门负责定期检查，每年进行 4 次，区市容环境卫生专业部门每月自查 1 次，随机检查结合运行体系考评进行，民意测评选择第三方调查机构采取随机访问、问卷调查的形式，每年至少进行 1 次，测评市民对生活垃圾分类开展情况的满意度。

（二）运行体系建设

运行体系考评主要采取现场查看、听取汇报、查阅记录、随机问询等方式，市市容环境卫生专业部门每季度进行1次，区市容环境卫生专业部门每月不少于1次。末端集中处理体系按固废处置国家标准监督考评，不计入区考评成绩。

五、考评计分与奖励

检查考评项目实行累计扣分制，不符合标准或是发现问题处理不及时，均按《生活垃圾分类和减量管理考评评分细则》扣减相应分数，创新性项目作为加分项列入考评。

六、工作要求

（一）各区要参照本办法制定辖区生活垃圾分类和减量工作检查考评办法和实施细则，进一步建立健全生活垃圾分类和减量工作的日常管理和考评机制，严格组织，紧扣时间节点，抓好任务落实。

（二）各区对检查中发现的问题要有序落实整改，明确整改责任，把责任分解落实到责任单位、责任人。

#### 7.3.5.3 生活垃圾分类和减量管理考评标准

一、生活垃圾分类和减量管理体系

（一）队伍建设。区生活垃圾分类和减量工作配备10名专职工作人员，街道办事处（镇政府）配备3～5名专职工作人员，社区按照每300户配1名比例配备督导员，明确任务分工。建立区、街、社区组织管理网络，并编制通讯录。

（二）制度制定。制定区生活垃圾分类和减量工作实施方案，制定辖区生活垃圾分类和减量考评办法和评分细则。

（三）经费保障。落实生活垃圾分类和减量工作专项经费，制定区生活垃圾分类和减量工作考评奖励办法。

（四）重点任务。按照生活垃圾分类和减量工作6项重点任务（宣传和教育、垃圾不落地、分类投放、分类运输、分类处理、源头减量）的时间节点要求，完成阶段和总体目标任务。

（五）考评监管。各区将生活垃圾分类和减量纳入城市管理考评，每月组织1次管理体系考评，每月不少于1次运行体系考评，做好考评记录，编发考评通报。

（六）日常管理。各区市容环卫主管部门落实市市容环卫主管部门各项要求，对考评通报的问题及时整改；汇总编发工作动态；安排专人负责数据统计和信息报送，每月5日前完成统计信息的汇总报送工作。

（七）宣传培训。制订本辖区生活垃圾分类和减量工作宣传培训计划，落实活动组织单位、时间地点、资金保障、奖品筹集；区、街应组织对生活垃圾分类和减量工作管理和操作人员以及居民代表进行分级分层培训，每年组织培训不少于2次。

（八）创新管理。积极创新管理模式，探索成功、可复制的管理经验并推广。

二、生活垃圾分类和减量运行体系

（一）组织宣传。责任人在显著位置设置生活垃圾分类和减量宣传栏和生活垃圾分类公示牌，介绍生活垃圾分类知识，公示生活垃圾分类运行管理信息，内容清晰，无张贴、破损；制作指导手册，内容包括垃圾分类信息及分类知识，做到原住户和新迁入住户每户一册；生活垃圾分类公示信息及分类知识家喻户晓，知晓率不低于95%。

（二）分类投放

1. 分类种类。实行四分类（可回收物、厨余垃圾、有害垃圾、其他垃圾），落实分类收运、处理渠道。

2. 分类容器。应根据生活垃圾分类的种类设置相应的分类容器，分类收集容器应外观干净整洁，无残缺、破损，密闭性良好，摆放整齐，不得妨碍通行；分类收集容器标识、颜色应符合《厦门市生活垃圾分类操作指南》，标准没有规定的，可自选标识。

居民小区应设置投放点布局图，公示告知投放点位置、投放种类。每个投放点应设置公示栏，公示告知各分类种类收集方式、时间、作业单位、责任人、联系方式。鼓励采用定时定点投放模式，定时定点投放的种类、时间、位置应公示告知。（采用定时定点投放模式的居民小区名单报市、区管理部门备案）

（三）分类收集。可采用固定点收集、流动收集（收集车）等模式；已分类投放的垃圾必须分类收集，严禁混装混收，不得在绿地、人行道等公共区域分拣垃圾，废弃荧光灯管等有害垃圾应防止破损，收集作业时垃圾不得落地、不得遗洒，不得污染环境；分类收集应按照收集区域规定的收集频次、时间作业，可回收物居民可以自行卖给回收机构，或由再生资源回收企业采用固定、流动或预约方式进行回收；厨余垃圾、其他垃圾应按要求收集运往指定垃圾中转站或直收直运；有害垃圾收集至各区指定暂存点，暂存点应按照《危险废物贮存污染控制标准》（GB 18597—2001）要求，设置危险废物警示标志，对接收的有害垃圾进行检验并填有害垃圾转移交接备案表；大件垃圾应及时预约收集，不得长时间堆放在绿地、人行道等公共区域。

居民小区的分类收集方式、时间、位置，作业单位、责任人、联系方式应公示。

（四）分类运输

1. 运输车辆管理。根据垃圾清运量配备数量足够的运输车辆；运输车辆应符合分类标识、箱体密闭、车况完好、车容整洁要求。

2. 分类运输运行。已分类收集的垃圾必须及时分类运输，严禁混装混运，有害垃圾应由环保部门批准的具有资质的危废单位运输，转移运输应按相关规定办理危险废物转移手续，填办危险废物转移联单。

（五）分类处理。已分类垃圾必须按规定运往指定的集中处理设施或当地分散处理设施，可回收物进入再生资源回收渠道，有害垃圾进入危废单位处理，每年至少处理1次；

厨余垃圾运到厨余垃圾处理厂处理并单独计量，有厨余垃圾分散处理设备的小区，应做到设备、设施正常运行，符合国家相关标准，日常运行记录齐全；各区自行设置的大件垃圾处置设置应符合国家标准，处置及时，没有污染。

（六）积分奖励。居民小区利用“互联网+”的形式，建立居民户积分奖励账户，形成“分类可积分、积分可兑换、兑换可获益”的垃圾分类激励机制。居民可通过参与专场回收活动、厨余垃圾定时定点投放等方式获取积分。其他垃圾和有毒有害垃圾分类投放不积分。居民通过积分公示栏、回收服务站、电话或网络等方式查询积分。

#### 7.3.5.4 生活垃圾分类和减量管理考评评分细则

考评项目：生活垃圾分类和减量管理体系

| 项目 | 评分细则 |
| --- | --- |
| 队伍建设（15 分） | 1. 区市容环卫主管部门生活垃圾分类工作配备专职工作人员少于 10 人，街道办事处（镇政府）配备 3～5 名专职工作人员，社区督导员 1/300 户，每少 1 人扣 1 分；没有编制区、街、社区生活垃圾分类管理网络通讯录并于 12 月 1 日前上报，扣 5 分 |
| 制度制定（10 分） | 2. 7 月底前没有制定辖区生活垃圾分类和减量工作实施方案，没有制定辖区生活垃圾分类和减量考评办法和评分细则，每项扣 5 分 |
| 经费保障（15 分） | 3. 没有落实生活垃圾分类和减量工作专项经费，没有制定辖区生活垃圾分类和减量工作考评奖励办法，专项经费每少 1 项扣 5 分；没有制定考评奖励办法扣 5 分 |
| 任务完成（10 分） | 4. 按照市生活垃圾分类和减量 6 项任务的时间节点要求，没有完成阶段目标任务，每项任务扣 2 分；没有完成总体目标任务，每缺 1 项扣 2 分 |
| 考评监管（20 分） | 5. 没有将生活垃圾分类和减量纳入城市管理考评，扣 4 分；没有每月组织 1 次管理体系检查考评，每月少于 1 次运行体系检查考评，每少 1 次扣 4 分；考评通报没有正式文号、检查评分记录内容缺失、不完整、不真实，每次扣 4 分 |
| 日常管理（20 分） | 6. 没有落实市方案各项要求，对检查通报的问题没有及时整改到位，每例扣 3 分；每月 5 日前没有报送统计的信息，每例扣 2 分；每季度最后 1 个月没有上报进展情况和实施效果，每例扣 2 分；要求统计或上报信息不准确、内容严重失实、要求返工的，每例扣 2 分；受到领导批评、群众举报、舆论曝光、网络问政，经核实每例扣 2 分；处理不积极，推诿或拖延解决的，每例扣 2 分 |
| 宣传培训（10 分） | 7. 没有落实宣传计划、时间地点、资金保障、奖品筹集，扣 4 分；区主管部门每年组织培训少于 1 次，扣 5 分；不配合市主管部门开展学习交流，参观接待组织不力每例扣 2 分 |
| 创新管理（+10 分） | 8. 积极创新管理模式，好的做法得到推广，每例加 2 分 |

考评项目：生活垃圾分类和减量运行体系

| 项目 | 评分细则 |
| --- | --- |
| 宣传（20分） | 1. 垃圾分类小区没有设置任何宣传设施，每处扣2分；没有设置生活垃圾分类和减量宣传栏，每处扣1分；宣传栏内容不清晰、有张贴、破损每处扣0.5分；居民不知道生活垃圾分类和减量知识和方法，每人次扣0.5分；没有设置生活垃圾分类公示牌，每处扣1分；公示信息不完整，内容不清晰，有张贴、破损，每处扣1分；指导手册发放没有做到每户1册，每例扣0.5分；指导手册内容中生活垃圾分类公示信息、生活垃圾分类知识缺失或不完整，每例扣0.5分 |
| 分类投放（20分） | 2. 分类种类没有公示，扣1分。<br>3. 没有配置分类收集容器，每处扣2分；收集容器分类标识不规范、模糊、颜色不正确，每处扣0.5分；容器外观不净、残缺、破损、不密闭，每处扣0.5分；收集容器与分类种类不配套，未分组摆放，摆放乱，每处扣1分；没有设置投放点布局图每处扣1分；布局图没有标明投放点投放种类、位置每处扣0.5分；投放点没有设置公示栏每处扣0.5分；公示栏没有标明各分类种类收集方式、时间、作业单位、责任人、联系方式，每处扣0.5分；采用定时定点投放模式的，定时定点投放的种类、时间、位置没有公示告知每处扣1分。<br>4. 分类参与率达到80%以上不扣分，60%～79%扣1分，40%～59%扣1.5分，30%～39%扣2分，20%～29%扣2.5分，低于20%扣3分；居民源头分类质量低，主要依靠二次分拣的，分类投放正确率低于30%，扣2.5分 |
| 分类收集（20分） | 5. 已分类投放的垃圾没有分类收集，混装混收，每例扣2分；收集作业时垃圾落地、遗洒、污染环境，每例扣2分；收集废弃荧光灯管等有害垃圾时违章操作、野蛮作业导致破损，每例扣2分；分类收集没有按照规定的收集频次、时间作业，每例扣1分；没有配置有害垃圾收集车，每例扣1分；有害垃圾收集车无标识、标识不清晰每例扣0.5分；没有设置区有害垃圾暂存点，每例扣2分；有害垃圾暂存点没有设置危险废物警示标志，每处扣1分；有害垃圾暂存点没有有害垃圾转移交接备案表，每例扣1分；有害垃圾转移交接备案表记录与实际不符、不完整，每例扣0.5分；大件垃圾没有及时收集，长时间堆放在绿地、人行道等公共区域，每例扣1分；各分类种类收集方式、时间、位置，作业单位、责任人、联系方式没有公示告知，每处扣1分 |
| 分类运输（20分） | 6. 分类运输车辆没有分类标识，分类标识与垃圾种类不符，每辆扣1分；运输车辆车况差、车容不整洁，跑冒滴漏，每辆扣5分。<br>7. 已分类收集的垃圾没有及时分类运输，混装混运，每例扣5分；有害垃圾没有由具有资质的危废单位运输，每例扣2分；运输过程泄漏、污染环境，每例扣2分；转移运输没有按相关规定办理危险废物转移手续，每例扣1分；各分类种类运输方式、时间、作业单位、责任人、联系方式没有公示告知，每处扣1分 |
| 居民积分（20分） | 8. 没有建立基于“互联网+”形式的居民户积分账户，没有为居民提供积分卡，每例扣10分；居民参与分类回收，不能获取积分，不能查询、兑换，每例扣2分；积分统计不准确、不可靠每例扣2分 |

# 7.4 宁波市垃圾分类案例

垃圾分类是习近平总书记亲自部署、亲自推动的“关键小事”。宁波市于 2013 年 7 月以世界银行贷款宁波市城镇生活废弃物收集循环利用示范项目为载体，启动了生活垃圾分类工作。近年来，宁波认真贯彻落实习近平总书记的重要指示精神，按照国务院办公厅《生活垃圾分类制度实施方案》的要求及住房和城乡建设部的部署，切实落实国家、浙江省生活垃圾分类工作总体部署，把生活垃圾分类作为生态文明建设、社会治理创新、社会文明提升的重要内容和有效抓手，积极稳妥、驰而不息推进，取得了阶段性成效。

## 7.4.1 宁波市垃圾分类的历史、现状、问题

### 7.4.1.1 宁波市实施生活垃圾分类的历史必要性

宁波是我国东南沿海重要的港口城市、长三角南翼经济中心、国家历史文化名城和具有省级经济管理权限的计划单列市，全市辖六区、二市、二县。随着宁波经济社会快速发展和人民生活水平的不断提高，城市化进程逐步加快，城市人口密度增大，人民生活质量日益提高，城市生活废弃物产量日益增加，成分变得复杂，在生活废弃物中的无机物成分及有毒有害残留物增多，这就给城市生活废弃物收集、分类、运输、处置增添了难度。若宁波不实施生活废弃物分类收集，而一直采用混合收集的方式，将降低生活废弃物中有用物质的纯度和其再利用的价值，同时增加了其后续处理和处置的难度，提高了处理的总费用，不能满足生活废弃物处理的“资源化、减量化、无害化”原则。

据统计，2005—2010 年宁波市中心城区城乡生活垃圾清运总量年均增长率达 8.67%，2010 年年清运总量达 126.11 万 t、日均 3 455 t，其中建成区年清运总量达 87.71 万 t、日均 2 403 t。中心城区有焚烧处理设施 2 个、卫生填埋设施 2 个，总处理能力为 3 500 t/d，基本满足现状处理需求，预计 2020 年中心城区城乡生活垃圾产量预计达 4 970 t/d，设施已难以满足今后不断增长的生活垃圾处理需求，若不采取措施减少垃圾最终处置量，宁波未来需要新建更多的处理设施，需要占用更多的设施用地。

传统的填埋、焚烧处理方式无法对垃圾中的纸、塑料、金属、玻璃等可回收利用的物质进行有效利用，不利于资源的循环利用。虽然宁波建有比较健全的废品回收系统，回收队伍主要由家庭、小区保洁员、拾荒者、非正规回收人员和再生资源回收利用企业组成，通过家庭将废品出售实现废品的回收利用，但从宁波市垃圾组分检测结果看，其中还有不少纸、塑料、金属、玻璃等可回收利用物质。若通过分类收集，将其中的全部纸、塑料、金属、玻璃等可回收利用物质分出利用，预测将可得到 14.69 万 t 可回收物（按 2010 年生活垃圾总清运量测算）；若按有效分流率为 50%估算，则可得到 7.35 万 t 可回

收物（按 2010 年生活垃圾总清运量测算）。

宁波生活废弃物的主要处理手段是填埋和焚烧，混合收集增加了其后续处理和处置的难度。生活废弃物的混合收集使得各种垃圾未经处理就直接进入填埋场，造成了垃圾渗滤液的极难处理，同时随着生活水平的提高，混合垃圾的处理量急剧增大，垃圾填埋场的数量亟待增加，占用宝贵的土地资源。混合收集的生活废弃物进入焚烧厂，由于厨余类有机垃圾成分较多导致垃圾含水率高、黏连性强而热值低，降低焚烧设备效率，增加运行费用，同时由于混有大量塑料等物质，焚烧尾气中二噁英等有害物质量增多。由于混合收集，垃圾堆肥等生化处理技术应用受到限制。尽管目前许多城市自行设计了适合中国垃圾堆肥的生化处理生产线，但是由于各种垃圾混杂在一起，堆肥产品的质量受到严重影响，致使销路不佳。同时由于不分类时，将混入电池、药品、化妆品、废旧荧光灯管等有害物质，使后续处理存在较大风险，存在较大的二次环境污染隐患。

#### 7.4.1.2 宁波市世界银行项目垃圾分类过程及现状

从 2010 年开始，宁波市把生活废弃物处理和污染综合治理作为提升环境、服务民生、促进和谐的民心工程、实事工程来抓，努力提高生活废弃物处理和污染综合治理水平。

2013 年 7 月，宁波市与世界银行合作开展的世界银行贷款宁波市城镇生活废弃物收集循环利用示范项目正式启动，标志着宁波市探索实施垃圾分类，破解“垃圾围城”工作逐步展开。与世界银行合作开展宁波市城镇生活废弃物收集循环利用示范项目，即宁波市通过引入循环经济理念，借鉴国际先进的垃圾分类处理经验，实施垃圾源头分类和资源化利用，完善再生资源回收利用体系，建立创新型的城市生活废弃物分类回收循环利用示范体系，并配套相应的机制建设，实现城市生活废弃物分类回收、循环利用的可持续发展，从而最大限度地实现城市生活废弃物无害化、减量化和资源化。

宁波世界银行项目是国内首个利用世界银行贷款进行城镇生活废弃物资源化利用的项目。项目总投资估算 15.26 亿元，其中世界银行贷款 8 000 万美元，市区两级财政配套 9.1 亿元，市场筹措 1.36 亿元。项目实施期为 2013—2020 年，实施范围为海曙、原江东、江北、镇海、北仑、原鄞州、宁波国家高新区、东钱湖旅游度假区建成区范围。项目由生活废弃物分类投放、分选及收运，处理设施建设，实施能力加强和项目管理 4 个子项目组成。内容主要包括生活废弃物分类投放、分类收运、分选以及垃圾处理设施建设（厨余垃圾处理厂、转运站、分选中心、垃圾房改造）；开展垃圾分类公众教育和宣传动员；实施基于成果的绩效激励制度，建设垃圾分类信息系统，制定生活垃圾分类管理法规标准，进行生活垃圾处理收费和相关处理技术研究等。截至目前，宁波市已基本形成分类投放、分类收运、分类处置与循环利用的设施体系，基本形成“政府主导、企业运作、全民参与”的工作格局，基本形成“教育引导、法规约束、绩效激励”的管理体系，总体达到国内领先水平。在住建部最新关于全国 46 个重点城市生活垃圾分类工作情况通报中，宁波在 46 个重点城市中总分排名第三。

#### 7.4.1.3　宁波市生活垃圾分类工作主要问题

在宁波市委、市政府的坚强领导下，宁波市生活垃圾分类工作取得了一定成效。但对标国内外先进城市，对比人民群众对美好生活向往的需求，对比建设国际一流的现代化大都市的城市定位，目前生活垃圾分类仍存在以下不足。

一是全市分类工作推进成效不平衡。根据月度考核排名，区县（市）及行业主管部门在推进成效上不平衡，好坏差距较大，且部分乡镇街道的基层领导干部对生活垃圾分类工作的重要性和必要性认识还不足。

二是源头分类质量不理想。虽然生活垃圾分类知晓率逐年提高，但市民的分类意识转化为自觉行动还有待加强。根据厨余垃圾处理厂 PPP 协议要求，厨余垃圾中有机质成分占比应在 65%左右，但根据厨余垃圾处理厂进厂反馈情况来看，虽比《条例》实施前提升了 5%，但仍只有 50%左右，居民的源头分类质量还不理想。

三是末端处置能力不充足。目前，市级焚烧厂、餐厨垃圾处理厂（一期）、厨余垃圾处理厂（一期）均已投入运行，奉化、宁海、象山三地焚烧设施正在加紧建设中，末端设施处置能力刚刚饱和，如果出现处置设施故障等特殊情况，存在应急处置风险。各区县（市）厨余垃圾处置能力不高，大件垃圾、园林废弃物处置场地比较零散，不能完全满足本辖区处置要求，且收运及处置等环节的管理有待进一步规范和完善。

四是可回收物回收利用体系不健全。目前，市供销社“搭把手”智能回收设备覆盖约 1 400 个小区，占比达 65%，每日回收量约 240 t，回收成效明显。但目前面临补贴不足、资金紧缺等问题，缺乏长效性、持续性。此外，可回收物设施体系及后端利用渠道尚未健全，缺乏相应的政策支持。

五是后世界银行阶段新的财政投入机制尚未建立。2020 年 3 月，垃圾分类世界银行贷款项目即将结束，亟须建立新的经费保障机制，用于支持基层长期稳定地开展入户指导、桶边督导工作，持续提升源头分类质量。

上述问题的存在与全面实施《条例》的要求不匹配，与“全面建成以法治为基础、政府推动、全民参与、城乡统筹、因地制宜的宁波生活垃圾分类治理体系”的工作目标存在一定距离。

### 7.4.2　宁波市垃圾分类工作的顶层设计

宁波市根据垃圾成分构成与产生主体的特点，参考国内外其他城市垃圾分类方式，依托世行项目，选择符合宁波实际的垃圾分类方式。

#### 7.4.2.1 对生活垃圾进行分类

在居民区和单位对大件垃圾、电子垃圾进行单独分流，餐饮企业及单位食堂对餐厨垃圾进行单独分流的基础上，生活垃圾按如下方式分类：居民区生活垃圾分为可回收物、厨余垃圾、有害垃圾、其他垃圾四类；机关企事业单位生活垃圾分为可回收物、有害垃圾、其他垃圾三类；学校生活垃圾分为可回收物（细分为饮料瓶罐、废纸、废学习用具、包装物等）、有害垃圾、其他垃圾三类；农贸市场生活垃圾分为厨余垃圾和其他垃圾两类；公共场所生活垃圾分为可回收物、其他垃圾两类。

#### 7.4.2.2 建设垃圾分类转运站

国内外垃圾转运工艺较多，最成熟、应用最多的有两种典型的工艺，即水平装箱工艺与竖直装箱工艺，两种工艺各有优劣。结合宁波市收运系统特点，从垃圾的转运技术、经济、环保措施、适应性等方面出发，经过对水平装箱和竖直装箱两种工艺技术的综合比较，发现竖直压缩装箱工艺具有操作环节简单、现场环境易控制、节约土地及能耗、与分类收集适宜性强和在停电、设备故障等状态下可继续运转等优点。因此，垃圾转运站建设优先采用竖直压缩装箱工艺。

#### 7.4.2.3 建设垃圾分选中心

根据分选中心处理对象，结合分选后各种物料去向，从技术经济角度出发，分选中心选择与大型垃圾处理厂合建。世界银行项目时期内首先建设了江北分选中心，设计处理规模为 150 t/d，设备选型按 200 t/d 考虑。根据可回收物组分特性，拟采用人工与机械相结合的分选工艺，利用破袋、人工分选、磁选、筛分、风选、精分选等工序，将各种可回收物分选出来，然后分类运输至资源化生产企业。剩余的杂质与其他垃圾一起运往末端处置设施处置。

#### 7.4.2.4 建设厨余垃圾处理厂

综合考虑多方面因素，结合技术、占地面积、环境保护、经济等要求，厌氧消化稳定化时间短，可操作性强，具有较高的社会效益和环境效益，且厌氧中温技术运行稳定、能耗较低，因此厨余垃圾处理厂采用湿式中温连续式厌氧消化工艺。厨余垃圾处理厂总设计规模为 800 t/d，世界银行项目实施一期工程，处理规模为 400 t/d，包括两条处理规模为 200 t/d 的处理线。厨余垃圾处理厂厌氧消化工艺所产生的沼气可用于焚烧炉助燃，满足资源共享和循环利用要求，具有较高的社会效益和环境效益。沼气在厨余垃圾处理厂经过预处理后通过管道输送至鄞州填埋气发电厂进行利用。

#### 7.4.2.5　建立垃圾分类激励制度

基于成果奖励机制作为世界银行最常用的资助方式将用于世行项目对项目实施成果的奖励。一般用于改善基础服务的提供（如水、电和卫生），当使用者无力支付全部成本时，利用基于绩效的补贴去补充或替代使用者收费是合理的。宁波市生活垃圾分类处置中提倡和处理生活垃圾分类的基层单位是社区居民委员会（以下简称“社区”）。在社区的推广、教育和动员对使居民养成生活垃圾分类行为是十分必要的，社区的工作对居民生活垃圾分类的成效起着至关重要的作用，因此世界银行项目以社区内的垃圾分类成果作为衡量标准，给予社区居民委员会成果奖励。另外，宁波市设计的垃圾分类督导制度是在实施垃圾分类收集区域的小区设置小区分类督导员，负责本小区内的居民垃圾分类监督检查工作，同时在社区设置社区分类督导员，负责对本社区内的各小区垃圾分类工作以及小区分类督导员工作进行监督检查和汇总。小区分类督导员按每 500 户配置 1 人，社区分类督导员按实施区域内每个社区配置 1 人。此外，为配合市、区、街道、社区开展分类收集工作，设置分类志愿者，在举办的生活垃圾分类收集大型活动或各类主题活动时提供临时性的志愿服务。

#### 7.4.2.6　做好全市分类宣传培训

宁波市分市级、区级、街道（社区）级组织不同层次的分类收集相关培训，通过对分类工作者以及居民的定期系统培训，让分类工作者熟悉工作内容及性质，让居民了解分类意义和方法，有效地完成生活垃圾分类工作，确保垃圾分类有序推进。宁波市宣传的主要目标人群是试点区域内的居民、企事业单位和学校等；同时作为公益宣传在全市推广，为今后分类收集全面铺开做铺垫。主要采用平面宣传、媒体宣传、社会宣传等宣传方式。

#### 7.4.2.7　设立专门机构

宁波市城市管理局下设宁波市生活垃圾分类指导中心（以下简称“指导中心”），指导中心负责可回收物分拣、家庭厨余垃圾处理设施的建设和运行，包括销售分拣出的可回收物。同时负责协调和实施基于产出的奖励计划，专门为分类垃圾的核查收集数据。在区一级建立项目实施单位，开展每个区各自的工作。项目项下所产生的垃圾分类、运输和转运资产将由各区政府所有、运行和维护。为进一步抓好宁波市生活垃圾分类处理与循环利用工作，同抓好“三改一拆”“五水共治”一样抓好垃圾分类工作，充分发挥好工作领导小组办公室在总体统筹、研究、协调和解决生活垃圾分类工作中的重大作用，2018 年 10 月，宁波市垃圾分类领导小组办公室进行集中办公、实体化运作。

#### 7.4.2.8 出台相关法规条例

市人大常委会连续三年将《宁波市生活垃圾分类管理条例》列入地方立法计划，创新设立由市人大常委会副主任和副市长共同担纲的“双组长”制立法起草小组，强化工作协调沟通，聚焦条例核心条款。2019 年 5 月 31 日，浙江省第十三届人民代表大会常务委员会第十二次会议批准公布《宁波市生活垃圾分类管理条例》（以下简称《管理条例》）。《管理条例》自 2019 年 10 月 1 日起施行。《管理条例》对宁波市行政区域内生活垃圾分类投放、收集、运输、处置及其监督管理等活动作出了规范，并明确宁波市未来将逐步建立生活垃圾处理收费制度、生活垃圾跨行政区域处置补偿制度。宁波市还多次组织研究《管理条例》配套政策制定工作，对照《管理条例》要求，共提出《关于贯彻落实〈宁波市生活垃圾分类管理条例〉的实施意见》等“1+22”项配套政策。

### 7.4.3 宁波市垃圾分类工作产生的实际效果

以全面施行《宁波市生活垃圾分类管理条例》为契机，将垃圾分类纳入基层党建、社会治理、文明创建和城市管理等四大领域，分类工作稳步推进。2019 年，中心城区生活垃圾分类收集覆盖面达 99%（省级指标为 85%以上），县市建成区达 94%（省级指标为 60%），农村达 84%（省级指标为 65%），城镇资源化利用率达 86%（省级指标为 80%），农村达 90%（省级指标为 85%），无害化处理率达 100%。整体工作在住建部全国 46 个重点城市考核中名列第三。市民生活垃圾分类知晓率达 93%，支持率达 97%，“垃圾分类”入选年度全市十大热词。源头减量初显成效，全年累计处理城镇生活垃圾约 227 万 t，增长率同比为 –0.8%，在全省率先实现负增长。示范创建稳步推进，全年创成省级高标准垃圾分类示范小区 40 个、示范片区 8 个、定时定点商业街 15 条、定时定点居住小区 10 个，创建市级示范小区 200 个，示范单位（学校）207 个。

#### 7.4.3.1 高位推动齐抓共管，吹响全面推进的“战斗号”

一是主要领导强力推。浙江省委副书记、宁波市委书记郑栅洁高度重视生活垃圾分类工作，经常做出批示，并实地明察暗访指导分类工作。2019 年 8 月 1 日，郑书记亲自主持召开全市生活垃圾分类工作推进会，对下步工作提出明确要求。二是四套班子合力推。市委、市政府将生活垃圾分类纳入“六争攻坚三年攀高”专项行动，市人大全面推进立法，《宁波市生活垃圾分类管理条例》于 2019 年 10 月 1 日正式施行。市政府成立由主要领导为组长的领导小组，组建专班专司负责生活垃圾分类工作，并同步印发《关于贯彻〈宁波市生活垃圾分类管理条例〉的实施意见》。市政协把分类工作纳入重点督查，加强民主监督，全面助力垃圾分类工作。三是属地政府全力推。各地党委、政府将垃圾分类作为街道、社区社会综合治理和文明创建的重要内容，严格落实“市级统筹、区县组织、街镇落实”的责任体系，做到行动一致、步调一致，相继高规格召开垃圾分类推进会，深化区（县）市—街道—社区主要领导“一对一”联系机制，定期开展督导检查，确保工作落到实处。

#### 7.4.3.2　党建引领示范推进，做好全市分类的“带头人”

市委组织部、市直机关工委先后下发机关在职党员参与社区垃圾分类具体通知。各级机关党支部率先垂范，利用微信群和 QQ 群等形式，开展每日“晒桶行动”，全市党员晒桶参与率达 90%以上，分类准确率达 90%以上；广大党员签订垃圾分类承诺书，市直机关逾万名党员到社区报到，认领志愿服务岗位，实施联户包干责任制，积极参与入户指导、桶边督导。在此基础上，建立社区党组织监督评价机制，强化对机关党员“八小时外”管理监督，评价反馈结果与星级党组织评定、党员“锋领指数”考评等挂钩，进一步强化正向激励。

#### 7.4.3.3　全面铺开共同缔造，养成全民分类的“新理念”

按照“管行业管分类”原则，积极开展垃圾分类“十进”活动，即进社区、进农村、进家庭、进学校、进企业、进机关、进商场（市场）、进宾馆（酒店）、进窗口、进军营，全面压实分类具体任务。市文广旅游、市场监督管理部门制定宁波市酒店（宾馆）餐饮行业限制一次性消费品使用规定，并定期开展专项检查。市农业农村部门出台农村厨余垃圾就近就地处置管理办法，提高农村厨余垃圾资源化、减量化、无害化处置水平。市机关事务管理部门全面推进党政机关强制分类工作，建立健全“四分类、四强制、四提倡”工作机制。市教育部门积极推行学校垃圾分类“五个一”制度，在 2019 年宁波市中考中，垃圾分类相关知识以 79 分的分值占比引领全国。与宁波电大联合成立垃圾分类学院，举办专业培训 40 余场，累计培训 8 000 人次。属地政府以法治、自治、德治“三治融合”为抓手，推行垃圾分类进社区、进家庭，开展入户指导、桶边督导，持续推进基于成果的激励机制，探索实施“红黑榜”“绿色账户”“环保档案”等方式方法，全面促进了源头分类减量成效。

#### 7.4.3.4　规划引导因地制宜，构建全程分类的“闭环圈”

一是加快建设末端处置设施。设施建设是生活垃圾分类的基础。宁波市坚持“确保无害化、提高资源化、推进减量化”的原则，以末端决定前端，精心布局垃圾分类处理设施，破解“垃圾围城”困境。近年来，以 PPP 项目合作方式，全面加快垃圾处理设施建设。目前全市有生活垃圾处置设施 12 座，焚烧厂 5 座，在建 3 座，餐厨（厨余）垃圾处理厂 4 座，日处理能力突破 1 万 t，无害化处置率达 100%，宁波成为全国首个拥有完整分类处置设施的城市，其中明州生活垃圾焚烧厂、宁波市厨余垃圾处理厂被财政部评为第二批 PPP 示范项目；明州生活垃圾焚烧厂又是目前宁波市处理规模最大、工艺最先进的焚烧设施，有七重环保措施，各项烟气指标均远优于欧盟标准。2019 年 9 月初，在亚太地区 PPP 和基础设施融资联络网会议上，联合国官员等与会代表对宁波市固废处置中心给予了高度肯定。二是提标改造中间转运设施。中心城区 6 座大型分类转运站已基本建成并相继投入试运行，新增转运能力 3 450 t/d，逐步关停改造低、小、散垃圾中转站，变“邻避”为“邻利”。三是配套完善源头投放设施。完善垃圾分类硬件设施，实现容器、标识、宣传、公示、配置“五规范”，全面落实“一栏、二图、三点、四桶、五导”分类投放标准。积极改造中心城区居住区生活垃圾分类投放设施建设，从 2018 年开始，两年基本完成分类投放设施建设，共新建改建垃圾房 800 多座，改造投放点位 1 万多个，有效改善了生活垃圾投放环境，营造了清洁宜居的社区环境。

#### 7.4.3.5 完善体系严格监管，织就全品分类的“收运网”

宁波市以世界银行项目为契机，引进国外先进理念，强化顶层设计、总体布局、整体推进，采用“一种垃圾一种车辆收运”，建成餐厨（厨余）垃圾、可回收物、有害垃圾、其他垃圾“四分类”的收运网络体系。其中，餐厨（厨余）垃圾、其他垃圾方面，明确责任主体，实现精准收运，由属地城管部门或委托第三方企业收运。2019 年累计收运处置餐厨（厨余）垃圾 42.36 万 t，其他垃圾 385.57 万 t。镇海区、高新区试点餐厨（厨余）垃圾生物处理模式，利用青虻养殖“吃光”湿垃圾。在此基础上，出台《关于进一步完善生活垃圾分类收集运输体系的实施意见》，全面调整分类收运体系，小区内物业企业定时归集，小区外环卫部门上门收运，实现“一体化”分类收运模式。有害垃圾方面，实行集中存放，统一运输处理。宁波市将每月 21 日设为有害垃圾收集日，由属地城管部门对居住小区、单位等的有害垃圾进行统一收集，并集中存放至暂存点，再由宁波市北仑环保固废处置有限公司进行统一运输和处理。可回收物方面，推进“两网融合”，实施智能回收。以“搭把手”智能回收为平台，打造“人工+智能”“固定+流动”“定时+预约”的回收服务方式，实现居住小区全品类回收。目前已在 750 个小区推广应用，各类型回收网点近 1 066 个，平均每日综合回收量达 240 t，预计到 2021 年年底建成 3 800 个回收站点，实现全市城乡全覆盖。这一模式被中国再生资源回收利用协会誉为全国领先。大件垃圾、装修垃圾、园林垃圾方面，鼓励市场参与，实施规范管理。深化资源回收利用，以街道为单位，设立服务街道的中转（分选）站，完善垃圾收运流程及分拣规范。

#### 7.4.3.6 完善机制压实责任，拧紧过程管理的“责任链”

严格落实“市级统筹、区县组织、街镇落实”的责任体系，行业主管部门、各区县（市）、街道（乡镇）、社区（村）要严格履行各自责任，指导督促抓实抓好垃圾分类工作，确保年度生活垃圾源头减量和分类管理目标按时保质完成。在此基础上，加强规划设计执行，健全长效管理机制，强化督查考核，定期开展绩效评估，把生活垃圾分类工作作为机关事业单位和国有企业年度考核的硬杠子，与考核等次直接挂钩。推行分类投放管理责任人制度，按照全覆盖、不交叉、界限清晰、主体明确的原则，划分分类投放管理责任区，确定分类投放管理责任人。建立以源头分类质量为导向的考核评价体系，稳步推行居住区“撤桶并点、定时定点、桶边督导”模式。全面优化分类收运环节，规范中端收运、中间转运作业标准。逐步推进收运处理一体化，建成与终端处置能力相匹配的中间转运体系。

#### 7.4.3.7　不断加大资金投入，搭好多元保障的“立交桥”

为扎实做好生活垃圾分类工作，提高广大市民参与分类的积极性，切实保障分类成效，宁波市以建立多元化保障机制为主线，项目化推动发展，智能化创新手段，长效化健全考核，标准化示范创建，进一步强化生活垃圾分类工作。一是世行资金与社会资本合作共赢。世界银行贷款宁波市城镇生活废弃物收集循环利用示范项目总投资 15.26 亿元，其中世界银行贷款 8 000 万美元。宁波市生活垃圾焚烧厂、餐厨垃圾处理厂、厨余垃圾处理厂均采用 PPP 模式由社会资金独立（或与国有资本合作）建设运行，筹集社会资金达 17.56 亿元；焚烧厂项目还荣获中国循环经济 2017 年度最佳实践奖、财政部第二批 PPP 示范项目和浙江省工业旅游示范基地。二是智能科技与分类行为有机融合。强化厨余垃圾分类质量定量评价，应用移动互联技术，通过厨余垃圾专用袋上的二维码数据关联居民家庭、扫码拍照评级的方式，建立居民家庭分类行为和分类质量档案，开展精准指导，对厨余垃圾分类质量较好的家庭施行激励，鼓励和引导居民积极参与生活垃圾分类。此做法曾获中央电视台充分肯定。在此基础上，印发《宁波市生活垃圾分类达标、示范考核验收工作实施方案》《关于要求开展民生实事项目——生活垃圾分类“双百示范”等创建工作的通知》，积极开展市级达标示范小区（单位）、省级高标准小区等创建工作，切实做到示范引领。2019 年创成省级高标准垃圾分类示范小区 40 个、示范片区 8 个、定时定点商业街 15 条、定时定点居住小区 10 个，创建市级示范小区 200 个，示范单位（学校）207 个。三是考评监督与长效管理双面驱动。建立健全第三方考核与公众监督相结合的综合考评机制，聘请专业团队开展日检查、日考核，实行月度通报，延伸和拓宽检查范围，将奉化区及各区（县、市）同步纳入考核范围。针对党政机关、教育部门、卫生系统等开展专项督查，明确“问题清单”“责任清单”，进行整改销号。以“高速度增长向高质量发展”为原则，进一步提高生活垃圾分类质量考核权重，倒逼各区（县、市）及相关部门主动作为，切实巩固分类成效。

#### 7.4.3.8　依法分类执法必严，筑牢条例施行的“防火墙”

为做好《管理条例》施行工作，市综合行政执法局制定印发了《宁波市生活垃圾分类专项执法行动实施方案》，并做专题部署。市、区两级综合执法队伍对生活垃圾分类各类主体、各个环节进行检查，全面实施专项执法。据统计，《管理条例》实施以来，全市累计出动执法人员 7 万多人次，开展各类执法检查 13 万次，教育劝导 8 万次，书面整改近 4 300 起，处罚个人 280 多起、单位 120 多起，处罚金额达 18 万元。坚持“先宣传后执法”“边执法边宣传”的工作理念，在执法过程中积极宣传《管理条例》的重点内容及相关规定，截至目前累计进行执法宣传 5 万次。在此基础上，充分利用报纸、电视台、广播电台等新闻媒体，加大对公交候车亭、出租车顶灯、遮阳雨棚等户外载体的投用力度，全面做好普法宣传，加深社会各界对《管理条例》的认识，增强市民遵守和执行生活垃圾分类法律法规的行动自觉。

### 7.4.4 宁波市垃圾分类公众参与方面

垃圾分类是一项社会性的系统工程，涉及基础设施建设、收运体系、法律法规、宣传动员等方方面面，是整个社会的系统工程，基础设施建设、收运体系、法律法规是能够比较完备的，但宣传工作却任重道远，如日本到现在都没有停止过宣传教育工作，当然，当整个社会接受之后，宣传工作也会变得比较简单。在日本，垃圾分类已经变成了生活必备的一项技能，整个社会的环境就是要分类，人都是环境动物，也有从众心理，这是人生存的技能。在宁波公众参与垃圾分类的宣传引导中，通过结合社会学、心理学和传播学，将垃圾分类公众参与作为社会教育治理的典型课题加以实践，并做好打持久战的准备，几年如一日加以宣传引导，“垃圾去哪儿了”公益环保考察项目获得“2017 年度中国人居环境范例奖”，“小宝贝　大行动”校园教育典型案例获得“2018 年度国际固协沟通宣传大奖”。

#### 7.4.4.1 注重整体社会氛围营造，打造垃圾分类新时尚理念

宁波专门设计了垃圾分类标志（Logo），并有相应的小蚁哥卡通形象，这两个元素被充分融合进宁波的十几部宣传片、宣传海报、指导手册中。宁波充分运用公交站亭、轨道交通、电台、电视台、新媒体等各类宣传媒介，营造随处可见的垃圾分类宣传氛围，打造垃圾分类始终如一的曝光度和热度，将垃圾分类打造成时尚的时代事件，此外正式出版幼儿、小学、初高中垃圾分类读本，共计印刷上百万册并免费发放给各个学校。耳之所闻、目之所及是身处宁波时对垃圾分类的直观感受，垃圾分类的全民知晓率已达 97%。

#### 7.4.4.2 开展全民培训，知其然亦知其所以然

培训工作一直是宁波在公众参与中花大力气投入的一项工作，通过组建市、区、街道、社区、小区五级讲师团队伍，深入社会各群体、组织、部门开展垃圾分类的教育培

训工作，通过优质的视频、课件、深入浅出的讲解，让市民了解垃圾分类、了解为什么要实施垃圾分类以及如何做好这项工作。随着这项工作的逐步深入，培训的内容根据不同群体越发细化，如对桶边督导员、物业保洁员、车队收运员等的培训内容更加具有针对性和实际操作性。2019 年 9 月底，宁波还联合广播电视大学共同成立宁波垃圾分类学院，通过更加专业的团队和师资，从广度和深度两方面提升培训效果。仅 2019 年全年，宁波公开站各类培训活动达 3 430 场，直接培训人数超 21 万人次。

#### 7.4.4.3　开展形式各样的宣传活动，激发市民参与度

2013 年至今，宁波市以打造宣传品牌为目标开展了各类活动，经过多年的潜心经营，已经形成了“垃圾去哪儿了”公益环保考察、“阿拉”来分类、“有害换有爱”每月 21 日有害垃圾收集日、“小宝贝　大行动”校园垃圾分类、“发现旧物之美”等持续性的宣传品牌，并于 2019 年将每年的 12 月 21 日确定为宁波垃圾分类“全民行动日”，通过全民行动、全域覆盖、全民受益来激发市民的参与度。其中“垃圾去哪儿了”公益环保考察串联起小区、中转站、宣教基地、焚烧厂、填埋场、厨余（餐厨）垃圾处理厂等，带市民直观感受不同垃圾的收运处置流程，该项目已接待 5 万多人次，并获得“2017 年度中国人居环境范例奖”。

#### 7.4.4.4　整合社会资源，打造全民分类的参与感

垃圾分类是一项全民教育课程，只有让社会各界都参与进来，不断地扩大参与队伍，才能最终实现全民参与的效果。在此过程中，宁波注重社会各界资源的整合，让每一个群体都有参与感、自豪感和荣誉感。不仅通过各行各业的“典型培塑”增加行业参与的自豪感，同时发动社会各界力量支持垃圾分类工作，宁波 80%涉及垃圾分类的户外宣传媒体都是企业自发的支持行为，民间不少自媒体创新公司（如王果果企业）自发拍摄各类具有创意的垃圾分类宣传小视频。在 2019 年“全民行动日”当天还成立了宁波垃圾分类公益基金，募集资金约 500 万元，用于支持宁波垃圾分类更深入的宣传教育。

#### 7.4.4.5　注重科学理论，不同人群不同宣传方式增加参与度

宁波在发动公众参与垃圾分类的过程中，充分尊重不同人群的社会属性，通过不同的方式，提高参与度。有社区为主导的模式、物业为主导的模式，也有以社区精英推动为主的模式，并充分发挥这些社区本身的特质，提升小区的参与率；在针对不同人群进行宣传时，针对普通的市民，通过柴米油盐的激励打动他们；针对公职人员，率先垂范严要求，党员到社区报到亮明身份，并接受社区监督；针对学生，提出“五个一”要求，通过绿色课堂、读物等全面提升校园文化，其中德培幼儿园的教学模式获得“2018 年度国际固协沟通宣传大奖”，已经走出宁波、走出浙江、走向全国，并走进了全球视

野。同时，结合《宁波生活垃圾分类管理条例》加大宣传，强化垃圾分类是责任和义务的意识。

### 7.4.5 宁波市垃圾分类特色案例

#### 7.4.5.1 特色案例 1：丹顶鹤社区——垃圾分类社区自治管理模式

（1）基本情况

白鹤街道丹顶鹤社区于 2015 年 8 月开始实施垃圾分类工作，社区共有 34 幢楼 107 个墙门 1 261 户。

（2）取得实效

在社区党委的高度重视下，从建机制、重规范、强队伍、织点成网等着力推进垃圾分类工作，社区多次被评为市级垃圾分类优秀社区、示范小区。调查问卷数据分析显示，社区居民垃圾分类知晓率已达 98%，垃圾分类参与率达 95%，垃圾分类准确率达 90% 以上。

（3）特色做法

因地制宜，统一标准，使垃圾分类工作渐入人心。一是结合小区环境整治，撤桶并点。原来有近 40 个垃圾投放点位，现在为 5 个垃圾房定点投放，统一安放 4 种颜色的垃圾桶。二是因势利导，营造氛围。以“一街一廊一网一室”着力营造浓厚氛围，改变垃圾分类宣传与周边环境不适宜的现象。三是因人而设，统一标准。推出了“责任清单”，内容涵盖“分类任务、人员配备、清洗要求及考核标准”等，把垃圾分类工作细化量化，促进垃圾分类工作持续深入开展。

以点带面，织网连片，使垃圾分类工作全民参与。按照区里“垃圾分类，织网工程”通知要求，实行居干包片，定人包户，从试点楼道为突破口，让每户家庭自觉签订垃圾分类承诺书，从党员、墙门组长抓起，进行精细化的劝导工作，织点成网提升群众参与率与工作覆盖面。

创新机制，物居联合，使垃圾分类工作初见成效。把垃圾分类工作作为提升社区品质的有力抓手，在“宣传、引导、织网”的同时，更加注重机制的完善。一是建立志愿队伍的保障机制。社区共发展垃圾分类志愿者近百名，其中五星级志愿者 60 余人，他们宣传引导、入户指导、点位督导，成为推动垃圾分类工作的主力军。其中陈国荣老人被中国城市环境卫生协会评为优秀社会志愿者。二是建立完善物业督导考核机制。发挥物居联合支部的作用，建立规范考核机制，结合业主代表大会及物业年度考评，把垃圾分类作为首评内容，要求物业公司解决问题整改落实，促使物业公司把垃圾分类作为自身的工作重点，切实提高工作的积极性与主动性。

### 7.4.5.2　特色案例 2：安居社区——垃圾分类政府购买社会服务模式

（1）基本情况

东柳街道安居社区于 2015 年 8 月开始实施垃圾分类工作，社区共有 63 幢楼 143 个墙门 1 917 户居民。社区建成较早，垃圾房、垃圾桶点位等硬件设施破旧，居民以老年人偏多，老年人占小区总户数的 65%以上。

（2）取得实效

2017 年 5 月，区分类办引入垃圾分类社会化服务组织，在安居社区参与垃圾分类前端工作，通过提质量、促保障、促分类、显成效“四步法”，切实提高源头分类质量。社区居民垃圾分类知晓率已达 100%，垃圾分类参与率达 80%。

（3）特色做法

督导入户提质量。利用休息日时间，组织志愿者挨家挨户入门宣传，与居民进行面对面宣传指导，通过发放厨余垃圾袋、宣传册、宣传礼品，提高居民分类知晓率，同时每户家庭签订承诺书，建立家庭垃圾分类档案，开展家庭垃圾分类星级评定工作，从源头上提升垃圾分类工作成效。目前，安居社区垃圾分类入户指导率达 92%、居民厨余垃圾袋发放率达 95%，签订承诺书达 90%。

设施规范促保障。全面排查各小区内的分类设施，进行问题梳理并整改，如垃圾桶点位放置、点位改造、桶身破损、垃圾房老旧等。针对小区居民每日垃圾量，科学设置小区四色垃圾桶，制作垃圾桶分布示意图，并增设分类服务站，收集有害垃圾和可回收垃圾，在方便居民使用的同时提高垃圾分类工作效率。

个性活动促分类。充分利用小区宣传窗、楼道、围墙等开展垃圾分类宣传，制定个性化趣味宣传活动，开拓互动空间，如开展垃圾分类趣味运动会，通过与垃圾分类工作相结合的投篮、传递接力、保龄球等运动项目，吸引大批居民的积极参与，在寓教于乐中普及了垃圾分类知识（图 7.1）。

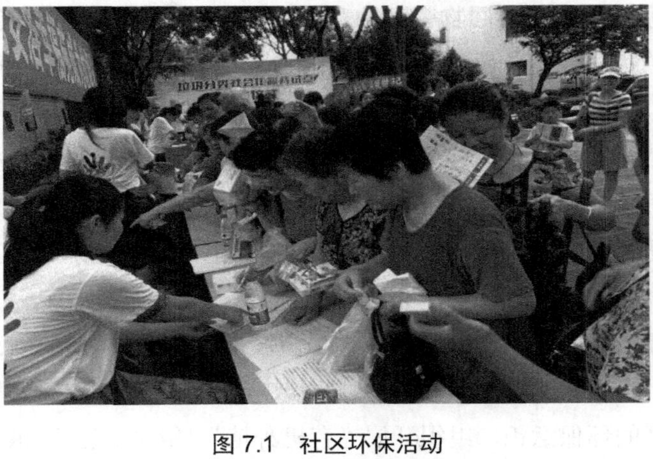

图 7.1　社区环保活动

激励机制显成效。结合社区“环保小童星”“绿色家庭”“分类明星楼”等活动开展垃圾分类评比鼓励。为提升居民参与率，推出“绿色积分”“红色积分”服务，即居民通过可回收物、有害垃圾获得相应积分，在积分商城兑换日用品，让实惠看得见、用得着、享受到。

#### 7.4.5.3 特色案例 3：宁波市德培幼儿园陪塑幼儿分类工作样板

（1）基本情况

宁波市德培幼儿园从 2015 年 3 月就已开始开展校园垃圾分类的宣传教育活动。德培幼儿园以绿色环保教育为实践抓手，通过特色环境创设和游戏化活动开展，让孩子们在垃圾分类、旧物改造、节能减排、保护环境等具体行动中将小小的“我”与家庭、社区、城市、国家甚至地球的绿色和可持续发展建立起更为直观和紧密的联系。

（2）取得实效

在 2018 年国际固协固体废弃物处理沟通的宣传大奖中，宁波市以德培幼儿园垃圾分类校园教育为主题的参赛作品《小宝贝 大行动》获得了“2018 年度亚洲区固体废弃物处理沟通宣传大奖”的殊荣，这也是 2018 年亚洲区唯一的获奖作品。

（3）特色做法

广搭平台，家校共学。德培幼儿园通过班级家长会、家访、家长约谈、家长上分类课等多种形式，带动和督促学生家长参与垃圾分类学习，设立垃圾分类微论坛，引导家长群广泛交流分类的做法和心得，互助解答遇到的分类难题；进行“垃圾”园本课程建构的实施与研究，汇编《幼儿园垃圾分类主题活动创新教育》一书，包含“垃圾”主题下的五大领域教学活动设计、个别化游戏材料、节日主题活动方案、游戏项目等内容，为广大一线教师开展垃圾分类教育提供参考；邀请社区工作者到幼儿园开设绿色课堂活动，在交流中相互提升分类知识。

定期回收，全员共做。德培幼儿园建立“破零破碎”回收中心（图 7.2），鼓励学生在每周五早上把家里积攒的可回收物带到幼儿园，由家长义工和师生一起分类整理后，一部分卖给废品回收人员，另一部分清洗消毒后放置在材料超市，作为旧物改造、旧物义卖等活动的材料。经过一个学期的坚持，孩子们基本养成收集可回收物的习惯，全园 90% 的家庭都参与到“破零破碎”周五回收日活动中来，并逐步辐射到爷爷奶奶、外公外婆和亲戚朋友家。短短一个学期，幼儿园共收集可回收物超 3 600 kg。扩大宣传辐射网，不定期组织学生走进邻里中心、走进社区进行敲门行动、旧物换物、爱心义卖等活动，把分类理念和分类知识传播到社区各个角落（图 7.3）。

实验培育，废旧共享。德培幼儿园成立了宁波市首个“旧物改造工作室”，每月推出不同的改造主题，鼓励以亲子制作的形式共同改造旧物、设计环保标语、制作分类主题绘本等，提升家庭的环保意识。组织开展“有机种植”“厨余堆肥”“液体堆肥”3 个实验项目，让幼儿通过实践、观察、记录等，了解“厨余垃圾是个宝”。专门设置一个幼儿的环保工作室，在工作室里孩子们可尽情进行科学小实验（污水处理、神奇的酵素、造纸术、沙漏等），通过亲身体会、亲眼见证，教导孩子们要珍惜资源、保护环境。

图 7.2 学校环保回收

图 7.3 金桥花园社区环保节活动

### 7.4.5.4 特色案例 4：洞桥生活垃圾焚烧发电厂

（1）基本情况

洞桥生活垃圾焚烧发电厂是宁波市中心城区 3 座焚烧发电厂之一，主要处置生活垃圾中的其他垃圾。该项目为全国垃圾焚烧发电项目的标杆工程，树立了生活垃圾发电洁净焚烧的新典范。

该项目于 2015 年 1 月 19 日签署 BOT 特许经营协议，成立项目公司，正式开始运作，2016 年 1 月现场施工开始，2017 年 6 月投产发电（表 7.1）。

表 7.1　洞桥生活垃圾焚烧发电厂基本情况

| BOT 合作期限 | 处理规模 | 年处理量 | 总投资 | 占地面积 | 装机容量 |
|---|---|---|---|---|---|
| 30 年 | 2 250 t/d | 82.13 万 t | 14.2 亿元 | 124.1 亩 | 50 MW |

（2）取得实效

世界银行项目被评为财政部第二批 PPP 示范项目，省、市、区三级重点工程，荣获“2017 年中国循环经济最佳实践奖”，被列为浙江省工业旅游示范基地、宁波市市民科普教育基地、党建教育基地等。项目前期的“邻避”变“邻利”工作经验被浙江省政府作为示范案例全省推广。

（3）特色做法

一是去工业化设计。世界银行项目外立面由世界知名建筑设计机构法国 AIA 公司倾情打造。引入蜂巢设计理念，形象生动地描绘了环卫车辆从城乡各处将生活垃圾收集转运至垃圾焚烧发电厂的过程，正如“蜜蜂收集花粉酿造蜂蜜的过程”（图 7.4）。

图 7.4　宁波明州生活垃圾焚烧发电项目实景图

二是友邻和谐共享全开放的“邻利”设施。项目增设博物馆，为周边社区提供市民环保科普教育基地、青少年环境教育示范基地、工业旅游基地、党建教育基地。同时，内设体育馆（羽毛球、台球、乒乓球以及健身器械）、室外篮球场和室外网球场，对周边居民免费开放（图 7.5）。

三是超低排放烟气净化工艺。烟气净化系统采用“选择性非催化还原脱硝（SNCR）+高速旋转喷雾脱酸［添加 $Ca(OH)_2$］+干法脱酸+活性炭喷射吸附+布袋除尘器+SGH+选择性催化还原脱硝（SCR）+湿法脱酸+烟气再加热（GGH）”组合工艺，烟气排放标准严于欧盟标准（EU2010/75/EU）及国家标准（GB 18485—2014），该项目是国内首个投入运行的超低排放垃圾焚烧发电项目。

四是全开放式的运行管理。每周五设立为焚烧厂公众开放日，群众可进厂参观，了解运营情况。设立日常监管小组成员 24 小时监督制。委托第三方进行定期检测，检测数据通过公共渠道，进行信息公开。

图 7.5　室内体育场馆

#### 7.4.5.5　特色案例 5：宁波垃圾分类基础设施

（1）宁波市厨余垃圾处理厂

宁波市厨余垃圾处理厂位于鄞州区洞桥镇宣裴村裴岙，总用地面积为 76 728 m$^2$，主要负责处理宁波市中心城区的厨余垃圾，项目总处理规模为一期 800 t/d，一期设计处理规模为 400 t/d。世界银行项目主要建设内容包括厨余垃圾综合处理车间、厌氧发酵系统、沼气精制系统和生产、办公辅助工程及配套环保工程（图 7.6）。

图 7.6　宁波市厨余垃圾处理厂

（2）宁波市餐厨垃圾处理厂

宁波市餐厨垃圾处理厂位于鄞州区洞桥镇宣裴村裴岙（市固废处置中心），占地 50 亩，总处理规模为餐厨 600 t/d、油脂 60 t/d，其中一期处理规模为餐厨 400 t/d、油脂 40 t/d，总投资为 2.05 亿元，建设内容包括垃圾预处理系统、湿式厌氧发酵系统、沼气净化处理系统和废弃食用油脂制粗油系统。项目按 PPP 模式实施，其中社会资本占 100%（图 7.7）。

图 7.7　宁波市餐厨垃圾处理厂

（3）海曙区生活垃圾焚烧发电厂

海曙区生活垃圾焚烧发电厂位于鄞州区洞桥镇宣裴村裴岙（市固废处置中心），项目占地 124 亩，建筑面积为 53 920 $m^2$，总投资为 13.44 亿元，设 3 条焚烧线，单条线垃圾处理能力为 750 t/d，总处理规模为 2 250 t/d。建设内容包括垃圾接收及贮存系统、垃圾焚烧系统、余热锅炉系统、烟气净化系统、污水处理系统等，选用国际最先进的焚烧炉技术和自动燃烧控制系统（ACC）；采用的烟气净化工艺的排放标准执行《生活垃圾焚烧污染控制标准》（GB 18485—2014）。

（4）镇海区生活垃圾焚烧发电厂

镇海区生活垃圾焚烧发电厂位于镇海区蟹浦镇石化经济技术开发区通海路，项目占地约 72 亩，建筑面积为 16 880 $m^2$，项目总投资约 4.9 亿元，设 2 条垃圾焚烧生产线，单条线垃圾处理能力为 600 t/d，总处理规模为 1 200 t/d。建设内容包括垃圾接收及贮存系统、垃圾焚烧系统、余热锅炉系统、烟气净化系统、污水处理系统、飞灰固化系统等，选用国内先进的焚烧炉技术（重庆三峰）和自动燃烧控制系统（ACC）；采用的烟气净化工艺的排放标准执行《生活垃圾焚烧污染控制标准》（GB 18485—2014）（图 7.8）。

图 7.8　镇海区生活垃圾焚烧发电厂

（5）北仑区生活垃圾焚烧发电厂

北仑区生活垃圾焚烧发电厂位于北仑区郭巨街道长浦一号，项目占地 75 亩，建筑面积为 33 641 $m^2$，总投资为 7.5 亿元，设 3 条焚烧线，单条线垃圾处理能力为 500 t/d，总处理规模为 1 500 t/d。建设内容包括垃圾接收及贮存系统、垃圾焚烧系统、余热锅炉系统、烟气净化系统、污水处理系统等，选用国际先进的炉排炉焚烧技术和自动燃烧控制系统（ACC）及烟气净化工艺，排放标准执行欧盟标准 2010/75/EC，是目前浙江省内炉排炉工艺唯一一家 AAA 级生活垃圾焚烧发电企业（图 7.9）。

图 7.9　北仑区生活垃圾焚烧发电厂

（6）海曙区生活垃圾分类转运站

海曙区生活垃圾分类转运站位于范江岸路北侧、规划路西侧、蔡江河南侧、双杨河东侧，转运规模为 300 t/d，其中厨余垃圾 140 t/d，其他垃圾 160 t/d，建筑面积为 3 153 $m^2$，其中地上建筑面积为 2 756 $m^2$，地下建筑面积为 397 $m^2$，项目初设总投资概算为 4 078 万元（图 7.10）。

图 7.10　海曙区生活垃圾分类转运站

（7）江北区生活垃圾分类转运站（含分选中心）

江北区生活垃圾分类转运站位于规划洪发路以北，规划河道以东，转运规模为 790 t/d，其中厨余垃圾 190 t/d，其他垃圾 600 t/d，分选规模 150 t/d，建筑面积为 9 007 $m^2$，其中地下一层建筑面积为 3 443 $m^2$。项目初设总投资概算约为 1.417 亿元（图 7.11）。

图 7.11　江北区生活垃圾分类转运站

（8）鄞州区江东生活垃圾分类转运站

鄞州区江东生活垃圾分类转运站位于福明街道桑家村，北邻滨江大道，西靠后西河，转运规模为 610 t/d，其中厨余垃圾 210 t/d，其他垃圾 400 t/d，其建筑面积为 25 023 $m^2$，其中地下两层建筑面积共计 18 587 $m^2$，项目初设总投资概算为 3.739 亿元（图 7.12）。

图 7.12　鄞州区江东生活垃圾分类转运站

（9）鄞州区生活垃圾分类转运站

鄞州区生活垃圾分类转运站位于鄞州区姜山镇定桥村，转运规模为 680 t/d，其中厨余垃圾 160 t/d，其他垃圾 520 t/d，预留垃圾分选规模 60 t/d，建筑面积为 5 956 $m^2$，项目初设总投资概算约为 1.145 亿元（图 7.13）。

图 7.13　鄞州区生活垃圾分类转运站

（10）镇海区生活垃圾分类转运站

镇海区生活垃圾分类转运站位于骆驼街道南端，九龙大道西侧，通和路南侧，浜子港北侧，转运规模为 750 t/d，其中厨余垃圾 150 t/d，其他垃圾 600 t/d，建筑面积为 5 582 $m^2$。项目初设总投资概算约为 9 012 万元（图 7.14）。

图 7.14　镇海区生活垃圾分类转运站

（11）东钱湖生活垃圾分类转运站

东钱湖生活垃圾分类转运站位于东钱湖陶公村，转运规模为 220 t/d，其中厨余垃圾转运规模 20 t/d，其他垃圾转运规模 200 t/d，建筑面积为 1 488 $m^2$。项目初设总投资概算约为 3 069 万元（图 7.15）。

图 7.15　东钱湖生活垃圾分类转运站

## 7.4.6　相关文件

### 7.4.6.1　2019 年度宁波市生活垃圾分类工作考核指标任务分解表

（一）源头减量专项行动

| 序号 | 考核指标 | 考核内容 | 牵头部门 |
|---|---|---|---|
| 1 | 出台落实规划发展 | 市本级、区县（市）出台及落实城镇生活垃圾分类和资源回收利用中长期发展规划 | 市发改委 |
| 2 | 提升城乡生活垃圾分类收集覆盖面 | 设区市生活垃圾分类收集覆盖面达到 85%以上；县以上建成区生活垃圾分类收集覆盖面达到 60%以上；农村生活垃圾分类收集覆盖面达到 65%以上 | 市综合执法局、市农业农村局 |
| 3 | 减少使用塑料购物袋 | 全市 20 家超市门店推广使用环保可重复使用的袋子或“篮子” | 市商务局 |
| 4 | | 在 2019 年申报创建省放心农贸市场的 11 家农贸市场中倡导推广使用菜篮子、布袋子 | 市市场监管局 |
| 5 | 开展“光盘行动” | 在全社会广泛宣传“光盘行动”，厉行节约，反对铺张浪费 | 市委宣传部 |
| 6 | | 在中型以上餐饮企业、食堂全面开展“光盘”行动，鼓励餐饮企业提供打包服务，建立激励措施 | 市商务局 |
| 7 | | 在全市各类学校全面开展“光盘”行动 | 市教育局 |
| 8 | 开展集贸市场专项试点 | 推广果蔬菜皮就地处理、净菜进城果蔬集贸市场试点 4 家 | 市市场监管局 |
| 9 | 加强使用一次性消费用品监管 | 全市 50%以上的星级饭店倡导限制使用一次性消费用品 | 市文广旅游局 |
| 10 | 加强过度包装专项整治 | 全市主要快递品牌协议客户电子运单使用率达到 90%以上，循环中转袋使用率达到 70%以上 | 市邮政管理局 |
| 11 | 推进高标准示范建设 | 新增 40 个省级高标准分类示范小区、20 个分类示范村 | 市综合执法局、市农业农村局 |
| 12 | 推进示范片区建设 | 以镇（街道）为单元，全市建设 8 个生活垃圾分类示范片区（示范街道），落实“三个全覆盖” | 市综合执法局 |
| 13 | 开展“定点定时”投放清运试点 | 全市新增 12 条商业街区和 10 个以上居住小区“定点定时”投放和清运试点 | 市综合执法局 |
| 14 | 提升强制分类质量 | 在全市 10%以上的党政机关建设生活垃圾分类示范机关单位 | 市机关事务局 |
| 15 | | 在全市 10%以上的国有企事业单位建设生活垃圾分类示范单位 | 市国资委 |
| 16 | 加强园林垃圾源头处理 | 完善绿化垃圾收集、运输、处理体系，各市规划建设 2 个以上绿化植物废弃物处理场所 | 市综合执法局 |
| 17 | 推进装修（大件）垃圾分类处理 | 市本级统筹建设 2 个以上大件垃圾集散点，各区（县、市）至少设置 1 处大件垃圾集散点，具备大件垃圾暂存、中转、拆解等功能 | 市综合执法局<br>市商务局 |
| 18 | 生活垃圾增长率情况 | 全市城镇生活垃圾增长率控制在 1%以内 | 市综合执法局 |

| （二）回收利用专项行动 | | | |
|---|---|---|---|
| 序号 | 考核指标 | 考核内容 | 牵头部门 |
| 1 | 合理布局再生资源回收网络 | 累计建成分拣中心10个，未建分拣中心的设区市、县（市），开工建设1个及以上分拣中心 | 市商务局、市供销社 |
| 2 | | 完善回收站点布局，25%的城镇生活小区建成回收站点 | 市商务局、市供销社 |
| 3 | 培育回收骨干企业 | 全市新增培育再生资源回收骨干企业24家（含子公司） | 市商务局、市供销社 |
| 4 | 生活垃圾回收利用率 | 全市城镇生活垃圾回收利用率达到38.5%以上 | 市商务局 |
| 5 | | 全市农村生活垃圾回收利用率达到38%以上 | 市农业农村局 |
| 6 | 试点推进“两网融合” | 推动城市环卫网络与再生资源回收网络“两网融合”，在省级高标准示范小区和其他有条件的小区开展可回收物封闭回收试点 | 市商务局、市供销社、市综合执法局、市住建局 |
| 7 | 加快强化废旧农膜回收监管 | 强化推进废旧农膜回收、再生和资源化利用，建立废弃农膜政府引导、市场化运作的回收处理体系 | 市农业农村局 |
| 8 | 建设快递包装回收站 | 全市在快递网点设置绿色回收区35个，回收快递包装箱、包装袋 | 市邮政管理局 |

| （三）处置能力提升专项行动 | | | |
|---|---|---|---|
| 序号 | 考核指标 | 考核内容 | 牵头部门 |
| 1 | 提升有毒有害垃圾处置能力 | 加强危废处置能力建设，对生活垃圾分类出的有害垃圾进行及时处理 | 市生态环境局 |
| 2 | 城乡生活垃圾资源化利用率完成情况 | 2019年，全市城镇生活垃圾资源化利用率达到85%以上 | 市综合执法局 |
| 3 | | 2019年，全市农村生活垃圾资源化利用率达到85%以上 | 市农业农村局 |
| 4 | 加快城镇生活垃圾处置设施建设 | 2019年，全市建成城镇生活垃圾无害化处理设施1座，新开工2座 | 市综合执法局 |
| 5 | 农村垃圾分类处理项目村站点建设 | 全市建成省级项目村站点30个 | 市农业农村局 |
| 6 | 城乡生活垃圾无害化处理情况 | 城镇生活垃圾无害化处理率达到100% | 市综合执法局 |
| 7 | | 农村生活垃圾无害化处理率达到100% | 市农业农村局 |
| 8 | 县（市、区）生活垃圾分类体系建设情况 | 在5个县（市、区）启动生活垃圾分类投放、分类收集、分类运输、分类处理体系建设 | 市综合执法局、市农业农村局 |
| 9 | 生活垃圾填埋场生态修复情况 | 对已封场生活垃圾填埋场实施生态化改造和修复 | 市综合执法局、市生态环境局 |
| 10 | 非正规垃圾堆放点治理情况 | 对全省排查出的非正规垃圾堆放点及时开展清理整治 | 市综合执法局、市农业农村局 |
| 11 | 建筑垃圾处置设施建设 | 大力推进建筑垃圾处置设施建设，合理布局建设建筑垃圾资源化利用处置场所和规范化消纳场所，逐步提高资源化利用率，建成建筑垃圾处置设施6个 | 市综合执法局 |

| （四）制度创制专项行动 | | | |
|---|---|---|---|
| 序号 | 考核指标 | 考核内容 | 牵头部门 |
| 1 | 生活垃圾分类相关标准 | 执行城镇生活垃圾分类标准、分类管理工作指南等相关标准 | 市综合执法局 |
| 2 | 建立生活垃圾处理按量按效付费机制 | 将垃圾处理服务费核拨与垃圾收集率、处理量等挂钩，推动运营主体不断提高管理效率和管理水平 | 市发改委、市综合执法局 |
| 3 | 建立健全生活垃圾处理收费制度 | 建立生活垃圾处理收费制度，探索实行差别化收费政策，深入推进城镇生活垃圾处理收费制度改革 | 市发改委、市综合执法局 |
| 4 | 生活垃圾分类信用评价体系建设 | 基本建立生活垃圾分类服务企业信用评价制度和生活垃圾强制分类环境信用体系 | 市发改委、市综合执法局 |
| 5 | 信息监管平台运用 | 建设完善生活垃圾分类投放、收集、运输和处置全过程的信息监管平台 | 市综合执法局、市发改委、市商务局 |
| 6 | 实施积分兑换奖励制度 | 通过建立居民“绿色账户”“环保档案”等方式，对正确分类投放生活垃圾的居民实施奖励 | 市综合执法局 |
| 7 | 健全多方协同工作机制 | 建立健全物业、街道、社区、环卫部门、社会组织等协同推进生活垃圾分类的工作机制 | 市综合执法局、市住建局、市民政局 |
| 8 | 加强有害垃圾处置监管 | 提升管控能力，完善全市危险废物处置信息化管理平台 | 市生态环境局 |
| 9 | | 深化有害垃圾处置协同机制，做好相邻地区危险废物应急处置协调工作，推进实施固体废物违法有奖举报制度和环境违法黑名单制度 | 市生态环境局 |
| 10 | | 健全垃圾处理设施环境监管机制，做好生活垃圾焚烧厂“装、树、联”工作，提升信息化、智能化监督监管水平，加大对重点区域重点设施的监管力度 | 市生态环境局、、市综合执法局 |

| （五）文明风尚专项行动 | | | |
|---|---|---|---|
| 序号 | 考核指标 | 考核内容 | 牵头部门 |
| 1 | 深化宣传“八进”活动 | 积极开展进社区（村庄）、进家庭、进学校、进企业、进机关、进商场（市场）、进宾馆（酒店）、进窗口等“八进”宣传活动 | 市委宣传部 |
| 2 | 社会舆论宣传 | 加强公益广告刊播，用好“报、网、端、微、屏”各种媒介，宣传垃圾分类重要意义，反映垃圾分类工作成效，激发全社会参与垃圾分类的热情 | 市文明办 |
| 3 | 典型示范带动 | 将生活垃圾分类列入文明村镇、文明单位考核内容 | 市文明办、市综合执法局 |
| 4 | | 发挥各级文明典型示范引领作用，对垃圾分类中不文明行为进行曝光 | 市文明办、市教育局等相关市级部门 |
| 5 | 群团组织参与情况 | 发动志愿服务队伍，深入开展垃圾分类宣传和知识讲座，劝导、指导居民分类投放垃圾 | 市文明办 |
| 6 | | 创新青年志愿者服务模式，依托全市各级共青团组织、青年志愿服务组织和WE志愿平台开展各类垃圾分类宣教活动 | 团市委 |

| 序号 | 考核指标 | 考核内容 | 牵头部门 |
|---|---|---|---|
| 7 | 群团组织参与情况 | 深化“我爱我家·垃圾分家”主题活动，鼓励基层妇联执委、妇女小队长、妇女代表、巾帼文明岗岗员等组成垃圾分类义务宣传队、志愿服务队，开展垃圾分类宣传和劝导活动 | 市妇联 |
| 8 | 大力推进学校垃圾分类工作 | 深化学校垃圾分类工作，积极开展垃圾分类知识普及，着力提高师生生活垃圾分类和生态资源意识，让垃圾分类成为学校和师生的自觉行动 | 市教育局 |

（六）机制保障及社会评价

| 序号 | 考核指标 | 考核内容 | 牵头部门 |
|---|---|---|---|
| 1 | 制度保障 | 市本级、县（市、区）完善生活垃圾分类政策法规、工作规则、标准规范等相关制度 | 市分类办 |
| 2 | 考核评价 | 制定实施生活垃圾分类工作考核评价制度 | 市分类办 |
| 3 | 社会满意度调查 | 开展全市垃圾分类工作群众满意度调查 | 市统计局、市分类办 |

## 7.5 杭州市垃圾分类案例

### 7.5.1 基本情况

#### 7.5.1.1 发展历程

（1）初步探索阶段

杭州市生活垃圾分类最早可追溯至 1985 年基于开展垃圾堆肥的分类收集试点工作。1999—2005 年，先后开展了居民小区垃圾分类、菜场周边设置餐厨垃圾就地处置设备、生活垃圾分类课题研究等积极探索和广泛尝试。2000 年，杭州市入选建设部 8 个垃圾分类试点城市，但由于受政策不配套、发展水平不匹配等种种制约，试点工作无疾而终。

（2）正式启动阶段

2009 年，在经过反复论证及充分准备后，杭州市再次踏上了垃圾分类的新征程。以厨房垃圾分离为重点，设计了印有分类标志的厨房垃圾专用袋、四类生活垃圾桶、垃圾房设计等设施设备配套方案。通过市民源头分类投放，实行“四分类、四阶段”全过程分类，同时对远期实现厨房垃圾、餐厨垃圾联合生化处理提出了基本设想。2010 年年初，经市民票选，杭州市将小区生活垃圾分为厨房垃圾、其他垃圾、有害垃圾及可回收物四类，随后以国家标准为基础，采用蓝、红、绿、黄四色对四类不同生活垃圾进行明确区分（图 7.16），并选取了 37 个基础条件较好、各具特点的生活小区再次开展试点工作；试点半年后，开始在市区内大范围推广垃圾分类。到 2010 年年底，市区生活小区垃圾分类覆盖率超过 60%。同年，杭州市垃圾分类收运、处置体系已较为完善：市区范围内有 6 座生活垃圾处置设施，焚烧、填埋处理能力各半；市域范围内有十余座不同类型的危险废弃物处置设施，能够对国家危险废弃物名录里的各类危废进行妥善处理；自发形成了较为完善的废品回收体系，使绝大部分可回收物进入资源再生渠道。在此基础上，杭州市对各类垃圾的收—运—处全过程分类路径进行了设计（图 7.17）。2015 年，制定出台了全国首部垃圾分类地方性法规——《杭州市生活垃圾管理条例》，于同年 12 月 1 日起正式实施，通过法律约束推进生活垃圾强制分类。

图 7.16　2010 年杭州市生活垃圾分类标识

图 7.17　杭州市收—运—处全过程分类路径图

（3）再度起程阶段

2019年以来，特别是2019年8月15日《杭州市生活垃圾管理条例》修订实施和8月16日全市生活垃圾分类工作推进大会召开后，全市上下紧紧围绕省委、省政府“一年见成效、三年大变样、五年全面决胜”总目标，以舍我其谁的担当、争创一流的精神、背水一战的勇气，全面贯彻落实省委、省政府《关于高水平推进生活垃圾治理工作的意见》和市委书记周江勇在全市垃圾分类推进会上的讲话精神，坚持垃圾分类“三分三零”组合拳、“五通报五必罚”总要求，全力破解“五多五少”突出问题，高水平推进生活垃圾分类治理各项工作，努力成为生活垃圾分类全国标杆和样板。杭州市结合垃圾分类工作实际和发展定位，提出了垃圾分类“杭州模式”，制定印发杭州模式实施方案、达标街道（乡镇）创建实施方案等政策文件，全域化、区域化、协同化推进全市生活垃圾“三化四分”工作。

#### 7.5.1.2 整体现状

杭州市认真学习领会和坚决贯彻落实习近平总书记关于生活垃圾分类的重要指示精神，全面推行垃圾分类制度，深化生活垃圾“三化四分”工作，全市已建成分类投放、分类收集、分类运输、分类处理的垃圾处理系统，基本形成以法治为基础、政府推动、全民参与、城乡统筹、因地制宜的垃圾分类制度——垃圾分类“杭州模式”，并努力提高垃圾分类制度覆盖范围。突出表现在以下三个方面：一是垃圾分类全域覆盖。截至2019年年底，全市城乡基本实现垃圾分类全覆盖，较浙江省要求提前3年达成。二是减量控量初见成效。2019年，全市共清运处置生活垃圾473.69万t，日均12 978 t，同比增长0.39%，增速较2018年下降3.34个百分点，圆满完成1%的浙江省年度控量目标，并持续做到无害化处理率100%。三是处置能力快速提升。全市目前建成运营的生活垃圾无害化处理设施16座，总处理能力达到13 720 t/d，其中焚烧处理厂8座、填埋场3座、易腐垃圾处理设施5座（表7.2、图7.18）。

表7.2 杭州市生活垃圾无害化处理设施情况

| 类别 | 全市 | 焚烧 | 填埋 | 易腐 |
| --- | --- | --- | --- | --- |
| 设施数量/座 | 16 | 8 | 3 | 5 |
| 设施处理能力/（t/d） | 13 720 | 8 500 | 4 370 | 850 |

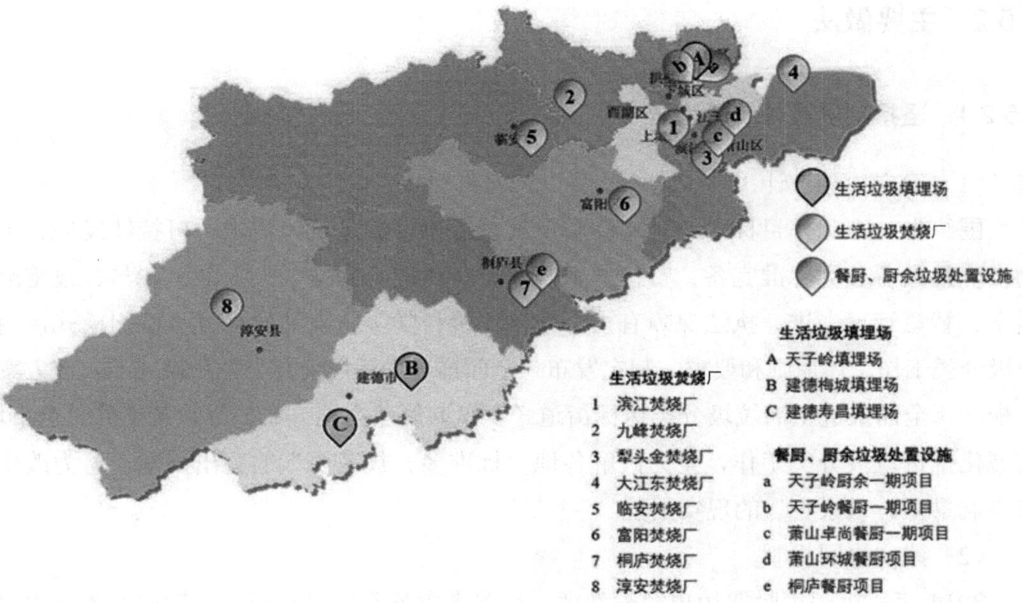


图 7.18　杭州市生活垃圾无害化处理设施分布图

#### 7.5.1.3　存在的问题

杭州是全国最早开展垃圾分类工作的城市之一，在许多方面走在了全国前列，但对照广大市民的美好生活需求，与其他先进城市相比，正面临着“先发后至”的巨大压力，“五多五少”问题仍然突出：一是知晓多、参与少。市民知晓率达 96%，但参与率不足 20%，且总体上农村好于城市，老旧小区好于新建商品房小区。二是标准多、规范少。不少小区垃圾桶设置不完备，造成在执行中投放不规范、准确分类率低。三是引导多、处罚少。实际工作中主要是采取号召、鼓励的办法，执法刚性不足，处罚力度不大，强制性监管措施有待加强。四是填埋多、回收少。2019 年，全市垃圾总量为 473.69 万 t，其中填埋占比超过 30%。同时相比生活垃圾分类制度体系，资源回收网络和体系相对薄弱，虽然回收总量逐年增长，但仍无法做到低价值回收物应收尽收。五是盆景多、风景少。近年来各地探索形成了许多典型经验，但总体还停留在点上，尚未有形成普遍效应。虽然创建了一批省、市生活垃圾分类示范小区，发挥了示范引领作用，但区域化推进不足，各地间、各地内部不同区域间依然存在不平衡、不充分的情况。

## 7.5.2 主要做法

### 7.5.2.1 坚持制度设计统筹协调

（1）确立顶层设计

围绕省、市工作目标，结合实际和发展，提出可满足杭州需求、可持续发展、可复制推广且具备分类标准完备、责任体系健全、宣传教育到位、人人动手参与、设施配置科学、智慧管理先进、执法保障有力、考核评价科学等特点的垃圾分类杭州模式，明确垃圾分类工作总体原则和要求，制定发布《全面推进生活垃圾分类杭州模式的实施方案》，并配套《全面推进生活垃圾分类达标街道（乡镇）创建实施方案》等政策文件，全市域、区域化推进垃圾分类工作，全力破解各地“标准多、规范少”的突出问题，着力改变全市“盆景多、风景少”的现实困境。

（2）建立协同机制

2014 年，杭州市吸取历史经验教训，统筹考虑各类垃圾治理，在国内率先提出“五废共治”理念，成立杭州市治理固体废弃物工作领导小组，由常务副市长挂帅，统筹协调固废治理及垃圾分类相关工作，覆盖成员单位 38 个。2019 年，成立杭州市生活垃圾分类工作领导小组，由分管副市长挂帅，办公室设在市城管局，覆盖成员单位 47 个，抽调各区、县（市）和市直主要成员单位人员集中办公，开展实体化运作，各地同步落实由区领导挂帅的领导小组及分类办，形成全市统筹、部门协调、上下联动的工作局面。

（3）加强法制支撑

完成《杭州市生活垃圾管理条例》的修订，主要解决了与 2016 年以后国家和省陆续出台的法律规章规范存在不协调和原条例有些内容滞后于当前生态环境保护工作要求及法律责任偏轻的问题，增加了信用惩戒等条款，使法律约束与垃圾分类工作现状更匹配，为深化强制分类提供了强力支撑。

（4）统筹经费保障

针对各区、县（市）垃圾分类经费不平衡、不充分问题，市城管局会同市财政局联合印发《杭州市生活垃圾分类经费实施办法（试行）》，2019 年开始按照每户每年工作经费 180 元的标准，以直接补助和以奖代补两种方式，加大财政保障力度。同时修改印发《生活垃圾处置加价收费、异地处置环境补偿办法》，并扩大适用范围至全市，促进垃圾源头减量。

（5）完善监督体系

开展人大监督，开发人大代表随手拍 App 并组织实施，2019 年，共发动市、区人大代表 2 400 余人参与监督活动；市政协开展垃圾分类调研和座谈会活动，积极参政议政，进一步补充完善了现有的监督体系。

（6）严明考核评价

制定并发布《杭州市生活垃圾分类考核办法（试行）》，细化每年生活垃圾分类工作目标任务及考核细则，并积极引入第三方评估，建立科学完善的考评机制。

### 7.5.2.2　坚持全程分类共同发力

（1）完善前端分类管理

一是完成分类类别调整，《杭州市生活垃圾管理条例》修订时明确将生活垃圾分为可回收物、易腐垃圾、其他垃圾、有害垃圾四类。二是统一分类标志标识。制定并发布《关于统一全市生活垃圾分类名称标识的通知》，分类名称、标识、颜色色标按照最新发布的《浙江省城镇生活垃圾分类标准》执行。全市所有不符合规定要求的垃圾容器，采取逐步更换的方式解决，2020 年年底前全部完成。三是完善设施配置管理。重点提升易腐垃圾、可回收物（大件垃圾）、有害垃圾回收设施设置，做好设施日常管理、维护和更新。同步开展分类设施专项整治，解决杂色桶问题，优化调整投放点垃圾桶数量，并在垃圾桶上加贴垃圾分类标识，共更新配置规范垃圾桶 9 万余只，整改杂色桶 8 000 余只，加贴分类标识 5 万余个。四是加强投放环节监管。强化管理责任落实，比如江干区试点推行“桶长制”，通过委任区域桶长、街域桶长、单位桶长、社区桶长等各级桶长，以网格责任田形式清晰划分垃圾分类责任区域，真正做到垃圾分类责任到人；探索建立可追溯机制，在萧山区试点给每户居民发放标有二维码的餐厨垃圾桶，实行一户一码、定点放置、定时收集、统一维护，餐厨垃圾分类正确率达 90%以上；落实小区垃圾分类专管员制度，引入专业化服务企业和公益组织参与垃圾投放监督和巡检，提高垃圾分类管理专业化、社会化水平，不断提升分类质量（图 7.19～图 7.22）。

图 7.19　分类投放设施配置及定时定点投放

图 7.20　江干区桶长制——楼道桶长对居民投放的垃圾进行开袋检查

图 7.21　萧山区易腐垃圾精分——以易腐垃圾源头分类为切入点，实现易腐垃圾精分

图 7.22　源头落实专管员督导，做到精准投放

（2）优化中端清运服务

针对垃圾中转设施落地建设难问题，杭州从 2010 年起在国内首推垃圾清洁直运模式，通过“桶车对接”直接将垃圾运输至末端处置场所，不再新建垃圾中转站，并把存量垃圾中转站改造为垃圾分类宣教基地，极大改善了中转站周边环境。针对收运中暴露出的混装混运问题，全市 803 辆运输车辆全部完成对应颜色标识喷涂，提升运输车辆分类识别度，并开展混装混运有奖举报，有效防止垃圾“先分后混、混装混运”。2020 年，各区在现有清运模式基础上，进一步推进清运体制完善，引入第三方服务企业，健全相衔接的收运网络，不断提升清运能力和服务水平。同时全面推广垃圾清运车载称重系统，实现垃圾清运精准实时计量（图 7.23）。

图 7.23　分类清运

（3）提升环境承载能力

由于受到“邻避效应”影响，垃圾处置设施普遍存在规划难、选址难、建设难的问题，杭州市克难攻坚、迎难而上，推动垃圾处置设施建设取得历史性突破。一是提前谋划，科学论证。早在 2007 年，杭州就确立“焚烧为主、生物处理为辅、填埋为保障”的垃圾处置战略，于 2011 年完成了“加快杭州市区生活垃圾处理能力建设研究”重大课题研究，提出公众阻力、区域利益协调、政府角色定位等重大问题解决机制，为破解垃圾处理设施普遍面临的邻避问题提供了科学策略。二是全域布局，生态补偿。2016 年 9 月 26 日，《杭州市固体废弃物综合处理规划》正式获批实施。2019 年，根据治废工作新要求，完成了《杭州市固体废弃物综合处理规划（修编）》，进一步明确能力建设近远期规划项目。在垃圾处置设施规划布局建设中，建立完善了生态环境补偿机制，由生活垃圾输出城区按照 75 元/t 的标准缴纳环境改善资金，专项用于垃圾处置设施所在地的环境美化、市政配套设施建设和维护、地区经济发展扶持。三是统筹建设，提升能力。“5 • 10”事件后，杭州市抽调相关部门精干力量，组建九峰环境能源项目工作专班，依法依规推进项目建设，深入细致做好周边群众工作，全程做好信息公开，赢得群众理解和支持，保障项目建设顺利推进。2015 年 4 月 14 日，九峰焚烧项目正式开工建设，于 2017 年 6 月 1 日投产运行。随后，淳安县垃圾焚烧项目、天子岭厨余项目、天子岭餐厨垃圾处理厂一期项目、萧山临浦餐厨垃圾处理厂一期项目、萧山钱江餐厨垃圾处理厂项目、桐庐餐厨垃圾处理厂项目等陆续建成投运。目前，有序推进临江环境能源项目、建德市垃圾焚烧项目、萧山临浦餐厨垃圾处理厂二期、天子岭餐厨垃圾处理厂二期和厨余垃圾处理厂二期以及 5 个分类减量综合体等项目建设，将为垃圾分类处置提供有力支撑，满足全市生活垃圾分类处理需求，最终实现原生生活垃圾零填埋（图 7.24、图 7.25）。

图 7.24　光大环保能源（杭州）有限公司（九峰焚烧项目）（设计处理规模为 3 000 t/d）

图 7.25　杭州市餐厨垃圾处理一期（设计处理规模为 200 t/d）

（4）启动云端平台建设

依托城市大脑，研究应用 5G、AI、区块链等数字技术，启动了全市垃圾分类管理平台建设，构建了分类投放、分类收集、分类运输、分类处理全流程监管系统，提升了垃圾分类智能化、精细化管理水平。

#### 7.5.2.3　坚持源头减量做细做实

（1）总量控制管理

创新生活垃圾总量控制管理，强化属地政府控量减量责任落实，以年度垃圾总量控制目标为基数，实行“增量控制、超量加价”，按《杭州市生活垃圾处置阶梯式计费管理办法》规定加价收取的垃圾处置费，由市财政统筹管理，按年度结算支付，专项用于对垃圾量低于年度控制目标 5%的区、县（市）进行补助。

（2）强化经济激励

按照生活垃圾“谁产生、谁付费，多产生、多付费”理念，调整完善非居民生活垃圾处理计量和收费管理机制，自 2018 年 1 月 1 日起开始实施《杭州市区非居民生活垃圾处理计量和收费管理办法》，进一步规范机关、企事业单位和个体户等非居民生活垃圾处理计量和收费管理，明确以上年度（前 12 个月）生活垃圾产生量作为本年度生活垃圾基准量，超出基准量的部分，按照加价收费标准计收处理费。

（3）推行绿色生活方式

一是严格落实“限塑令”。大型超市不提供免费塑料袋，2019 年推广使用菜篮子、布袋子的超市有 27 家、农贸市场有 11 家。二是加强一次性消费品管控。2019 年年底，全市党政机关、企事业单位不使用一次性杯具，单位食堂不主动提供一次性餐具；制定《杭州市旅游饭店取消免费一次性用品实施细则》，57 家星级饭店已开展限制使用一次性消费用品。三是开展净菜进城试点和光盘行动。7 家农贸市场已开展净菜进城、果蔬菜皮就地处理试点；全市各类学校、餐饮企业、单位食堂全面开展“光盘行动”，2019 年共创建 130 家“光盘行动”示范单位。

（4）推动绿色产品供给

加强快递包装材料管理和提升快递包装回收水平。快递品牌协议客户电子运单使用率达 99.74%，循环中转袋使用率达 86.23%；在 1 361 个邮政快递网点设置包装废弃物回收装置，回收快递面单、封套、包装箱等用品用具。

#### 7.5.2.4　坚持再生资源循环利用

（1）完善回收政策

印发《关于推进再生资源回收的实施意见》，修订发布《杭州市再生资源回收指导目录》，明确回收网点布局、资源分拣利用、行业转型升级、市场秩序规范等要求，加强对再生资源回收利用行业发展的政策支持。

（2）加快网络布局

截至 2019 年年底，全市再生资源回收网点累计达 1 703 个，提升建设分拣中心面积累计达 34.15 万 $m^2$；2019 年，全市回收再生资源 180.5 万 t，同比增长 14.17%，生活垃圾回收利用率达 40.2%。

（3）创新回收模式

依托杭州信息经济高地优势，积极探索“互联网+再生资源回收”模式，连续三年举办杭州市生活垃圾分类工作论坛，搭建政、企、社合作平台，促进再生资源回收利用新业态发展，推动垃圾清运与资源回收“两张网”的有机融合，成功孵化出虎哥回收、家宝兔等再生资源回收龙头骨干企业，其中虎哥回收已覆盖余杭区近 32.78 万户，回收垃圾的资源化利用率超 95%，被商务部确定为全国 15 个新型回收模式之一，家宝兔回收站已进驻市区 20 多所中小学，在省政府、市民中心等设立了再生资源收集点（图 7.26）。

图 7.26　虎哥回收——线上预约、线下上门回收

（4）拓展处置渠道

其中《富阳区引入“富伦模式”填补生活垃圾低值可回收物资源化利用省内空白》获副省长彭佳学批示，为杭州市再生资源利用提供了全新思路。饮料包装废物经过水力碎浆系统分离出纸浆和铝塑筛渣，纸浆用于生产再生纸，铝塑筛渣经过铝塑分离系统分离出塑料颗粒和铝粉（图 7.27）。

图 7.27　富阳富伦再生资源处置

（5）推进应收尽收

制定并发布《垃圾分类第三方服务管理要求》，鼓励以区（县、市）或街道为单位招标引进第三方服务企业，对高、低价值可回收物进行统收统运，提高生活垃圾回收利用率，切实解决“填埋多、回收少”的历史难题。

#### 7.5.2.5　坚持宣传示范齐头并进

（1）加强分类宣传

制定并发布全市垃圾分类宣传管理办法，确定宣传总体目标，编制垃圾分类操作指南、科普手册，统一宣传口径，鼓励从多角度、全方位开展宣传辅导。2019 年，杭州市城管局组建成立杭州市垃圾分类宣讲团，共设置 20 支宣讲专队，积极开展进社区、进家庭、进学校、进企业、进机关、进商场（市场）、进宾馆（酒店）、进窗口的“八进”活动和“入户”面对面宣传，凝聚社会共识，形成社会氛围。2019 年，共入户（单位）206 余万户（家）；总计为学校、机关、企业、居民等提供宣讲 2 181 场次，受众 212 791 人次；共开展垃圾分类主题宣传活动、培训活动、分类指导共 2 424 场，参与群众 86 022 人次（图 7.28～图 7.30）。

图 7.28　杭州市城管局联合浙江科学技术出版社组织编写的《杭州市生活垃圾分类操作指南》和《杭州市生活垃圾分类科普手册》于 2019 年 9 月面世

图 7.29　杭州市城管局副局长彭保华率垃圾分类宣讲团赴中国美院宣讲垃圾分类

图 7.30　杭州市持续积极做好垃圾分类入户宣传、上门纠错指导工作

（2）强化党建引领

组织开展“垃圾分类　党员先行”主题宣传月活动，包括开展垃圾分类总动员、发起“垃圾分类党员先行”倡议、启动“垃圾分类我先行”签名、做垃圾分类党员志愿服务、营造垃圾分类长效氛围等活动内容。各区（县、市）将垃圾分类与基层党建工作相结合，推行“党建+垃圾分类”，把参与垃圾分类作为党员到社区报到、主题党日、“三服务”的重要内容。比如，试点开展社区党员“承包+认领”垃圾房，辅助做好垃圾投放监督及细分工作；选派党员担任“桶长”，加强对居民垃圾分类的宣传劝导以及垃圾分类设施的监督检查（图 7.31）。

图 7.31　杭州市城管局联合市直机关工委在西湖国际科技大厦小广场举行杭州市机关党员垃圾分类志愿服务活动

（3）做好单位表率

市民对机关事业单位带头开展垃圾分类的呼声强烈，杭州市出台了《机关事业单位生活垃圾强制分类工作实施方案》，率先在入驻市民中心的 134 家市直机关和事业单位中开展垃圾强制分类，并扩展到市区街镇的所有机关事业单位。为打消疑虑、破除阻力，杭州市城管系统开展“七个一”结对帮扶，每 2 名干部职工结对帮扶 1 个机关事业单位，

上门开展垃圾分类知识宣传、现场指导和政策解答。经过努力，杭州市各级机关事业单位率先实现强制分类全覆盖（图 7.32）。

图 7.32　杭州市城管局联合市直机关工委在杭州电视台举办了杭州市机关单位生活垃圾分类知识竞赛

（4）开展小手拉大手

按照“小手拉大手、大手带小手、家校联合”的思路，杭州市推出编写垃圾分类教材读本、开设垃圾分类知识辅导课、录制“眼镜伯伯讲垃圾分类故事”、举办中小学生垃圾分类知识竞赛、开辟 22 个垃圾分类宣教基地、开展垃圾分类“第二课堂”主题实践、讲授垃圾分类开学第一课等系列活动，推动中小学生垃圾分类实践教育从“零敲碎打式”向“整体修习式”转变，垃圾分类在杭州中小学校蔚然成风（图 7.33）。

图 7.33　杭州市城管局局长李磊化身“眼镜伯伯”，为孩子们录制垃圾分类主题原创系列故事《垃圾分类特工队》

（5）加快示范创建

按照省、市民生实事目标任务，广泛发动群众参与各级示范创建。截至 2019 年年底，累计创建省级示范片区（街道）9 个、高标准示范小区 101 个、示范村 18 个；累计创建市级生活垃圾分类示范小区 693 个，占全市小区的 15.93%。

#### 7.5.2.6 坚持执法约束形成常态

（1）完善通报体系

严格贯彻“五通报”，即对垃圾总量增长快、分类质量差的区县（市）、乡镇（街道）、村（社区）在全市范围内进行通报，对垃圾分类推行不力的机关事业单位和国有企业在全市各级机关进行通报，对垃圾分类完成较差的学校、医院在各自系统内进行通报，对垃圾分类不到位的商业综合体、超市、农贸市场、餐饮机构和住宅小区在各类媒体上进行通报，对拒不执行垃圾分类、多次违法投放垃圾的住户在小区、社区内进行通报，真正树起奖优罚劣的鲜明导向，坚决消除一部分人的观望侥幸心理。每月在媒体上通报区县、街道成绩和排名及居民小区、单位“红黑榜”，并督导各地及有关部门分别建立居民小区、本系统本行业单位垃圾分类定期通报机制。

（2）强化严管重罚

刚性执行“五必罚”，即违法投放生活垃圾的必罚、未履行生活垃圾分类管理责任的必罚、将其他垃圾混入生活垃圾投放的必罚、违法收集和运输生活垃圾的必罚、违法处置生活垃圾的必罚，做到违法零容忍。以《杭州市生活垃圾管理条例》修订实施为新起点，切实加大执法力度，深化执法联动机制，深入开展执法专项行动，持续强化执法威慑，推动生活垃圾强制分类。自《杭州市生活垃圾管理条例》于 2015 年 12 月 1 日实施以来，在 2016 年 8 月开出全市首张罚单。截至 2019 年年底，累计办理一般程序处罚案件 12 255 件、简易程序处罚案件 3 146 件，合计 15 401 件，其中处罚单位 4 675 件、个人（含个体工商户、居民）10 726 件，共罚款 251.35 万元，力度之大、影响之广前所未有，彻底转变“引导多、处罚少”的工作模式。

### 7.5.3 取得成效

垃圾分类功在当代、利在千秋。杭州市通过坚定不移推进垃圾分类，在环境效益、社会效益、经济效益等方面取得阶段性成效，垃圾分类在改善生态环境、提升社会文明、促进资源节约等方面发挥着越来越重要的作用。一是城市生活环境不断改善。实施垃圾分类后，提高了市民环境意识、文明意识，道路上随手乱扔垃圾现象、向车窗外扔垃圾等现象大为减少，小区环境改善，城市道路清洁，杭州城区清洁度始终保持 95 分以上，有力助推“国内最清洁城市”的打造。2019 年，杭州市统计局的民意调查数据显示，民众对生活垃圾分类的知晓率和支持率分别达到 99.5%、97.6%。二是垃圾增长势头得到遏制。垃圾分类不能改变垃圾量逐年增长的自然发展趋势，但通过对可回收物和低价值物的回收分流，有效缓解了进入填埋、焚烧设施的垃圾量的自然增长势头。之前，杭州进入填埋场和焚烧厂的垃圾量和 GDP 增长数据很接近，基本每年 8%左右，近几年垃圾量增长率下降到 3%以内，2019 年垃圾量增长率控制在 1%以内，无害化率持续保持 100%。三是垃圾分类处理体系不断完善。近年来，杭州积极配套前端垃圾分类投放和收运，大力布局和推进末端分类处置能力建设，尤其是 2019 年以来，前、中、后、云端软硬件设施提升、更新全面提速。

2019 年杭州市垃圾分类工作再启动、再出发以来，控量指标继续下降、分类成效稳步提升、执法震慑有效显现、宣传氛围日益浓厚，社会共识广泛达成。杭州市在全国 46 个重点城市垃圾分类排名中上升至第 4 位，并入选中组部《贯彻落实习近平新时代中国特色社会主义思想、在改革发展稳定中攻坚克难案例》。

### 7.5.4　概括总结

#### 7.5.4.1　全貌展现

前期的探索和实践为杭州市生活垃圾分类工作的推进夯实了基础、积累了经验。面对生活垃圾分类历史性变革期、机遇期、发展期，杭州市适时召开全市生活垃圾分类工作推进大会，及时修订《杭州市生活垃圾管理条例》，总结提炼了垃圾分类“杭州模式”，全市垃圾分类工作进入了再启动、再出发的全新阶段。本次推进工作最大的特点是实现了四大转变，具体表现为：一是实现了从各自为政到协同作战的转变。各地各有标准、各说各做转变为统一按照杭州模式要求并结合自身实际推进实施；各部门从各扫门前雪转变为在统一工作机制下齐抓共管、齐头并进。二是实现了从由点及面到由面扩点的转变。从注重典型打造，以期由示范引领辐射区域提升转变为全面推进区域达标，再深化扩大示范创建，全力破解垃圾分类不平衡、不充分的历史顽疾，全面清除洼地、弥补短板。三是实现了从管理模式从粗放低效到精细高效的转变。通过落实全市生活小区投放管理、集置点管理、特殊垃圾（大件垃圾、装修垃圾、园林垃圾）堆放清运处置等监管机制，深化商业街“定时定点”清运、清运车载称重系统全覆盖，每年制发详细目标任务及考核细则，建成投运全市生活垃圾分类管理平台等具体举措，建立一整套精细化、智能化管理工作模式。四是实现了从引导为主到强制约束的转变。从原来主要采取号召、鼓励的做法转变为现场督导、刚性执法相结合的方式，通过外部力量的约束，激发分类内生动力、培养分类习惯的养成。下一步，杭州市将在不断优化完善垃圾分类“杭州模式”的基础上，探索建立生活垃圾收费制度，通过经济杠杆不断巩固垃圾分类成果，保障垃圾分类体系健康、平稳、持续发展。

#### 7.5.4.2 经验启示

垃圾分类是一项事务工作，具有广泛性，必须脚踏实地、因地制宜、简便易行。垃圾分类与广大市民群众的工作、生活环境息息相关，首先需要产生人去动手进行分类投放，后续环节再分类处理，全过程都离不开“动手”，还要人人会动手，这是非常大众化的事情。因此，做好垃圾分类，首先要根据市民生活习惯、垃圾成分、末端处置设施等实际情况，让广大市民明确为何分、怎么分、分了怎么办，不能脱离实际，要操作简单又不失标准。

垃圾分类是一项人的工作，具有艰巨性，必须人人担责、强制落实、不可替代。引入企业参与有助于提升市民分类积极性，但绝不能以此替代产生者的垃圾分类投放主体责任，一旦被替代了主体责任，市民的从众心理会使“要我分”到“我要分”成为泡影，背离垃圾分类的“初心”。实践证明，垃圾分类关键在于抓责任落实，在实施过程中，若某一环节上有未落实责任或责任越俎代庖的，那么其后续分类环节将注定失败，也必然前功尽弃。

垃圾分类是一项系统工作，具有整体性，必须系统思维、统筹谋划、全程管理。垃圾分类是一个完整的系统链条，是一个包含诸多环节的有机整体，必须系统谋划、整体推进，全面强化规划统筹、制度建设、人员投入、资金拨付、物资供应、技术保障等，缺一不可。在制度上，应注重落实“谁产生、谁付费”原则，实行按量按质收费，发挥经济杠杆调节作用。在职责上，应明晰责任，上下左右联动，克服城管部门单打独斗局面。在空间上，应全市域推进，不留空白和盲区，实现垃圾分类制度全覆盖。在环节上，应配套落实“四环节”，打造完备分类体系，即投放环节实现标准清晰、责任明确；收集环节做到设施完备、作业规范；运输环节做到分类清运、公开透明；处置环节做到资源利用、协同处置，对四类垃圾全部进行分类收集，逐步形成完整有效的处置流程，最大限度减少对环境的影响，最大限度对资源进行循环利用，真正实现全社会分类、全区域分类、全过程分类、全物品分类。

垃圾分类是一项社会治理工作，具有复杂性，必须党建引领、政府推动、社会协同。垃圾分类是撬动基层社会治理的重要杠杆，是基层践行群众路线的重要领域，也是检验党员干部队伍工作能力、工作作风的试金石。垃圾分类工作抓深抓实抓细，能助力党的决策部署深入人心，基层党组织的战斗力就更加坚强。要紧紧扭住“党、政、企、社”合力推进这一垃圾分类“牛鼻子”，切实加强社区党组织和居委会的建设，充分发挥党建引领和党员示范带头作用；要充分发挥政府主导作用，完善监督考核，率先做好机关和事业单位强制分类工作，以实际成效取信于民；要适当引入市场机制，集成运用大数据、云计算、5G、AI、区块链等现代信息技术提高管理绩效，但第三方企业和市民之间要有明确的责任界限，同时企业的职责逐步后移，从依赖政府补贴生存，逐步过渡到依靠市场生存；要激发全社会参与，开展全方位宣传，着力增强宣传引导覆盖面和影响力。

垃圾分类是一项长期工作，具有持久性，必须持之以恒、重在行动、贵在坚持。垃圾分类是动态发展的，是从做人的思想工作开始，与市民素质密切相关，文明素质提升也不是一朝一夕能实现的，需要日常习惯慢慢改善。在垃圾分类推进中，特别应注重环境的改善、资源的循环利用及市民分类习惯、文明生活方式的养成。当前，市民动力主要是经济利益驱动和制度约束，利用“互联网+”、积分兑换等正向激励方式，对垃圾分类有一定促进作用，但真正持久坚固的动力是内生于市民心中的文明意识和责任意识，是无需提醒的自觉。因此，垃圾分类奖励机制要摒弃急功近利，逐步从原来的物质奖励、精神奖励发展到信用奖励，这需要长期培育，让参与垃圾分类的人一天比一天多，分得一天比一天好，推动大众心理逐步实现从“我不分”到“我要分”再到“我分好”的根本转变。

## 7.5.5 相关文件

### 7.5.5.1 2020 年度杭州市各区、县（市）、管委会生活垃圾分类工作目标任务

2020 年度杭州市各区、县（市）、管委会生活垃圾分类工作目标任务

| 序号 | 完成时间 | 目标任务 | 合计 | 上城区 | 下城区 | 江干区 | 拱墅区 | 西湖区 | 滨江区 | 萧山区 | 余杭区 | 富阳区 | 临安区 | 钱塘新区 | 景区 | 建德市 | 桐庐县 | 淳安县 |
|---|---|---|---|---|---|---|---|---|---|---|---|---|---|---|---|---|---|---|
| 1 | 全年 | 全市生活垃圾总量净增长 | 0 | 0 | 0 | 0 | 0 | 0 | 0 | 0 | 0 | 0 | 0 | 0 | 0 | 0 | 0 | 0 |
| 2 | 全年 | 全市无害化处理率/% | 100 | 100 | 100 | 100 | 100 | 100 | 100 | 100 | 100 | 100 | 100 | 100 | 100 | 100 | 100 | 100 |
| 3 | 全年 | 全市生活垃圾分类全覆盖 | 100 | 100 | 100 | 100 | 100 | 100 | 100 | 100 | 100 | 100 | 100 | 100 | 100 | 100 | 100 | 100 |
| 4 | 10 月 | 全市新创市级示范小区 1 300 个以上 | 1 300 | 90 | 99 | 121 | 107 | 208 | 46 | 176 | 238 | 30 | 22 | 42 | 2 | 43 | 36 | 40 |
| 5 | 10 月 | 全市新创省级高标准示范小区 200 个以上 | 200 | 16 | 16 | 19 | 17 | 34 | 7 | 28 | 38 | 4 | 3 | 7 | 1 | 4 | 3 | 3 |
| 6 | 10 月 | 全市新创省级示范片区（街道）24 个以上 | 24 | 2 | 2 | 2 | 3 | 2 | 1 | 2 | 4 | 1 | 1 | 2 | 0 | 1 | 1 | 0 |
| 7 | 10 月 | 全市新创市级示范村 500 个以上 | 500 | / | / | / | / | 8 | / | 76 | 46 | 72 | 70 | 15 | 2 | 59 | 47 | 105 |
| 8 | 10 月 | 全市新创省级示范村 100 个以上 | 100 | / | / | / | / | 2 | / | 14 | 10 | 14 | 14 | 3 | 1 | 13 | 11 | 18 |

| 序号 | 完成时间 | 目标任务 | 合计 | 上城区 | 下城区 | 江干区 | 拱墅区 | 西湖区 | 滨江区 | 紫由区 | 余杭区 | 富阳区 | 临安区 | 钱塘新区 | 景区 | 建德市 | 桐庐县 | 淳安县 |
|---|---|---|---|---|---|---|---|---|---|---|---|---|---|---|---|---|---|---|
| 9 | 6月 | 全市达标街道（乡镇）全覆盖 | 100 | 100 | 100 | 100 | 100 | 100 | 100 | 100 | 100 | 100 | 100 | 100 | 100 | 100 | 100 | 100 |
| 10 | 全年 | 按要求完善清运体制，满足垃圾分类清运需求 | 按要求完善清运体制，制订辖区生活垃圾分类收集和分类清运考核办法，确保分类收集、分类清运和及时清运需求 | | | | | | | | | | | | | | | |
| 11 | 10月 | 全市商业街“定时定点”清运覆盖率/% | 100 | 100 | 100 | 100 | 100 | 100 | 100 | 100 | 100 | 100 | 100 | 100 | 100 | 100 | 100 | 100 |
| 12 | 11月 | 全市垃圾清运车辆车载称重系统覆盖率/% | 100 | 100 | 100 | 100 | 100 | 100 | 100 | 100 | 100 | 100 | 100 | 100 | 100 | 100 | 100 | 100 |
| 13 | 全年 | 按要求做好大件、装修、园林垃圾规范堆放（布点）、清运处置利用和监管工作 | 畅通清运和处置利用渠道，完善全过程管理，满足大件垃圾、装修垃圾、园林垃圾清运和处置利用需求，提升处置利用水平 | | | | | | | | | | | | | | | |
| 14 | 全年 | 可回收物应收尽收，每月上报可回收物回收量、明细及去向 | 按要求完善可回收物回收运行体系，确保辖区可回收物应收尽收，每月上报辖区可回收物回收量、明细及去向 | | | | | | | | | | | | | | | |
| 15 | 10月 | 全市新建规范化再生资源回收网点360个以上（累计2 000个以上） | 360 | 19 | 28 | 37 | 0 | 20 | 18 | 52 | 52 | 27 | 23 | 35 | 3 | 16 | 16 | 14 |
| 16 | 10月 | 全市完成再生资源分拣中心提升建设49.5万 $m^2$ 以上，各区、县（市）授盖（景区可合作落实） | 49.5 | 1 | 1.5 | 3.5 | 1.5 | 4.5 | 1 | 8 | 8 | 6 | 3 | 6.5 | / | 2 | 2 | 1 |
| 17 | 全年 | 全市回收再生资源222万t以上，生活垃圾回收利用率45%以上（各区相同） | 222 | 8 | 14 | 19 | 14 | 22 | 10 | 36 | 36 | 15 | 10 | 19 | 1 | 7 | 6 | 5 |
| 18 | 全年 | 全市生活小区100%落实投放管理 | 生活小区 | 全覆盖落实专管员机制，按要求制订工作方案，确保投放点（垃圾房）建设规范，投放时间科学合理，现场投放 | | | | | | | | | | | | | | 管理落实 |
| 19 | 全年 | 全市生活垃圾集置点（中转点）管理落实 | 按要求制订辖区生活垃圾集置点（中转点）管理方案，包括各集置点清运、拖桶（清运前拖至、清运后拖高）时段及全时段管理责任和措施 | | | | | | | | | | | | | | | |
| 20 | 全年 | 中型以上餐饮企业对厨废弃物（废弃油脂）的规范化收运处置覆盖率/% | 100 | 100 | 100 | 100 | 100 | 100 | 100 | 100 | 100 | 100 | 100 | 100 | 100 | 100 | 100 | 100 |

<table>
<tr><th>序号</th><th>完成时间</th><th>目标任务</th><th>合计</th><th>上城区</th><th>下城区</th><th>江干区</th><th>拱墅区</th><th>西湖区</th><th>滨江区</th><th>紫由区</th><th>余杭区</th><th>富阳区</th><th>临安区</th><th>钱塘新区</th><th>景区</th><th>建德市</th><th>桐庐县</th><th>淳安县</th></tr>
<tr><td>21</td><td>全年</td><td>全市每月垃圾分类执法案件 1 456 个以上（街道 16 个/月、乡镇 4 个/月）</td><td>1 456</td><td>96</td><td>128</td><td>128</td><td>160</td><td>164</td><td>48</td><td>192</td><td>248</td><td>80</td><td>64</td><td>52</td><td>16</td><td>32</td><td>32</td><td>16</td></tr>
<tr><td>22</td><td>全年</td><td>按市域统筹调度要求做好生活垃圾处置有关工作</td><td colspan="16">按要求制订辖区垃圾处置设施（含就地易腐垃圾就地处理设备）监管办法并组织实施、每月上报监管报告；严格按照全市统筹调度及有关规定处置生活垃圾、缴纳处置规费，严禁擅自处置</td></tr>
<tr><td>23</td><td>全年</td><td>按要求做好辖区垃圾分类日常检查考核工作并每月通报</td><td colspan="16">按要求制订辖区垃圾分类检查考核办法并组织实施，每月通报并报市分类办</td></tr>
<tr><td rowspan="11">24</td><td colspan="2" rowspan="11">完成生活垃圾处置能力建设、老旧转运站升级改造和建制镇转运站建设和生活垃圾填埋场生态修复（评估）</td><td colspan="16">各区、县（市）、管委会按要求新购置分类运输车辆、制订老旧转运站升级改造和建制镇转运站建设计划并组织实施，按期完成（省考核为准），满足垃圾分类转运需求</td></tr>
<tr><td colspan="2">拱墅区、余杭区</td><td colspan="14">按要求负责做好天子岭垃圾处置设施建设、运营期间的维稳工作</td></tr>
<tr><td colspan="2">西湖区</td><td colspan="14">按要求做好城西、之江分类减量综合体前期、建设期间的有关报批和维稳工作</td></tr>
<tr><td colspan="2">滨江区</td><td colspan="14">按要求配合做好临江配套项目征地供地工作，4 月底前完成局调及农转用、5 月底前完成供地</td></tr>
<tr><td colspan="2">萧山区</td><td colspan="14">卓尚餐房垃圾处理项目 10 月建成投运；萧山分类减量综合体 6 月建成投运；做好临江配套项目有关工作，4 月底完成局调及农转用、5 月底前完成供地，协助做好建设期间的维稳工作；按要求落实生活垃圾填埋场生态修复（评估）1 处</td></tr>
<tr><td colspan="2">富阳区</td><td colspan="14">富阳焚烧项目（1 500 t/d）、餐厨项目（300 t/d）12 月建成投运，做好建设期间维稳工作；按要求落实生活垃圾填埋场生态修复（评估）1 处</td></tr>
<tr><td colspan="2">建德市</td><td colspan="14">建德焚烧项目（500 t/d）、餐厨项目（50 t/d）12 月建成投运，做好建设期同维稳工作；按要求落实生活垃圾填埋场生态修复（评估）2 处</td></tr>
<tr><td colspan="2">淳安县</td><td colspan="14">淳安餐厨项目（50 t/d）12 月底前建成投运，做好建设期间维稳工作；按要求落实生活垃圾填埋场生态修复（评估）1 处</td></tr>
<tr><td colspan="2">钱塘新区</td><td colspan="14">4 月底前完成临江配套项目土地局调及农转用；3 月底前完成临江废旧汽车拆解、废旧物资资源化处理中心项目核准；同步城东分类减量综合体进度完成进场道路建设；同步临江能源项目进度落实辖区范围交通保障方案；做好临江捷烧、第三固废、城东分类减量综合体等项目建设期间的维稳工作</td></tr>
<tr><td colspan="2">临安区</td><td colspan="14">按要求完成渗滤液集中处置整改；按要求落实生活垃圾填埋场生态修复（评估）1 处</td></tr>
<tr><td colspan="2">桐庐县</td><td colspan="14">按要求落实生活垃圾填埋场生态修复（评估）1 处</td></tr>
</table>

说明：1．上级新增任务，另行分解下达；已下达目标任务达不到新增任务要求的，以新增任务为准。2．市政府民生实事垃圾分类任务 8 月完成：新创市级示范小区 500 个，其中上城、下城、江干、拱墅、西湖各 57 个，滨江、萧山、余杭、钱塘新区各 40 个，富阳、临安各 20 个，建德、桐庐、淳安各 5 个；新建大件垃圾“定时定点”投放和清运商业街、生活小区各 40 个，其中上城、下城、江干、拱墅、西湖各 5 个，滨江、萧山、余杭、富阳、临安、钱塘新区各 2 个，建德、桐庐、淳安各 1 个。

### 7.5.5.2　2020 年度杭州市各区、县（市）、管委会生活垃圾分类工作检查考核评分细则

2020 年度杭州市各区、县（市）、管委会生活垃圾分类工作检查考核评分细则

| 序号 | 考核项目 | 分值 | | 考核内容 | 评分标准 | 月度成绩 | 年终成绩 |
|---|---|---|---|---|---|---|---|
| 一 | 日常检查 | 30 | | 分类设施、分类质量、分类辅导、分类清运 | 按照 2020 年《杭州市垃圾分类工作日常检查办法（试行）》实施 | 当月检查成绩 | 月度平均成绩 |
| 二 | 宣传工作 | 10 | | 各级、各类媒体报道，重大活动宣传保障等 | 按照 2020 年《杭州市垃圾分类宣传检查办法》（试行）实施 | 当月检查成绩 | 月度平均成绩 |
| 三 | 目标任务 | 50 | 2 | 1．全市生活垃圾总量零增长 | 超控量目标，增长 1%（不含）以内扣 0.5 分，1%（含）至 2%（不含）扣 1 分，2%（含）以上 2 分全扣。控量目标以内，每减少一个百分点加 0.1 分，最高加 1 分 | 当月控量成绩 | 按年终控量计 |
| | | | 1 | 2．全市无害化处理率/% | 每发现 1 次未无害化处置的扣 0.5 分 | 当月检查成绩 | 每月扣分累计 |
| | | | 1 | 3．全市生活垃圾分类全覆盖 | 每发现 1 个居住区、公共机构、企业没有垃圾分类的扣 0.2 分 | 当月检查成绩 | 每月扣分累计 |
| | | | 3 | 4．全市新创省级示范片区（街道）24 个、省级高标准示范小区 200 个、省级示范村 100 个以上 | 每月按完成率得分，申报一个验收一个（纳入次月成绩），10 月底前全部完成示范片区每增加 1 个加 0.2 分，示范小区和村每增加 1 个，加 0.1 分，最高加 1 分 | 当月验收成绩 | 全年即 11 月成绩 |
| | | | 4 | 5．全市新创市级示范小区 1 300 个以上、市级示范村 500 个以上 | 每月按完成率得分，申报一个验收一个（纳入次月成绩），10 月底前全部完成每增加 1 个，加 0.1 分，最高加 1 分 | 当月验收成绩 | 全年即 11 月成绩 |
| | | | 5 | 6．全市达标街道（乡镇）全覆盖 | 每月按完成率得分，申报一个验收一个（纳入次月成绩），6 月底前全部完成 | 当月验收成绩 | 全年即 7 月成绩 |
| | | | 2 | 7．全市商业街“定时定点”清运覆盖率/% | 每月按完成率得分，申报一个验收一个（纳入次月成绩），10 月底前全部完成 | 当月验收成绩 | 全年即 11 月成绩 |
| | | | 2 | 8．全市垃圾清运车辆车载称重系统覆盖率/% | 按全市统一要求安装车载称重系统，覆盖率 100%，每月按完成率得分，申报一辆验收一辆（纳入次月成绩），11 月底前全部完成 | 当月验收成绩 | 全年即 11 月成绩 |
| | | | 2 | 9．按要求完善清运体制、提高服务水平、满足垃圾分类清运需求 | 按要求完善清运体制，制订垃圾分类收集和分类清运考核办法，每发现一次未按要求分类收集、分类清运、及时清运的扣 0.2 分 | 当月检查成绩 | 每月扣分累计 |
| | | | 2 | 10．按要求做好大件、装修、园林垃圾的规范堆放（布点）、清运处置利用和监管工作 | 按要求制订辖区大件、装修、园林垃圾管理制度（含设施配置、管理要求和监管办法等），畅通清运和处置利用渠道，完善监管，满足需求，每发现 1 次渠道不畅通、未按要求堆放、清运和处置利用的扣 0.2 分 | 当月检查成绩 | 每月扣分累计 |

| 序号 | 考核项目 | 分值 | | 考核内容 | 评分标准 | 月度成绩 | 年终成绩 |
|---|---|---|---|---|---|---|---|
| 三 | 目标任务 | 50 | 2 | 11. 可回收物应收尽收，每月上报可回收物回收量、明细及去向报表 | 按要求制订可回收物回收工作方案(含回收网点和分拣中心清单)，每月上报可回收物回收量、明细及去向报表未上报扣2分，上报内容不全，每项扣0.1分 | 当月成绩 | 每月扣分累计 |
| | | | 2 | 12. 新建规范化再生资源回收网点360个以上(累计2 000个以上) | 按完成率得分；每增加1个加0.1分，最高加1分，截至10月底 | 11月成绩 | 全年即11月成绩 |
| | | | 2 | 13. 全市再生资源分拣中心提升建设49.5万$m^2$以上，各区、县（市）覆盖（景区可合作落实） | 未按要求完成的不得分，截至10月底 | 11月成绩 | 全年即11月成绩 |
| | | | 2 | 14. 全市回收再生资源222万t以上，生活垃圾回收利用率45%以上 | 回收量、利用率各1分，均按年底完成率得分，每增加一个百分点加0.1分，最高加0.5分 | 年底成绩 | 年底核算 |
| | | | 4 | 15. 全市生活小区100%落实投放管理 | 按要求制订辖区生活小区专管员制度（含配置、管理、检查考核等）并组织实施，确保投放点建设规范、投放时间合理、投放管理落实。每发现1次未落实的扣0.2分 | 当月检查成绩 | 每月扣分累计 |
| | | | 4 | 16. 全市生活垃圾集置点（中转点）管理落实 | 按要求制订集置点管理方案，包括各集置点清单及清运、拖桶（清运前拖至、清运后拖高）时间在内的全时段管理责任和措施。每发现一次未落实的扣0.2分 | 当月检查成绩 | 每月扣分累计 |
| | | | 1 | 17. 中型以上餐饮企业餐厨废弃物（废弃油脂）的规范化收运处置覆盖率/% | 根据餐饮协会提供名单抽查，未签订合同(协议)、按合同开展规范化收运的，每个扣0.2分 | 当月检查成绩 | 每月扣分累计 |
| | | | 3 | 18. 每月垃圾分类执法案件1 456个以上（街道16个/月、乡镇4个/月，一般程序案件以结案为准、简易程序案件以录入为准） | 每月按完成率得分（案件总量计），年度得分为月度平均得分；年底核算，每多完成1件加0.01分，最高加1分 | 当月检查成绩 | 年底核算成绩 |
| | | | 4 | 19. 按市域统筹调度要求做好生活垃圾处置有关工作 | 按要求制订辖区垃圾处置设施（含易腐垃圾就地处理设备）监管办法并组织实施未按市域统筹调度、擅自处置的每次扣0.5分；未按时缴纳规费的每次扣0.2分；未按要求制订监管办法、报送监管报告（含运行数据）的每次扣0.2分 | 当月检查成绩 | 每月扣分累计 |
| | | | 2 | 20. 按要求做好辖区垃圾分类日常检查考核工作并每月通报 | 未按要求开展检查考核、通报并抄送市分类办的每次扣0.5分 | 当月检查成绩 | 每月扣分累计 |

| 序号 | 考核项目 | 分值 | 考核内容 | 评分标准 | 月度成绩 | 年终成绩 |
|---|---|---|---|---|---|---|
| 四 | 绩效评价 | 10 | 垃圾分类绩效评价 | 适时组织，按绩效评价结果评分 | / | 按年终评价计 |
| 合计 | | 100 | | | | |
| 五 | 交办任务 | 最高10分 | 市（含）以上政府、部门、领导交办任务 | 根据交办进行任务分级赋分（单项一般不超过2分）、跟进督导、综合评价直至完成 | 当月完成成绩 | 每月累计成绩 |
| 六 | 加分 | 最高10分 | 1. 市（含）以上政府、部门表彰，领导批示表扬 | 市级每次加0.2分，省级每次加0.4分，部级每次加1分 | 当月获得成绩 | 每月累计成绩 |
| | | | 2. 按要求完成（推进）生活垃圾焚烧、生物处理设施、大型中转设施、老旧转运站升级改造和建制镇转运站建设（省任务为与收集、转运、渗滤液处理相匹配的中转设施）、生活垃圾填埋场生态修复（评估）及相关配套任务 | 1. 按要求完成（推进）生活垃圾焚烧、生物处理设施、大型中转设施建设的每个加2分（按时序完成阶段任务每个加1分）；2. 按要求完成分类运输车辆明置、老旧转运站升级改造和建制镇转运站建设、填埋场生态修复（评估）、城东综合体进场道路建设、临江园区项目钱塘新区交通保障方案任务的每个加1分 | 纳入当月成绩 | 年底核算成绩 |
| | | | 3. 市（含）以上各类垃圾分类比赛获奖 | 市级前5名依次加0.1～0.5分，一、二、三等奖依次加0.1～0.3分，省级加倍，部级再加倍 | 纳入当月成绩 | 每月累计成绩 |
| | | | 4. 目标任务完成出色加分的 | 每月垃圾控量第一名的、可回收物回收量全市排名前三的各加0.1分 | 纳入当月成绩 | 每月累计成绩 |
| | | | 5. 按区推进杭州模式成效显著具有示范效应的 | 根据示范效应酌情加0.5～2分 | 评价当月纳入 | 纳入全年成绩 |
| 七 | 减分 | 最高10分 | 1. 市（含）以上政府、部门通报批评、查办的 | 市级每次扣0.2分，省级每次扣0.4分，部级每次扣1分 | 纳入当月成绩 | 每月累计扣分 |
| | | | 2. 未按要求完成（推进）生活垃圾焚烧、生物处理设施、大型中转设施、老旧转运站升级改造和建制镇转运站建设、生活垃圾填埋场生态修复（评估）及相关配套任务、市政府民生实事 | 1. 未按要求完成（推进）生活垃圾焚烧、生物处理设施、大型中转设施建设的每个扣2分（未按时序完成阶段任务每个扣1分）；2. 未按要求完成分类运箱车辆购置、老旧转运站升级改造和建制镇转运站建设、填埋场生态修复（评估）、城东分类减量综合体进场道路建设、临江园区项目钱塘新区交通保障方案任务的每个扣1分；3. 市政府民生实事未完成的扣2分 | 纳入当月成绩 | 年底核算成绩 |
| | | | 3. 未按要求上报工作信息、内容不全、弄虚作假的 | 未按时上报每次扣0.2分，上报内容不全、弄虚作假的每次扣0.5分 | 纳入当月成绩 | 每月扣分累计 |

| 序号 | 考核项目 | 分值 | 考核内容 | 评分标准 | 月度成绩 | 年终成绩 |
|---|---|---|---|---|---|---|
| | | | 4．市分类办抄告、督办；专项督查 | 抄告每次扣0.5分，督办每次扣1分；根据需要开展专项督查，发现问题按相应标准直接扣分 | 纳入当月成绩 | 每月扣分累计 |
| | | | 5．市民投诉、信访、12345等反映、交办的垃圾分类问题 | 涉及垃圾分类设施、质量、宣传、清运的问题，单独问题每件扣0.1分，综合问题每件扣0.2分，省、市示范片区（街道）、示范小区、示范村范围问题，加倍扣分，每区每月最多扣4分 | 纳入当月成绩 | 每月扣分累计 |
| 八 | 一票否决 | | 1．未完成中央、省环保督察问题整改的 | 每出现一次，当月成绩扣10分、全市通报、并计入年终考核成绩；年终考核，全年累计出现一次的降一档，两次及以上的不合格 | 纳入当月成绩 | 纳入全年成绩 |
| | | | 2．影响恶劣的媒体曝光 | | 纳入当月成绩 | 纳入全年成绩 |
| | | | 3．因垃圾处理设施建设、运营不规范引发的群体性事件、安全生产事故 | | 纳入当月成绩 | 纳入全年成绩 |
| | | | 4．非法清运、处置生活垃圾并造成严重影响的 | | 纳入当月成绩 | 纳入全年成绩 |

说明：

一、检查考核通报。根据目标任务、评分细则，每月对各区、县（市）、管委会（以下简称“各区”）垃圾分类工作进行月度评价和通报，年终对全年工作进行考核通报并实施以奖代补目标任务每项扣分、全年累计扣分不超过赋分值。

二、检查考核分工。由市分类办各专项组和有关部门单位分工负责，第一项日常检查现场组负责；第二项宣传工作宣传组负责；第三项目标任务分工负责，源头组负责1、2、11、12、13、14、19项，现场组负责3、4、5、6、7、8、9、10、15、16、17项，综合组负责18、20项；第四项绩效评价、第五项交办任务综合组负责：第六项加分、第七项扣分、第八项一票否决综合组牵头、各专项组配合，每月5日前将上月加分、扣分、一票否决事项报综合组。

每项任务检查办法由各组确定，各组每月检查情况、问题点评、具体扣分等情况，次月5日前电子版报综合组。其中，第三项第18条，每月垃圾分类执法情况点评和扣分，由市城管局执法一队提供；第七项第5条，每月市民投诉、信访、12345等有关垃圾分类问题点评和扣分，由市城管局信息中心提供。

三、信息报送管理。市分类办所有上行、下发、平行文件收发、工作计划和工作信息报送等，统一由综合组负责。

四、各区工作计划（方案）、工作信息报送要求：

（一）3 月底前上报工作计划。

1．新创省级示范片区（街道）、高标准示范小区、示范村工作计划、创建名单；

2．新创市级达标街道（乡镇）全覆盖、示范小区、示范村工作计划和创建名单；

3．辖区生活小区垃圾分类专管员制度（含配置、管理、检查考核等）；

4．辖区生活垃圾处置设施（含易腐垃圾就地处理设备）监管办法；

5．辖区大件、装修、园林垃圾管理制度（含设施配置、管理要求和监管办法等）；

6．辖区可回收物回收工作方案（含回收网点和分拣中心清单）；

7．辖区生活垃圾清运集置点管理方案，包括集置点清单及清运拖桶（清运前拖至、清运后拖离）时间在内的全时段管理责任、要求和措施；

8．辖区垃圾分类收集和分类清运考核办法；

9．辖区商业街全覆盖“定时定点”清运工作方案和商业街清单（及时更新）；

10．根据市统一要求制订定垃圾清运车辆车载称重系统实施方案（含车辆清单）；

11．辖区老旧转运站升级改造和建制镇转运站建设计划（省考核为准）；

12．辖区生活垃圾分类检查考核办法（含检查频率、检查办法、结果应用等）

（各区可结合各自工作实际，综合考虑上述工作计划制定和组织实施；已制订生活垃圾分类工作方案或计划中，已包含符合要求的相关内容，无须再单独制订）。

（二）工作信息报送。

1．每月 5 日前上报：一是辖区上月垃圾分类工作检查考核通报；二是上月辖区可回收物回收数量、明细、去向报表；三是上月辖区生活垃圾处置设施（含就地处理设施设备）监管报告。

2．其他工作信息：按要求及各区需上报信息。

五、有关情况说明。

1．新增任务：上级新增任务，另行分解下达；已下达目标任务达不到新增任务要求的，以新增任务为准。

2．再生资源分拣中心提升建设要求：有固定厂房和分拣设备、地面硬化、环境美化、绿色环保、管理规范，面积达到目标任务规定要求。

3．生活垃圾处置设施建设进度要求：严格按照中央环保督整改和上级要求完成，确因新冠肺炎疫情影响，且无法通过施工组织设计完善、加强施工力量、加快前期审批解决的，提供延期完成情况说明。

# 第 8 章　中国垃圾分类总结与展望

## 8.1　中国垃圾分类的现实意义

从表面上看，垃圾分类是根据垃圾的不同属性进行归类，实现垃圾的减量化、资源化和无害化。从本质上看，垃圾分类凝聚的是全社会参与生态环境保护的民心。它的背后是生活环境的改善、生态环境的安全，社会治理的下沉、基层管理的创新，政府、企业、公众的责权利重构，产业链条的逐渐完善和产能释放，国民素质、行为习惯和文明形态的提升和飞跃。

20 世纪大多数中国家庭在日常生活中自觉奉行资源节约理念。受这种理念影响，我国垃圾的资源化水平一直排在世界前列。随着我国综合国力与日俱增，工业化、城镇化带来了物质生活的丰富和人民生活水平的提升，同时导致垃圾的数量和种类急剧增长，垃圾成分日渐复杂，有害废弃物增加导致处理难度加大，对环境造成了污染。以无害化为目的的垃圾处理能力的提升跟不上源头垃圾增长的速度，同时我国庞大的再生资源回收利用体系也难以消解那些大幅增长的低值甚至无回收价值的垃圾。此时，垃圾源头减量和垃圾分类制度就被提上日程。因此，随着时间的推移和社会的发展，我国垃圾问题的主要矛盾和人民对垃圾处理的首要诉求也在不断演变，经历了从资源化到无害化再到减量化的过程。

垃圾分类是中国经济社会发展到现阶段的必然产物。在中华民族走向伟大复兴的道路上，资源和环境问题成为横在我国与世界强国之间的一道鸿沟，而垃圾分类这件“小事”，让中国通过能源和物质的无害化和资源化，达到经济和消费的减量化，进而促进自然和生态的和谐化，最终实现人民群众精神和幸福的获得感和安全感。它“看似小事情，实则大文明”，顺应了中国从大国变强国的时代呼唤。

垃圾分类是一件“看似简单的复杂事”。在推行过程中，不仅要把握物理规律，更要把握社会规律和人心规律。要让垃圾分类走进每一个居民家中并非易事。这就要求不仅精英人士、环保人士投身到垃圾分类中，普通居民、大中小学生乃至外来人口都要积极践行垃圾分类，树立环境保护意识。因此，如果说 2020 年我国抗击新冠肺炎疫情是对国家治理体系和治理能力的一次大考，那么垃圾分类工作则是对我国社会治理体系变革和下沉、对我国政府部门精细化管理水平以及对多元主体共同参与形成自我和相互管理的现代社会治理模式的一次长考。通过垃圾分类，我国从工业文明时代的大量生产、大量消费和大量废弃的物质主义生产生活方式，开始迈向生态文明时代的合理生产、节约消费和循环利用。在垃圾分类之前，只有政府一方开展生态环境治理，在垃圾分类之后，政府、企业、机构和公众将共同构筑解决垃圾问题的社会治理体系。垃圾分类促使社会各个主体反思过去对地球资源的高开采、低利用、高排放的利用方式是否合理，进而产生资源循环利用的发展观变革。

垃圾分类习惯的养成也是公民素质培养和提高的过程。垃圾分类通过推动人民群众思想观念的转变，进而带来行为方式、生活习惯的改变。过去，居民制造垃圾，政府环卫部门负责处理垃圾；但是实行垃圾分类制度之后，居民通过分类垃圾参与到社会公共治理中去，在此过程中反思产生垃圾的行为是否必要，从而对生活中物质流的消耗、浪费和循环加深理解，慢慢形成自行节约、自行分类、自行循环的生活方式，从理念上真正认同和践行低碳生活，垃圾分类就成了新时尚。因此，垃圾分类有利于社会文明的进步，而社会文明程度的提高也会反向助力垃圾分类成为人们普遍认同的低碳生活新时尚。二者相辅相成，需要循序渐进地加以引导。

## 8.2 中国垃圾分类的特征总结

由于中国每个城市社会和经济发展水平、产业结构和消费结构、文化特征和居民素质等都有所不同，因此，必须根据不同城市的特点制订垃圾分类政策，即“一城一策”，因地、因人、因时制宜。但与此同时，典型试点城市在推进垃圾分类过程中，也逐步形成了一些共性特征，为其他试点城市推行垃圾分类制度提供了重要参考，主要包括以下五方面内容。

### 8.2.1 由单一治理向综合治理转变

过去推行垃圾分类主要靠环卫部门“单打独斗”，现阶段这个局面正在发生改变，垃圾分类正由单一治理向综合治理转变。大部分试点城市都成立了以市长为组长（有个别城市是以市委书记为组长）、分管副市长为副组长，各区（县）长、市城管局、市环保局、市发改委、市住建局、市商务局、市农业局等相关职能部门参与的市级垃圾分类领导小组。市级垃圾分类领导小组、联席会议、垃圾分类办公室等组织架构的成立，说明各地政府部门都在加大重视力度，让垃圾分类成为一项多部门参与的综合性事物。

### 8.2.2　由鼓励引导向强制约束转变

2016 年 12 月，习近平总书记主持召开中央财经领导小组会议时提出，要形成以法治为基础、政府推动、全民参与、城乡统筹、因地制宜的垃圾分类制度。由此可见，法治是垃圾分类制度的基础和保障。

2020 年 3 月，由生态环境部会同国家发展改革委、工信部、财政部、自然资源部等 18 个部门共同推动的“无废城市”建设试点，确定了包含深圳、重庆、河北雄安新区在内的“11+5”个试点城市和地区的实施方案。2020 年 4 月 29 日，十三届全国人大常委会第十七次会议审议通过了修订后的《中华人民共和国固体废物污染环境防治法》，自 2020 年 9 月 1 日起施行。2020 年 4 月 30 日，国家发展改革委、国家卫健委、生态环境部研究制定并印发《医疗废物集中处置设施能力建设实施方案》。上述一系列有关垃圾分类的政策陆续出台，释放出一个明显的信号：垃圾分类已从过去的环保倡导发展成为国家法治层面的强制和引导。

目前，大部分垃圾分类试点城市都出台了垃圾分类管理办法（或条例）。垃圾分类相关法律法规的出台，一方面使垃圾分类宣传、投放、收集、运输、处理各环节工作有法可依；另一方面，也标志着各城市的垃圾分类工作进入了实质性的运行阶段。有些城市还出台了垃圾分类规划，这些规划对城市的垃圾分类起到全局性、整体性、指导性的作用。与此同时，垃圾分类考核也在日趋制度化。部分试点城市制定了考核评比细则，建立“红黑榜”制度，将环境卫生、分类成效与各相关单位绩效考核、奖金挂钩，有些城市对分类细、收集准、收量多的保洁员给予奖补，同时将社区分拣中心回收金额补助给保洁员，月考评、月兑现，建立社区微信群，发布信息、听取意见，实现社区与市民群众的双向监督。由此可见，现阶段垃圾分类由鼓励引导向强制约束转变，垃圾分类正在进入法治化阶段。

### 8.2.3　由部分试点向全民参与转变

过去，垃圾分类工作只局限在特定区域的试点，现在通过党建引领和宣传动员，垃圾分类全民共同参与格局正在形成。

各试点城市推行垃圾分类工作时，基本都是党建引领为先，从党员开始，让党员带好头、起好步，充分激发群众“自己的事自己办”的自觉，建立共谋、共建、共管、共评、共享机制。在宣传动员方面，试点城市以广播电视、报纸网络、楼宇梯视、微信公众号等全媒体资源为载体，全方位、多层次、密集型宣传，大力营造垃圾分类氛围，通过制作快板、三字经、环保舞蹈、垃圾分类歌等一系列喜闻乐见、寓教于乐的垃圾分类文艺作品，将垃圾分类普法宣传潜移默化地融入居民日常生活中，筑牢“垃圾分类就是新时尚”等意识。以社区宣传发动为着力点，做好垃圾分类的入户宣传和现场引导，不断提高广大人民群众对垃圾分类工作的认识，以主人翁的精神自觉参与到垃圾分类工作中。宁波、杭州、厦门等地还使垃圾分类进入了小学和中学的教材、考试、寒暑假作业等，这些措施为全民推进垃圾分类奠定了很好的基础。

### 8.2.4 由前端分类向全程管理转变

垃圾分类可分为前端、中端、末端三部分，前端包括宣传教育、分类设施和分类督导，中端包括垃圾的收集、中转和清运，末端包括垃圾处置基础设施建设。过去的垃圾分类试点在前端分类环节下工夫较多，进行了分类的宣传和分类设施的投入，但对全程配套设施的建设重视程度不够。目前，各地都认识到垃圾分类不是一次性的工程项目，而是长期系统的运营项目，现阶段垃圾分类正在由注重前端分类向注重全程管理转变。即前端加大分类设施投入力度、中端提高分类运输能力、末端提高分类处理能力。试点城市地方政府也在根据当地的财力分步骤向垃圾分类全程能力提升进行投入。例如，杭州市以属地政府投入为主、市本级予以一定补助的方式确保分类工作资金到位。在分类投放环节，2017—2018 年杭州城区分类社区工作性经费市本级财政每年补助 1 400 万元左右；在分类收运环节，市本级财政分别补助清洁直运经费 7 500 万元左右；在分类处置环节，投入末端大型处置设施建设 4.3 亿元，日常垃圾处置费每年补助城区近 1 亿元。

### 8.2.5 从传统管理向现代管理转变

随着科技在生活垃圾分类工作中的应用，垃圾分类管理方式正在从传统走向现代。部分试点城市建设了“互联网+”垃圾分类智能系统，通过生产、回收、运输、处理全过程的信息化监管，实现垃圾分类信息收集、可追溯性、现场监控、垃圾流量控制和数据自动上传等功能，如通过推广垃圾分类收运 App 等，对正确分类的市民给予奖励，对未参与分类的市民给予责任追溯。从而鼓励居民对垃圾进行细分，分离更多的可回收材料以进行回收再利用，实现垃圾减量、资源利用和无害化的目标。

## 8.3 中国垃圾分类的发展趋势

2020 年年初，一场突如其来的疫情让人们开始思考垃圾分类与环境健康之间的关系。混合垃圾对生活环境污染非常大，直接影响居民的身体健康，垃圾分类是解决这一问题的重要抓手之一。随着疫情防控工作进入常态化，垃圾分类作为一项复杂的系统工程，在“后疫情时代”将起到越来越重要的作用。

### 8.3.1 垃圾分类全社会参与格局终将形成

垃圾分类终将形成政府主导、企业主体、社会主推、公众主力的全社会普遍参与格局。

首先，政府在垃圾分类顶层设计、政策制定、激励机制以及公民教育等方面，发挥引领、组织职能，强化基层治理网络，利用合理制度，发动基层组织和社会力量，加快形成垃圾分类新模式，配齐垃圾分类收集容器，提升前端分类实效。

其次，企业在政策激励引导下将大量涌入垃圾分类产业。目前各地都在积极探索垃圾分类市场化机制运作模式，完善垃圾分类空间场地、减量补贴、特许经营、绿色采购、监督审计等市场化运作机制，注重前端分类和末端处置相配套，引领社会资本建立完善的生活垃圾末端处置体系，构建以改善生态环境为核心的现代化垃圾处理能力，给源头生活垃圾分类提供基础及源动力。对于废玻璃、废纺衣物、废木等低附加值品种，可以通过减量补贴的方式，覆盖回收成本，提高链条各环节价值，推动促进市场主体回收，形成“企业集聚、产业成链、要素成市、功能凸显”的垃圾分类和资源化利用市场。

再次，媒体、NGO 组织等社会机构将多渠道加强绿色环保理念的宣传。一方面，传统媒体在垃圾分类工作中发挥“耳目喉舌”的作用，自媒体发挥交互式、裂变式传播的功能。另一方面，NGO 组织也是垃圾分类社会主推的主要力量之一。志愿者、科协义工、分类指导员入社区、入学校进行宣传，令公众亲身体会参与价值、责任义务、环境意识的道德感召，并在潜移默化中学会理解和践行垃圾分类。

最后，垃圾分类最终将成为公众的习惯，成为人民生活“新时尚”。目前我国居民环保意识和垃圾分类责任意识正在提升，各地也纷纷推出多种可供公众选择、方便公众参与的垃圾分类鼓励、奖励办法，激励公众形成生活习惯。公众通过垃圾分类能够感受到自己对环保作出的贡献，有了参与感、荣誉感和获得感，从而加深“垃圾分类就是新时尚”这一共识，让垃圾分类成为自己的自觉行动。

### 8.3.2　垃圾分类将由粗放化向精细化转变

我国各城市垃圾分类标准多为以干湿分离为主的四分法，但是此前由于公众对垃圾分类缺乏知识和经验，在具体实施中如何区分四种垃圾类型，尤其是在干湿分类方面，存在一定的问题。例如，干果壳是湿垃圾，而湿纸巾是干垃圾。虽然一些软件提供了通过图片识别等 AI 技术引导公众进行垃圾分类的服务，但相关技术的成熟度尚不能完全满足社会需求。

未来随着垃圾分类管理的逐步完善，我国垃圾分类也将效仿日本、韩国等的模式向精细化方向发展。例如，东京的生活垃圾精细化分类中，大类可分为可燃垃圾、不可燃垃圾、粗大垃圾、资源垃圾和有害垃圾 5 种，但分类后的投放更加细致：对塑料材质的饮料瓶，冲洗干净沥干后，将瓶盖放入容器包装塑料类，瓶身放入透明或半透明的塑料袋类，饮料中的残留物也有专门的回收容器；喷气罐要去除瓶盖和瓶嘴投放；餐厨中的饭菜油污需要加入凝固剂，将废油凝固后再用报纸包起来放入可燃垃圾中；笔记本、信封等需要取下包装塑料膜，带有铝箔的盒子要取下金属部分；一次性打火机必须用完才能进行标注投放；所有的垃圾都要投放专门的垃圾袋，一些特殊垃圾（如破碎的玻璃品、金属类等）要进行危险字样标注等。

但与此同时，为实现垃圾分类精细化，需要加大硬件设施资源的投入，可以预测，未来我国各地将逐步建立更加精细且符合居民需求的垃圾分类细则并完善基础设施建设，在中端分拣环节引入智能分拣设备，通过互联网、大数据等新兴技术构建垃圾分类的全程智慧监管平台，落实垃圾分类的精细化管理，形成具有中国特色的垃圾分类管理模式。

### 8.3.3 垃圾分类制度政策将不断完善

过去我国垃圾分类是“摸着石头过河”，相关制度、机制、政策都不够健全。随着试点经验的积累和垃圾分类工作在全国逐步推开，垃圾分类将走上制度化、法治化的道路。

在 2020 年 9 月 1 日实施的新《中华人民共和国固体废物污染环境防治法》提出了以下几点：一是明确国家推行生活垃圾分类制度，生活垃圾分类坚持政府推动、全民参与、城乡统筹、因地制宜、简便易行的原则。二是要求县级以上地方政府加快建立分类投放、分类收集、分类运输、分类处理的生活垃圾管理系统，实现生活垃圾分类制度有效覆盖，并建立生活垃圾分类工作协调机制，加强和统筹生活垃圾分类管理能力建设。三是强调各级政府及其有关部门应当组织开展生活垃圾分类宣传，教育引导公众养成生活垃圾分类习惯，督促和指导生活垃圾分类工作。四是规定产生生活垃圾的单位、家庭和个人应当依法履行分类投放义务。任何单位和个人都应当依法在指定的地点分类投放生活垃圾，不得随意倾倒、抛撒、堆放或者焚烧。地方政府建立生活垃圾处理收费制度，要遵循产生者付费、差别化管理原则。五是强调县级以上地方政府应当统筹生活垃圾公共转运、处理设施与收集设施有效衔接，加强分类收运体系和再生资源回收体系在规划、建设、运营等方面的融合。六是规定有害垃圾、厨余垃圾处理和生活垃圾分类经费保障、违法行为处罚等内容。

可以预见，在国家实行垃圾分类制度的大背景下，单位、家庭和个人都要履行垃圾分类投放义务，垃圾分类的宣传督导、经费保障、处罚政策和生活垃圾处理收费制度都将走向完善。

### 8.3.4 垃圾分类“中国方案”将推动全球治理体系变革

生态环境关乎民族未来、百姓福祉。党的十九大报告提出中国要成为全球生态文明建设的重要参与者、贡献者、引领者。由垃圾分类这件“小事”延展出的生态文明制度日益健全、生态环境产业日渐壮大，使中国已经具备了为全球治理提供公共产品的能力，这一能力将随着“一带一路”倡议的落地，为其他发展中国家带去制度、标准、投资、运营、设备产品和咨询服务等制度和产业红利。中国在国际社会中的身份也将从“世界发展的受益方”变成“世界发展的推动方”。

2017 年 5 月，环境保护部、外交部、国家发展改革委、商务部联合发布的《关于推进绿色“一带一路”建设的指导意见》提出，用 3～5 年时间，建成务实高效的生态环保合作交流体系、支撑与服务平台和产业技术合作基地，制定落实一系列生态环境风险防范政策和措施；用 5～10 年时间，建成较为完善的生态环保服务、支撑、保障体系，实施一批重要生态环保项目，并取得良好效果。该指导意见从加强交流和宣传、保障投资活动生态环境安全、搭建绿色合作平台、完善政策措施、发挥地方优势等方面作出了详细安排。

在 2019 年 4 月召开的“一带一路”国际合作高峰论坛上，我国明确提出了“要将‘一带一路’建成绿色之路”的发展方向。绿色“一带一路”倡议的不断践行为我国环保产业“走出去”起到了巨大的推动作用。

2020 年 3 月 3 日，中共中央办公厅、国务院办公厅印发的《关于构建现代环境治理体系的指导意见》提出，做大做强龙头企业，培育一批专业化骨干企业，扶持一批专特优精中小企业。鼓励企业参与绿色“一带一路”建设，带动先进的环保技术、装备、产能“走出去”。

“一带一路”沿线国家大多数属于发展中国家，生态环境敏感、环境管理基础相对薄弱、环境基础设施建设相对滞后。随着社会经济的发展，这些国家的环境治理需求日益增加、潜在治理市场巨大。发达国家的模式和经验并不完全适用于这些国家，垃圾分类处理的“中国方案”则更加贴近实际，成为这些国家学习的对象。近年来，中国在生态环保方面的成就引起了世界广泛赞誉。总结和输出垃圾处理问题的“中国方案”将有助于推动中国的环保制度、标准、模式“走出去”，进而推动我国环保产业的技术、装备、产能“走出去”，在绿色“一带一路”倡议的指导下，不断拓展国际环保市场，推动环保产业做大做强。

2020 年，突发的新冠肺炎疫情在全球蔓延，使已经走到变革临界点的世界政治经济形势愈发动荡，“百年未有之大变局”在疫情的影响之下，只会来得更快、更迅猛。中国作为世界上最大的发展中国家，面对严峻的全球治理困境，必将秉承大国责任，践行大国担当，走出一条具有自己特色的生态文明发展道路，并引领全球治理体系的变革和发展。